普通高等教育“十二五”规划教材

机械专业实习实训指导

主　编　孙志学

副主编　贾吉林　张锋涛

郭亚锋　戴　敏

主　审　师　毅

内 容 提 要

本书主要以汽车、摩托车和拖拉机等交通、运输产品为基础，使学生对汽车、摩托车和拖拉机等产品的设计及生产制造过程有深入的了解和学习，在深入车间的同时注重学生动手能力的培养，五个实训项目为学生提供了良好的实训机会，在深入企业生产一线的同时，注重学生对实习地文化的了解，进一步拓宽了工科生的人文基础，全面培养综合型、高素质工程师，为现代化建设服务。

图书在版编目（CIP）数据

机械专业实习实训指导 / 孙志学主编. -- 北京 : 中国水利水电出版社, 2011.8
普通高等教育“十二五”规划教材
ISBN 978-7-5084-8952-0

Ⅰ. ①机… Ⅱ. ①孙… Ⅲ. ①机械工程－实习－高等学校－教学参考资料 Ⅳ. ①TH-45

中国版本图书馆CIP数据核字(2011)第177274号

书　　名	普通高等教育“十二五”规划教材 **机械专业实习实训指导**
作　　者	主　编　孙志学 副主编　贾吉林　张锋涛　郭亚锋　戴　敏 主　审　师　毅
出版发行	中国水利水电出版社 （北京市海淀区玉渊潭南路 1 号 D 座　100038） 网址：www. waterpub. com. cn E-mail：sales@waterpub. com. cn 电话：（010）68367658（发行部）
经　　售	北京科水图书销售中心（零售） 电话：（010）88383994、63202643 全国各地新华书店和相关出版物销售网点
排　　版	中国水利水电出版社微机排版中心
印　　刷	北京市兴怀印刷厂
规　　格	210mm×285mm　16 开本　11 印张　341 千字
版　　次	2011 年 8 月第 1 版　2011 年 8 月第 1 次印刷
印　　数	0001—3000 册
定　　价	**29.00** 元

编　委　会

主　编　孙志学

副主编　贾吉林　张锋涛　郭亚锋　戴　敏

参　编　马　玲　魏宏波　董金山

主　审　师　毅

前言

生产实习是高等工科院校工程类专业学生的一门主要的实践性课程。多年以来，大多数院校的机械类专业，都选择在汽车拖拉机行业的发动机厂、机床行业制造厂进行生产实习。这些行业产品及所属典型零件结构复杂，技术要求高，加工工艺路线长，使用的设备及工装夹具多，要说明这些问题，需要用大量的原理和结构图；同时对加工路线和加工方法的安排，定位夹紧的选择，也需要系统的理论分析。在没有图纸和资料的情况下，无论是实习指导教师或工厂的工程技术人员，都难以在现场对学生进行表述，使学生的实习效果受到很大的影响。

为适应工程实践类课程教学内容与体系改革的需要，加强对学生工程实践能力、工程素质和创新能力的培养，按照机械类专业生产实习的基本要求，以我国工程类专业重要的生产实习基地——东风汽车集团股份有限公司、中国一拖集团有限公司、长安汽车集团以及嘉陵集团的产品生产为背景素材，在认真总结多年工程实践教学经验的基础上，编写了本书。

本书取材于生产实习现场，针对性强。在内容安排上，依据生产实习的基本要求紧扣生产现场；在理论阐述上，力求少而精、突出重点的同时又注重典型性和系统性；所有的素材资料翔实，经长期生产实践验证，具有典型性、科学性、启发性和实用性。本书在编写过程中，十分注重将传授知识与素质、能力培养结合，重视学生工程能力、创新意识和创新能力的培养，以及学生自学能力和乐于探知精神的培养，从而造就新一代的卓越工程师。本书编写的目的是使学生对机械制造生产的全过程有一个基本的整体了解，扩大工程知识面，开拓工程视野。

本书不同于一般专业课教材只给学生系统阐述科学理论的方法，而是紧扣生产现场和生产实际，给学生提供生产现场典型零件的工艺、工装及设备方面的素材，以思考题方式指出深入实习要注意的问题，做到引而不发，让学生自己根据这些素材去分析、思考，去得出结论。本书既有一般加工工艺过程的介绍，又有主要加工工序的理论分析；既有六大类典型零件的机械加工过程，又有车身机械加工过程；既有理论分析，又有翔实的试做训练项目；既有工程技术理论指导，又有企业文化、地域文化的体验。

本书共 11 章，由孙志学主编，全书由孙志学负责统稿，由师毅审稿。本书各章的编写工作由以下作者共同完成。孙志学：第 1 章、第 3 章、第 7 章、第 8 章和第 10 章的 10.3 和 10.4 节。马玲和戴敏：第 2 章。贾吉林：第 4 章和第 5 章。魏宏波：第 6 章。张锋涛：第 9 章。郭亚锋：第 11 章。董金山、孙志学：

第 10 章的 10.1 和 10.2 节。

在本书的编写过程中，陕西理工学院工业设计专业的杨旭等同学也参与了部分资料的搜集与整理工作。长安集团、东风汽车公司、嘉陵集团培训中心和嘉陵技校的老师们为本书提供了大量的图片资料，对本书的编写提出了很多建设性建议，在此一并对他们的辛勤工作表示衷心的感谢！感谢中国水利水电出版社的淡智慧编辑为本书的顺利出版付出的辛勤劳动。

由于编者水平和学识有限，书中难免存在缺点和不足之处，恳请专家和读者批评指正。

编者

2011 年 5 月

目　录

第 11 章　企业生产管理

附录

第1章 生产实习概述

高等工程教育的基本任务是全面贯彻党的教育方针，培养适应社会主义建设需要的德、智、体、美全面发展的、有理想的、掌握现代科学技术文化知识的工程技术人员。高级工程技术人员从事的工作是实践性很强的技术工作，所以在大学学习阶段，更应大力加强实践环节的教学，生产实习是其中的很重要的教学实践环节之一。

1.1 生产实习的目的与要求

生产实习的目的使学生将学校所学专业知识与生产实际相结合，达到学以致用的目的。学生在校期间，经历了从基础知识的学习到专业知识的学习，如何将所学知识应用于实际，生产实习是具有承前启后意义的重要实践性教学环节，是学生理论联系实际的课堂，是培养和提高学生的工程实践能力、创新能力、从实践中获取知识的能力和就业竞争能力，也是加深学生对所学专业课程理解的重要途径。生产实习是本科教学计划中非常重要的实践性教学环节，其目的有以下几个方面。

1. 生产实习的目的

(1) 通过生产实习，使学生进一步验证、巩固和深化所学的理论知识，丰富已学过的技术基础课、专业基础课和部分专业课课程的内容，同时可以弥补理论教学的不足。

(2) 在生产实习中，通过观察、收集、学习和整理工厂生产现场的实际知识，增加生产实践知识，拓宽学生的专业知识面，培养学生理论联系实际的意识，提高其在生产实际中观察问题、分析问题以及解决问题的能力和方法，为后续专业课程的学习、课程设计、毕业设计和实际工作打下一定实践基础。

(3) 在生产实习中，通过现场实习、参观学习、座谈交流等多种方式，使学生了解企业的生产经营方式与方法、现代化生产方式和先进制造的技术，熟悉企业产品规划、设计、制造、管理与营销过程及其所涉及的各项专业技术和生产装备，培养学生的专业素质。

(4) 通过生产实习接触社会，认识社会，提高社交能力，学习工人师傅和工程技术人员的优秀品质和敬业精神，学习企业生产经营过程中所涉及的非专业技术的知识，如国家相关的法律法规、企业文化、人际交流与沟通、团队协作精神等，明确自己的社会责任。

(5) 向工人师傅和一线专业技术人员学习，增强劳动观念，培养敬业精神，丰富社会知识，全面提升学生综合素质。

根据培养计划的要求，每次生产实习为专业的生产实习。目的是加强对企业、对产品的认识和感悟，提高融入社会的信心和能力；强化对企业中设计的认识和实践能力的培养，以及对实际生产流程的真切感受，提高和充实设计能力，作好毕业设计的思想准备和实战思维方法的掌握；了解社会，了解地域文化差异，提高文化修养和创新思路。

2. 实习要求

(1) 深入到企业的生产第一线，理论与实际相结合，通过实习，全面了解每个生产环节，巩固和扩大所学知识，学习现场设计师的优秀品质和敬业精神，认真学习工程技术人员和工人师傅的勤勤恳恳认真负责的工作精神。

(2) 参加相关产品的装配生产工作，熟悉产品装配生产线的流程，看懂产品的装配工艺，学会在生产工艺流程过程中发现问题和提出问题。

(3) 参与企业设计师与其他工程师的研究、讨论与评价工作，熟悉生产线上的设计流程，看懂工业设计师在生产第一线所使用的表达方法、沟通能力、修改设计方案的技巧、手段和程序等。

(4) 了解各环节间的相互关系，以及权重和比例关系。

(5) 向企业工程技术人员请教自己不懂的问题，了解系统设计思想与方法。

(6) 熟悉和了解设计标准、企业生产标准、方法和要求；熟悉现行的国家和国际有关质量检验和管理的标准。

(7) 在整个实习过程中要学会从宏观上把握进程，把握工程师、设计师的立足点和应具有的知识结构与修养。

(8) 注意了解企业在开发产品的全过程中所关注的焦点问题与一般性的问题对企业的整个运作过程有一个清醒的认识。

1.2 实习主要内容

1. 了解企业

了解企业的性质、主打产品、企业运行模式，了解企业中工程师的地位、职责范围及日常工作内容。

2. 了解企业生产

深入到企业的生产第一线，对每个生产环节都做一个充分的认识。参加产品的装配生产工作，熟悉装配生产线的流程，看懂产品的装配工艺，熟悉产品总装等。参加产品的调试工作，了解各环节间部件周转的工艺要求及流程规律。了解产品图的编制标准、方法和要求。熟悉设计标准、方法和要求，对产品的整个检验过程有所了解。知道现行的国家和国际有关质量检验和管理的标准。

3. 认识和熟悉工程师、设计师的工作性质

向企业的工程技术人员请教产品在开发研制中的系统设计思想和方法，在整个实习过程中要认真学习工程技术人员和工人师傅勤勤恳恳的工作态度和认真负责的工作精神。注意了解企业的生产管理和人员管理的基本方式和方法，熟悉工程师、设计师的工作内容、工作方法、工作态度、处理问题的技巧与经验；对企业的整个运作过程和生产开发工作流程有一个清醒的认识。

4. 其他

了解实习单位其他方面的相关知识，包括工序衔接、人际关系、管理方法、市场营销等，拓宽和加深自己的知识面。

1.3 实践方式

实习安排在第三学年的第六学期进行，共4周，具体时间根据具体情况自行安排。

本实习是以实习基地现场参观为主，结合小组讨论和会看、评讲，实习指导教师现场指教。在实习过程中，指导教师应做到耐心细致的辅导。根据实际情况批改学生实习笔记，了解、掌握学生的不足，有针对性地对学生进行二次辅导教学，强化学生对生产现场基本问题的理解。

每次实习是以自选企业为实习基地。实习的主要方式是跟班参观和跟班参加设计师及工程师的日常工作，结合专题报告、讨论等方式。实习指导教师校内校外相结合以实习单位指导教师为主。

1.4 实习地点

实习基地。各学校也可根据实际情况选择汽车制造业、拖拉机制造业或摩托车制造业完成生产实习，也可选择其他装备制造业进行。

1.5 考核与成绩评定

实习日记和实习报告是评定实习成绩的重要依据。实习日记是积累学习收获的一种重要方式，学生必须根据实习大纲的要求逐日认真记录实习中的所见所闻和心得体会。

实习结束时学生应按实习大纲的要求。根据实习日记中所积累的资料，进行全面的分析和总结，及时写出实习报告。实习报告是反映学生对实习内容理解的深度，也反映学生分析和归纳问题的能力。实习报告内容具体要求如下。

（1）全面地、系统地归纳总结，写出通过设计实习所得到的体会和收获。

（2）将整个实习内容进行总结归纳，谈谈这次实习对你认识世界、认识职业的感受帮助。

（3）对实习提出建议及需要改进的地方。

（4）实习报告内容力求图文并茂，字迹工整清晰，总字数不限，但应清楚完整的反映实习过程。

（5）实习成绩由指导实习教师根据实习纪律、实习过程的表现、实习笔记、实习报告及其他情况的打分，按照五级计分制最终进行综合评定。

1.6 主要参考书

（1）已学过的专业基础课和专业课教材。

（2）生产实习指导书。

（3）企业有关资料。

本章小结

本章主要对生产实习的目的、意义及其重要性进行了说明，同时提出了生产实习的基本要求，对学生实习的内容及其考核方式进行了简要介绍。通过本章内容的学习为生产实习的顺利进行奠定基础，要求同学们和实习组老师务必高度重视，作好深入企业一线实习的准备。

思考题

1. 按照实习指导组的要求，作好生产实习的学习及生活准备。
2. 查阅资料，了解生产实习地及相关企业的背景资料。

第2章 生产实习要求

2.1 生产实习期限和地点

（1）期限：计划4周，各校根据实际情况自行调整。

（2）地点：实习基地。

2.2 生产实习的目的

生产实习安排在学生已经学过专业基础课和部分专业课并且还正在学习专业课的时候进行。对于高等工科教育来说，与课堂教学一样，生产实习同样是教学环节，而且是极其重要的教学环节——实践性教学环节。课堂教学与生产实习两者相辅相成，互为补充。生产实习之所以如此重要，是因为它担负着以下主要任务：

（1）通过生产实习，使学生印证、深化、巩固和充实已经学过的专业理论知识。

（2）通过在生产现场深入实习和听取工厂技术人员的专题报告，使学生理论联系实际，进而培养和提高自己分析、解决工程实际问题的能力。

（3）在生产实习中，通过观察、收集、学习和整理工厂现场的生产实际知识，拓宽学生的专业知识面，使学生学到书本上不易学到的专业知识，从而为后继专业课程的学习、课程设计和毕业设计打下坚实的基础。

（4）培养学生观察、分析问题，在实践中进行总结、学习和撰写技术报告的能力。

（5）通过与实习工厂广大工人师傅及工程技术人员的相处和交流，学生可初步了解企业组织机构、部门设置、生产经营活动、计划管理、科研和技术工作等方面的情况，为适应今后到企业里工作及早作好思想和能力方面的准备。

（6）学习工人师傅吃苦耐劳、勤勤恳恳的奉献精神和严格遵守劳动纪律的高贵品质。

（7）学习团队精神，互帮互助，友爱协作。

（8）感受实习基地的地域文化和深厚的历史底蕴。

2.3 生产实习方式

生产实习以学生自学为主，学生应按照实习大纲、实习内容和要求深入生产现场认真进行观察、询问、思考和记录，教师和厂里工程技术人员进行辅导和答疑。实习的几个主要环节和要求有以下几个方面。

2.3.1 听取专题报告

实习开始时，首先要听取入厂教育报告，使学生了解全厂概况、接受劳动安全纪律方面的教育。此外，在实习过程中，将根据需要安排一些有关产品介绍、生产技术等方面的专题技术报告。学生应认真听讲，并做好笔记。

在实习开始时，由实习单位指派人员向学生介绍本单位情况及进行安全保密教育。为了保证和提高实习质量，在实习期间还可请实习单位有关人员做技术报告，介绍一般的设计程序。

（1）接受项目，制订计划。

(2) 市场调查，寻找问题。
(3) 分析问题，提出概念。
(4) 设计构思，解决问题。
(5) 设计展开，优化方案。
(6) 深入设计，模型制作。
(7) 设计制图，编制报告。
(8) 设计展示，综合评价。

2.3.2 深入车间实习

学生在车间实习是生产实习的主要方式。学生按照实习计划在指定的车间对典型产品进行实习，通过观察分析以及向车间工人和技术人员请教，完成规定的实习内容。学生实习的车间主要是产品设计与生产的全过程。深入车间实习是生产实习的重要环节。学生和教师实习期间的精力和时间主要花费在这一环节上。学生要围绕所指定的典型零件、代表产品和典型部件的加工工艺过程、重点机床设备和装配工艺过程，独立地逐条完成教学大纲所规定的实习内容和要求。要深入、仔细地观察，不要走马观花；要勤于思考，不要什么都不想；要善于总结和提出问题，不要一问三不知。

2.3.3 记生产实习日记

实习期间学生应将每天的实习内容、现场观察到的情况及收获、收集的有关资料、听报告的内容、所提问题的解答等详细记入实习日记中，并在必要时画出草图。实习日记是学生编写实习报告的主要资料依据，也是检查学生实习情况的一个重要方面，学生每天必须认真填写，教师应随时检查批改实习日记。

2.3.4 写生产实习报告

每一小段实习完成后，或全部实习完成后，学生应在记好实习日记的基础上，按照实习大纲的要求，全面系统地总结实习收获、心得体会，并对生产中的一些专题加以分析和论述，写出高质量、高水平的实习报告。报告应简明扼要、重点突出，避免写流水账，更不要互相照抄。同时要求书写工整、文理通顺、论证清楚、图文并茂。

专题报告要求学生运用课堂所学过的理论和知识，对实习中某一方面的问题，如典型产品的设计、生产、制造工艺等进行深入的分析，提出关于改进的设想和建议，以利于使实习深入下去，把实习质量提高一步。专题报告的篇幅不必太长，力求少而精，主要是为了使学生理论联系实际，培养其分析问题和解决问题的能力以及综合运用知识的能力。

在实习结束时，学生应提交书面的实习报告。实习报告的内容主要包括以下各项。

(1) 在听取工厂一般的设计程序的报告之后，总结产品设计程序与制作的体会。

(2) 产品设计方法实习，了解产品设计的全过程，并在实习的基础上对现行设计过程与方法提出自己的见解和改进意见。

(3) 产品生产与制作实习，了解产品生产与制造的全过程及典型零件的加工工艺过程。

(4) 总结实习收获，提出对实习工作的改进意见。

实习指导教师应定期评阅实习报告。

2.3.5 赴外厂参观

认真听取全厂介绍报告，并在参观各个车间时重点了解其生产工艺特点，先进的工艺方法和少见的机床设备及工艺装备。

2.3.6 看书学习

业余时间要带着实习中碰到的问题认真查阅有关的书籍，除阅读教科书外，也要认真阅读本实习指导书。

2.3.7 拍摄影音资料

在实习过程中除了对生产、加工、管理、设计等环节的学习外，还要加强对实习地地域文化、人文特色、历史文化传统等的感悟和理解，可以拍摄影音资料，撰写分析认识报告。

2.3.8 参与其他活动

在主要完成好实习业务内容的同时，利用机会，开展向社会、向工人和工程技术人员学习的活动，譬如：请模范人物作报告，开座谈会，同实习单位的党团组织交流经验、体会，适当地组织联欢、球赛，进行帮厨和打扫卫生等公益劳动以及参观外厂、外校或有关单位等，对学生进行思想政治教育。开展活动时，注意让学生自己组织，并强调注重实效。

实习结束时，也应要求学生写出书面的思想政治专题报告或思想小结，以提高学生的思想水平和道德素质。

2.4 生产实习考核

实习结束后，实习队统一组织一次实习考试，考试的方式一般为笔试、开卷考试，考试时可以携带自己的实习日记。考试范围仅限于“实习内容与要求”中规定的应该掌握的知识。学生生产实习的成绩，按优秀、良好、中、及格和不及格五级记分，由实习队根据其以下三方面的成绩综合评定：

(1) 平时成绩，根据实习日记、实习中的纪律和表现给定。

(2) 实习报告成绩，根据实习报告的质量、数量、水平及认真撰写的程度给定。

(3) 实习考试答卷成绩。

2.5 生产实习纪律及注意事项

为了保证生产实习安全、顺利、圆满地进行，学生在实习期间必须严格遵守工厂的各项规章制度及实习队规定的如下各项纪律和注意事项。

(1) 实习期间一般不得请事假，不得外宿。特殊情况下，须经带队教师批准，否则按旷课和严重违纪处理。

(2) 在实习过程中，自始至终都要牢固树立交全第一的思想，时时处处都要切实注意安全问题。为此，进车间不得穿凉鞋、拖鞋，女生必须戴帽子，不得穿高跟鞋和裙子；男生不得只穿背心、短裤。在车间行走时，要注意头上脚下，要站在设备的安全区域，以防设备和切屑伤人。

(3) 未经允许，严禁乱动机床设备和工艺装备，以杜绝发生设备、人身、质量事故。

(4) 实习期间，不准游泳。

(5) 严格遵守作息时间，按规定时间进出工厂和车间，晚上也要按时回到宿舍。

(6) 车间实习时，应适当地分散开，不要过于集中在一两台机床旁边，以免影响安全和影响工人师傅的正常操作。

(7) 处理好厂校之间、兄弟院校之间、班级之间、个人与集体、个人与个人之间的关系，维护学校声誉和大学生形象。要尊重工厂领导、技术人员和工人师博，虚心接受他们的指导，做到礼貌待人；同学之间也要团结友爱，互相帮助。

(8) 不在实习工厂内到处乱窜，不聚集到一块儿在车间内外闲谈、嬉戏打闹。

(9) 保持居住环境的清洁，爱护公共财物，不乱接电线插头，损坏东西要赔偿。

(10) 违反上述纪律和事项者，将视具体情节轻重给予纪律处分，或取消实习资格，或实习成绩以不及格论。

本章小结

本章提出了生产实习的具体要求，要求学生认真学习领会实习的具体方式，在实习过程中学会自觉做好实习笔记，认真听取专题报告，能深入车间生产一线，撰写高质量的生产实习报告，同时在实习过程中要注意理论与实践的结合，要注意看书学习，把书本中的理论知识在生产现场实践、印证，同时根据实际可拍摄相关的影音资料（生产现场拍照必须征得主管部门的同意）。对于所提出的纪律要求，各位同学务必遵守，确保实习安全、顺利、圆满完成。

思考题

1. 签订安全责任书。
2. 认真阅读生产实习指导书，做好实习的准备工作。

第3章　摩托车组成

3.1　摩托车的发展史

1885年，德国人戈特利布·戴姆勒将一台发动机安装在一台框架的机器中，世界上第一台摩托车诞生了。因此，摩托车是由戴姆勒在1885年发明的。而与摩托车相关的摩托车运动则是一种军事体育项目之一，是以摩托车为器具的一种竞技运动。分两轮和三轮两种车型，每种车型按发动机汽缸工作容积分若干等级。按竞赛形式可分为越野赛、多日赛、公路赛、场地赛和旅行赛等项目，以行驶速度或驾驶技巧评定名次。

3.1.1　摩托车历史

1. 摩托车起源

1884年，英国人埃德华·布特勒在自行车上加装一个动力装置，制成了一辆三轮车，采用煤油发动机驱动。1885年，戴姆勒制成用单缸汽油机驱动的三轮摩托车。同年8月29日他获得了这一发明专利。

因此，戴姆勒被世界公认为是摩托车的发明者。戴姆勒的第一辆摩托车是用四冲程内燃机作动力，汽缸工作容量为264mL，在700r/min时，功率可达0.5马力367.75W，时速可达12km/h，车身为木质结构，后轮为皮带传动，两侧有辅助支撑轮。鉴于戴姆勒的这一不可替代的历史地位，德国工程师协会尤登堡分会在他去世后，于堪的休塔特广场建立了他的纪念碑，因为他就是在这个广场驾驶他的第一辆摩托车的。

2. 摩托车发展简史

自1885年戴姆勒发明制造出世界上第一辆以汽油发动机为动力的摩托车以来，摩托车的发展已经历了100多年的沧桑巨变。

原始摩托车，现存于德国慕尼黑科学技术博物馆的真实造型，是戴姆勒于1885年8月29日获得专利发明优先权的世界上第一辆摩托车。

限于100多年前，当时的汽油发动机尚处于低级幼稚的状况，当时的车辆制造尚为马车技术阶段，原始摩托车与现代摩托车在外形、结构和性能上有很大差别。原始摩托车的车架是木质的，从木纹上看，是木匠加工而成的，车轮也是木制的，车轮外层包有一层铁皮。车架中下方是方形木框，其上放置发动机，木框两侧各有一个小支承轮，其作用是静止时防止倾倒。因此，这辆车实际上是四轮着地。单缸风扇冷却的发动机，输出动力通过皮带和齿轮两级减速传动，驱动后轮前进。车座作成马鞍形，外面包一层皮革。其发动机汽缸工作容积为264mL，最大功率0.37kW（700r/min），仅为现代简易摩托车的1/5，时速12km，比步行快不了多少。由于当时没有弹簧等缓冲装置，此车被称为“震骨车”，可以想象在19世纪的石条街道上行驶，简直比行刑还难受。尽管原始摩托车是那么简陋，但是从此摩托车才能不断变革，不断改进，才有了100多年的数亿辆现代摩托车的子孙。

与德国摩托车相映生辉的是美国摩托车，其中以哈利·戴维森公司著称于世。1903年美国哈利公司生产了第一种市场销售的车型（美国最早的商品化摩托车），该车发动机汽缸工作容积409mL，功率2.94kW，采用自行车车架。摩托车是时代的产物，是体现当时科学技水平的典范，即不同阶段的摩托车上集合着不同时代科技发展的烙印。原始摩托车之所以不能实用，因为当时的科学技术不能满足它正常行驶所需的最基本的零部件，而只能摆在实验室里。

19世纪90年代至20世纪初，早期的摩托车由于采取了当时的新发明和新技术，诸如充气橡胶轮胎、滚珠轴承、离合器和变速器、前悬挂避震系统、弹簧车座等，才使得摩托车开始有了实用价值，在工厂批量生产，成为商品，这就是第二代摩托车，即称为商品代的摩托车。如 1912 年，美国哈利公司生产的 X—8A 型单缸摩托车。当时还没有解决变速器及传动系统，而是用皮带传动附在后轮上的大皮带轮，制动是通过手柄拉动后闸皮来制动的。当时也没有解决后避震问题，前避震器有附在前叉上的环套式简易避震装置。

20 世纪 30 年代之后，随着科学技术的不断进步，摩托车生产又采用了后悬挂避凝震系统、机械式点火系统、鼓式机械制动装置、链条传动等。使摩托车又攀上了新台阶，摩托车逐步走向成熟，广泛应用于交通、竞赛以及军事方面。这是摩托车的第三阶段——成熟阶段。1936 年，美国哈利公司已能制造出水平较高的摩托车。该车采用 1000mL，27.93kW 的 V 形双缸发动机，最高时速达 150km/h。

摩托车的发展像一层层台阶，越向上发展越高级。1885 年的原始摩托本摆在第一层的地面上。第二层是世界首批生产的摩托车，这是 1894 年德国的双缸四冲程发动机的摩托自行车，共生产了 1000 辆。第三层是 20 世纪 30 年流行的竞赛摩托车，此时的摩托车已经具备实用的功能了。第四层是 20 世纪 70 年代之后的现代豪华摩托车。这不仅表明了摩托车发展的四个阶段，还配置四个阶段的车辆驾驶者的不同的装束。

20 世纪 70 年代之后，摩托车生产又采用了电子点火技术、电启动、盘式制动器、流线型车体护板等，以及 90 年代的尾气净化技术、ABS 防抱死制动装置等，使摩托车成为造型美观、性能优越、使用方便、快速便当的先进的机动车辆，成为当代地球文明的重要标志之一。尤其是大排量豪华型摩托车已经把当今汽车先进技术移植到摩托车上，使摩托车达到炉火纯青的境界，摩托车的发展进入了第四阶段——鼎盛阶段。

3.1.2 各国摩托车的历史

1. 美国

美国是最早制造摩托车的国家之一，著名的公司有哈雷—戴维森等。

哈雷摩托已成为一个怀旧时代的标志。1907 年，哈雷—戴维森公司制造出了第一台 V 形双缸发动机，较传统单缸发动机，能为摩托车提供两倍的动力。这种样式的发动机在美国 80 多年的摩托车制造历史里占据了统治地位。在 20 世纪 30 年代，哈雷摩托的销售额居美国本土的榜首；到了 40 年代，受到了英国车的挑战，因为英国车重量更轻、速度更快；60 年代初，小排量的日本摩托车大量涌入美国市场；1969 年，哈雷公司和美国机械与铸造公司合并，强化了资本和资源市场；80 年代末，哈雷摩托车全面振兴，它出品的每一辆摩托都是质量的保证。

印第安公司是一颗远逝的星，它曾经非常辉煌。1899 年，工程师奥斯卡·海德制造了一台机动两轮车，开始了印第安公司的摩托制造史。一段时间内，印第安公司以亮丽的色彩、卓越的性能征服了买家，后经几易其主及一些短视的投资行为而挫败，在 20 世纪 50 年代，结束了它的历史使命。

2. 日本

日本毫无疑问是亚洲现代工业的代表，在摩托车制造业也是如此。本田、铃木、雅马哈、川崎是日本最著名的四家摩托车公司。

日本摩托车制造业的开端可以追溯到 20 世纪初，但真正形成规模是在第二次世界大战以后。由于战争的灾难，日本金融陷入了一片混乱，公共交通无序可言，市场急需廉价、方便的个人交通工具。在这样的背景下，一批公司应运而生，如本田公司。本田公司 1959 年已开始向海外出口摩托车，铃木、雅马哈、川崎紧随其后。当时，日本本土市场四大公司竞争激烈，这又促使各公司在新车型设计制造及市场营销上狠下工夫，迅速占领世界市场。而那时世界上最成功的英国生产商却在原地踏步。到 1961 年，本田公司已成为世界上最大的摩托车生产公司。

日本摩托车的特点是外形美观、驾驶舒适，对一些细节处理非常细致、周到，如指示灯、变速器、电启动器、顶置凸轮轴发动机，在日本摩托车中，都属于标准配备，甚至是在 125mL 排量的车上，让买主惊喜不已。

到了1969年，本田公司凭借一款CB750，攻破了英国制造商一直坚守的大型摩托车市场，标志着日本摩托车时代的到来，同时为第一档市场提供了合适配置的摩托车。

3. 德国

德国是摩托车的发源地，其最为我们熟知的是BMW公司。

宝马公司初创之时，只生产飞机发动机，著名的蓝白相间螺旋桨形图案证明了这一点。1921年，宝马开始生产摩托双缸发动机；1923年，BMW飞机设计者马科斯·弗里兹揭开了生产摩托车整车的序幕。500mL的发动机安装在车架内，汽缸向两边伸出，这种简单而高效的设计方案至今仍在使用。BMW摩托以精良的制造工艺和昂贵的价格闻名。在汽车销售领域有一个市场法则，一款车是否好销售，看德国人对它的反应就知道了，这一法则在摩托车市场同样适用。宝马以超凡的品质享誉世界，它的摩托车是许多国家国宾礼仪车队选用的开道车型。

4. 中国

1951年8月，我国正式开始自行试制、生产摩托车，由当时的中国人民解放军北京汽车制配六厂完成了5辆重型军用摩托车的试制任务，并由中央军委命名为井冈山牌。该车车速最高可达每小时110km。到1953年，井冈山牌两轮摩托车年产量突破1000辆。井冈山牌摩托车的问世，标志着我国摩托车工业开辟了新纪元。

20世纪末期，我国摩托车工业发展速度很快。从产品产量上看，年产从1980年的4.9万辆发展到1990年的97万辆，直至2010年的1000多万辆，我国一跃成为了世界摩托车生产量最大的国家，摩托车已成为我国国民经济支柱产业——汽车工业中的重要组成部分。

5. 未来之路

摩托车经历百年风雨，正在向着更新、更快、更安全的方向发展。

现代摩托车产业引进了大量先进技术。如哈雷·戴维森公司1998年推出的FLHRC—1型摩托，发动机采用了世界顶级汽车发动机技术——燃油喷射装置，不仅提高了动力性，而且更适合当代社会的环保需求，成为了21世纪摩托车的先行者。

而光通信电子控制系统、雷达测距自动控制系统、电子地图导向系统、声波电子消声系统等高新技术在一些概念摩托车中的运用，则使现代摩托车变得更加完美，更加具有震撼力。

3.2 摩托车基本常识

3.2.1 概述

摩托车从诞生到现在已经有100多年的历史。由于摩托车具有结构简单、售价低廉、越野和通过能力强等优点，因而在汽车风行全球的时候，依然占有主要地位，广泛用于运输、旅游、体育运动等领域。

1876年德国人奥托发明了汽油机，为摩托车的发展提供了动力源。戴姆勒在其基础上进行了改进。1885年他把经过改进的汽油机装在两轮车上，便制成了世界上第一辆用汽油机驱动的摩托车，取名为“单轨道号”，时速为12km/h，并于同年获得专利，取得发明优先权。戴姆勒在他的发明中用德文“motoraweirad”一词，后来这词汇在德国逐渐被人们所接受并广为流传，这词汇的含义是“机器驱动的二轮车”。而后来人们则习惯说“摩托车”为“motorad”而省略了“raweira”。第二年，轮德卜拉得和乌甫苗拉又研制出了装有排量为1488cc，功率为1.84kW的直列双缸、水冷、四冲程汽油机，并把它装在摩托车上，成为了世界上第一种成批生产的摩托车。综上所述，19世纪末到20世纪初，是摩托车工业崛起的青春时期。第二次世界大战以后，摩托车又在日本得到了更迅速的发展。本田、铃木、雅马哈、川崎四大摩托车公司，就是战后发展起来的，称为世界摩托车之冠。

我国摩托车工业经过几十年的发展，现已成为具有较强经济实力和开发能力的产业。据国家有关部门不完全统计，不包括台湾，我国摩托车生产厂家有200多家，其中发动机生产厂有30多家。同时，还形成了有嘉陵、建设、南方、南昌、春兰、上海和济南轻骑几大摩托车生产基地，1997年总产量达1000万辆，位居世界第一。

3.2.2 摩托车的分类

对摩托车的分类，不同国家有不同的分类方法。国际标准（ISO3833—1977）按速度和重量将摩托车分为两类：两用摩托车和摩托车。我国摩托车的分类方法，大致上有两种：一种是按排量和最高设计时速，分为轻便摩托车和摩托车。轻便摩托车发动机工作容积不超过50mL，最高设计时速不大于50km。摩托车指发动机工作容积大于50mL，最高设计时速超过50km的两轮或三轮摩托车。另一种是按车轮的数量和位置，分为两轮车、边三轮车和正三轮车三类。

一般习惯上多按用途、结构和发动机型式和工作容积来分类。如仅将它作为城市内或短距离的代步工具，则选用时速不超过50km，结构紧凑小巧的微型摩托车或轻便摩托车。需要经常往返城乡之间，能二人骑乘，宜选用发动机工作容积125～250mL的普通摩托车。如行驶的道路条件较差、要求高速行驶或作一般竞赛用，则选用越野摩托车。

目前世界上比较流行的分类方法是采用美国的所谓“道路适应性”综合法，就是以该车适合于什么样的道路条件为前提，辅之以发动机的排量、功率、轮胎直径等为主要参考依据进行分类，如按用途分为公路用摩托车、越野摩托车和竞赛用摩托车、家庭用摩托车、运输用摩托车、公务用摩托车。日本按发动机的工作容积和车辆结构形式将摩托车分为四种主要车型：两用摩托车、坐式摩托车、摩托车及跨斗式摩托车。

由于摩托车种类繁多，为统一型号，便于管理，GB5359.1—85《摩托车术语及定义车辆型》将摩托车分为三大类15种车型，见表3-1。

表3-1　　摩托车车型分类

两轮车	三轮车			
普通车	边三轮车	正三轮车		
微型车	特种边三轮车	普通边三轮车	专用正三轮车	普通正三轮车
越野车	消防车		客罐车	客车
普通赛车	警车		自卸车	货车
微型赛车			冷藏车	
越野赛车				
特种车				

3.2.3 摩托车的基本构造

一般情况下，摩托车由发动机、传动部分、行车部分、操作制动部分、驾驶室货厢部分及电气、仪表部分等6部分组成。

(1) 发动机。发动机是摩托车动力源，其作用是使燃料在汽缸内燃烧，将热能转变为驱动摩托车行驶的机械能。

(2) 传动部分。其作用是将发动机输出的动力传给驱动轮，驱使摩托车行驶。常见的传动方式有链传动、轴传动和皮带传动，即传动系统。

(3) 行车部分。其作用是将摩托车构成一个整体，支承全车重量并保证车辆行驶。主要部件包括车架总成，悬挂总成和车轮总成。

(4) 操作制动部分。其作用是直接控制行车方向、行驶速度、照明和信号等。它主要包括操纵总成和制动总成。

(5) 驾驶室货厢部分。它的作用是保证乘员乘坐舒适、装载货物等。它由驾驶室总成、边斗总成、车厢总成和车座总成等构成。

(6) 电气、仪表部分。其作用是启动发动机，点燃混合气、发出声响信号，用于灯光照明以及指示车速、里程、发动机转速、电流大小等。该部分由电器总成和电气仪表总成组成。

为满足不同的要求，摩托车的总体构造和布置型式可以是不同的。

3.2.4 摩托车的主要检验项目

(1) 整车外观质量。按 MZ105—89《摩托车外观质量检查评定办法》进行评定，包括贴花类、发动机各部、车体各部外观件、前灯尾灯、转向灯、消声器、载物架、后视镜、镀件、车把锁、油箱锁、鞍锁等。

(2) 制动距离。按 GB5358《摩托车制动性能试验方法》或 GB4562《轻便摩托车制动性能试验方法》进行。

(3) 启动性能。按 GB5381《摩托车启动性能试验方法》或 GB4561《轻便摩托车启动性能试验方法》进行。

(4) 最大噪声。按 GB4569《轻便摩托车噪声测量方法》或 GB4563《摩托车噪声测量方法》进行。

(5) 怠速污染物。按 GB5466《摩托车怠速污染物测量方法》进行。

(6) 最高车速。按 GB5348《摩托车最高车速试验方法》或 GB4566《轻便摩托车最高车速试验方法》进行。

(7) 最低稳定车速。按 GB5383《摩托车最低稳定车速试验方法》或 GB4563《轻便摩托车最低稳定车速试验方法》进行。

(8) 经济车速油耗。按 GB5377《摩托车燃油消耗试验方法》或 GB5467《轻便摩托车燃油消耗试验方法》进行。

(9) 加速性能。按 GB6358《摩托车加速性能试验方法》或 GB4565《轻便摩托车加速性能试验方法》进行。

(10) 滑行距离。按 GB5386《摩托车滑行性能试验方法》或 GB5464《轻便摩托车滑行性能试验方法》进行。

(11) 爬坡能力。按 GB5387《摩托车爬坡能力试验方法》或《轻便摩托车爬坡能力试验方法》进行。

(12) 可靠性及耐久性。按 GB5374《摩托车可靠性、耐久性试验方法》进行。

(13) 整车安全性能。应符合 GB7258《机动车运行安全技术条件》的规定。

3.2.5 摩托车包装和储运的注意事项

摩托车一般采用坚固的木箱或铁皮箱包装，每箱装 1～2 辆。当采用集装箱运输时，一般为纸箱。包装时应注意必要的防潮、防震、防锈和防雨措施，箱外应标有“小心轻放”、“防湿”等字样，并使之适于各种长途运输。各零部件应固定牢靠，对于整体包装有困难的部件应分为若干小部件分别包装。随车应附有合格证、使用维修说明书和装箱清单。运输中应防止倒置和粗暴搬运，选择适当的场所存放、避免与易燃品和化学腐蚀品混放。

从 1990 年起，我国对摩托车实行进口安全质量许可制度。因此，在对外签订合同时，一定要了解该产品型号是否已获得我国出入境检验检疫机构颁发的“进口安全质量许可证”和相应的安全标志。凡未获得“许可证”和在车身上未张贴安全标志的摩托车一律不准进口。同时在订购时还应充分了解外商的资信情况，以更好地维护国家和消费者利益。

20 世纪 90 年代以来，我国摩托车生产行业有了突飞猛进的发展，1995 年全国摩托车出口 7 万多辆，其中江苏出口摩托车 1.8 万辆，占全国出口量的 26%。摩托车产品的出口标志着我国机电产品的出口正由生产密集型转向技术密集型。目前我国的摩托车主要销往东南亚、南美及中东地区和欧洲国家。

3.3 摩托车基本组成

摩托车由发动机、传动系统、行走系统、转向、制动系统和电气仪表设备五部分组成。摩托车的总体结构及各部件名称。

3.3.1 发动机

1. 摩托车发动机的特点

(1) 发动机为二冲程或四冲程汽油机。

(2) 采用风冷冷却，有自然风冷与强制风冷两种。一般机型采用依靠行驶中空气吹过汽缸盖、汽缸套上散热片带走热量的自然风冷冷却方式。大功率摩托车发动机为了保证车速较低与未起步行驶前发动机的冷却，采用装风扇和导风罩、利用强制导入的空气吹冷散热片的强制风冷冷却方式。

(3) 发动机的转速高，一般在 5000r/min 以上。升功率（每升发动机排量所发出的有效功率）大，一般在 60kW/L 左右。这说明摩托车发动机的强化程度高，发动机外形尺寸小。

(4) 发动机曲轴箱与离合器、变速箱设计一体，结构紧凑。

2. 机体

机体由汽缸盖、汽缸体和曲轴箱三部分组成，缸盖由铝合金铸造有散热片，新型的四冲程摩托车发动机均采用顶置气门、链条传动、顶置凸轮轴结构方式。汽缸体材料以双金属（耐磨铸铁缸套外浇铸铝散热片）为多，以得到较好的散热效果。有些摩托车采用耐磨铸铁缸体，如长江 750 型、嘉陵 JH70 型，在一些小型轻便摩托车，如玉河牌 YH50Q 型小排量发动机采用铝合金缸体内壁镀 0.15mm 硬铬层的结构。曲轴箱由铝合金压铸由左右两箱体组合而成。有些摩托车在散热片之间加有缓冲块，以抑制散热片振动发出的噪声。

3. 曲柄连杆

摩托车发动机的曲轴采用组合式，由左半曲轴、右半曲轴和曲柄销压合而成。左右两半轴的主轴颈上装有滚珠轴承，用以将曲轴支承在曲轴箱上。曲轴的两端分别装有飞轮、磁电机及离合器主动齿轮。连杆为整体式结构，大头为圆环状，内装有滚针轴承与曲柄销组合成曲柄连杆组。在二冲程发动机中活塞环在安装时要注意将活塞环的开口处对准活塞环槽里的定位销，防止活塞环在环槽内转动，产生漏气，划伤缸套上的进、排气口。

4. 化油器

化油器是摩托车燃料供给系统中的一个重要部件，位于空气滤清器与发动机进气口之间。一般摩托车发动机均采用进气气流方向为平吸式，节气阀为柱塞式，浮子室式化油器。化油器结构主要由浮子室和混合室两大部分组成。浮子室位于化油器的下方，有油管经油门开关通油箱，通过浮子上的针阀，保持浮子室内油面一定的高度，使供油压力稳定。混合室的作用是将汽油蒸发雾化与空气混合，使发动机在各种负荷和转速下能得到所需的混合气。它由节流阀、喷油针、喷油管和气、油道等组成。

通过摩托车油门手柄的转动带动油门钢丝系索操纵节气阀与喷油针的上下移动，改变进气喉管截面与供油量，以适应不同转速、负荷下对混合气的需要。在化油器的一侧装有怠速调节螺钉用来调整怠速。怠速止挡螺钉用来防止节气阀转动和调整节流阀的最小开度。节气阀的上方有回位弹簧，在油门手把不转动时使节气阀处于关闭。

在有些二冲程摩托车发动机上，为避免低速时化油器出现反喷现象，在化油器与汽缸体之间装有控制进气的单向簧片阀。簧片由薄弹簧钢片制成，阀座为铝合金件，上开有进气口，进气口平面与簧片接触部件粘贴有一层油橡胶，以减轻簧片与阀座的撞击和振动。在吸气时，曲轴箱内形成一定的真空度，在压差的作用下簧片阀打开混合气进入曲轴箱，当活塞下行，换气口尚未开启瞬间，曲轴箱内压力升高，簧片阀关闭，阻止混合气倒流，提高了动发动机低速时的动力性和经济性。

5. 润滑系统

四冲程发动机采用飞溅润滑与压力滑润相结合的滑润方式。二冲程发动机一般多采用在汽油内混入一定比例的QB级汽油机机油的混合润滑方式。但这种滑润方式的混合油不论发动机工况如何，均按已定的比例供给滑润油，增加了润滑油的消耗，燃烧不完全，积炭较多，有排气污染。新一代的二冲程发动机都采用分离滑润方式，装置了单独的滑润油箱和机油泵。机油泵一般采用往复柱塞式可变供油量油泵，由曲轴齿轮通过蜗轮、蜗杆驱动。供油量通过油门手把、操纵钢索与化油器节气阀联动，使机油供给量随发动机转速的变化而改变，高速时供油多，低速时供油少，供油合理，与混合滑润方式相比可节省较多的机油。机油经高速混合气吹散成微小的油雾，供给需要滑润的部位，减少进入燃烧室的机油，混合气燃烧完全，减少积炭及排气污染。

6. 启动

摩托车的启动以脚蹬起动方式为主。启动机构有以幸福XF250摩托车为代表的扇形齿轮启动机构。脚蹬启动变速杆带动扇形齿轮、启动棘轮、离合器总成链轮、前链条、曲轴链轮驱动曲轴旋转，启动发动机。当发动机启动后，靠启动棘轮的单向作用及回位弹簧的作用使启动机构恢复原始位置。这种启动机构，启动时把启动变速杆拨到空档位置，踩下脚蹬即可启动。

另一种为一些引进机型所采用的启动蹬杆式起动机构。与前者不同，启动时首先要捏紧离合器手把，使离合器分离，变速杆可放在任何档次位置，不必一定要放在空档，启动后松开离合器，加大油门即可起步。当踩下启动蹬杆时，启动蹬杆轴上的棘爪与启动蹬杆传动齿轮的内棘齿啮合，使传动齿轮转动，经空转齿轮、从动齿轮、离合器齿轮、启动小齿轮驱动曲轴旋转启动发动机。启动后，脚离开启动蹬杆，复位弹簧使蹬杆反向转动、棘爪脱离与内棘齿的啮合，恢复原始位置。

在排量较大的摩托车如长江牌750D摩托车、山叶（YAMAHA）二缸摩托车、铃木（SUZUKI）GT750三缸摩托车、本田（HONDA）CL1000四缸摩托车等都采用启动电机启动。

3.3.2 传动系统

摩托车的传动系统包括初级减速、离合器、变速箱、次级减速等几部分组成。

1. 初级减速

初级减速主要由装在曲轴端的主动链轮（主动齿轮）、套筒滚子链条和离合器上的从动链轮（从动齿轮）组成，作为一次减速并将发动机动力传到离合器。

2. 离合器

摩托车离合器有以下三种结构形式。

（1）湿式多片摩擦式离合器。离合器总成浸在机油中工作，分主动、从动和分离三部分。发动机的动力经链轮式齿轮传动主动罩，罩的周边开有沟槽，五征嵌有橡胶软木摩擦材料的摩擦片（主动片），其外沿的凸块放置在主动罩的沟槽中随之一同旋转为离合器的主动部分。四片钢质从动片通过内齿与从动片固定盆相连接构成从动部分。主、从动片交错安装，固定盆用内花键与变速箱主轴相连，在压盖上的四个离合器弹簧，紧压着摩擦片和从动片，将动力传到变速箱。离合器为常接合型，当紧捏离合器手把通过钢索使螺套在左罩内转动，螺套中调节螺钉右移，推动分离推杆和压盖，弹簧压力消失，摩擦片与从动片分离。

（2）自动离心式离合器。这种结构用在雅马哈CY80、铃木FR50等轻便摩托车上，根据发动机转速的高低来自动控制离合器的分离与接合。离合器由主动、从动和分离接合机构组成。主动部分由离合器外罩、止推片、离合器片等组成。从动部分由摩擦片、中心套等组成。当发动机运转时，随着转速的升高，钢球所产生的离心力也随着增大，其轴向分力克服分离弹簧的张力沿离合器外罩内的沟槽向外移动，压迫止推片紧压离合器片、摩擦征使离合器处于接合状态，将动力输出。当发动机转速降低至怠速或熄火时，钢球离心力减小或没有，分离弹簧的张力克服钢球离心力使钢球沿沟槽退回原位，离合器分离。

（3）蹄块式自动离合器。这种结构在一些微型摩托车中使用，主动部分为由曲轴带动的固定座，座上有三个蹄块总成，并用销轴连接在固定座上，弹簧将蹄块拉向曲轴中心，使蹄块总成的蹄片与从动部分的离合器盘之间保持一定的间隙。当转速增高时，蹄块产生的离心力大于弹簧的拉力时，就向外甩开，当离心力大到一定值时就与离合器盘接合，产生摩擦力带动从动部分转动，传递动力。

3. 次级减速及传动

随着摩托车机型的不同，有皮带传动、链传动和万向节轴传动三种传动方式。在微型摩托车多用皮带传动方式作后传动装置，主、从动皮带轮的大小决定次级减速比。一般摩托车均采用链条传动方式作后传动。链条传动，结构简单，零件少，制造和修理都方便。在变速箱的输出轴上有后传动主动链轮，后轮上有从动链轮，用相应的套筒滚子链条传递动力。在较大功率发动机的摩托车（如长江750摩托车），它的后传动方式采用万向节轴传动。

3.3.3 行走系统

行走系统的作用是支承全车及装载的重量，保证操纵的稳定和乘坐的舒适。行走系统主要包括车架、前叉、前减震器、后减震器、车轮等。

（1）车架。它是整个摩托车的骨架，由钢管、钢板焊接而成。它将发动机、变速箱、前叉、后悬挂等互相连接起来并有较高的强度与刚度。小型摩托车多采用钢板冲压、拼焊而成的脊骨型车架。一般摩托车采用钢管焊接的框架、摇篮式车架，或钢板、钢管的组合车架。一些大功率发动机摩托车采用钢管焊接的双托架摇篮式车架。

（2）前叉是摩托车的导向机构，把车架与前轮有机地连接起来，前叉由前减震器、上下联板、方向柱等组成。方向柱与下联板焊接在一起，方向柱套装在车架的前套管内，为了使方向柱转动灵活，在其上下轴颈部位装有轴向推力球轴承，通过上下联板将左右两个前减震器联成前叉。

（3）前后减震器。前减震器用以衰减由于前轮冲击载荷引起的震动，保持摩托车行驶平稳；后减震器与车架的后摇臂组成摩托车的后悬挂装置。后悬挂装置是车架与后轮之间的弹性连接装置，承担摩托车的负载、缓减、吸收因路面不平而传给后转的冲击和震动。

（4）车轮。摩托车的前轮为导向轮，后轮为驱动轮，均为辐条式车轮。车轮由轮胎（内、外胎）、轮辋、辐条、轮毂、刹车制动钢圈、轴承、前后轴组合而成。轮辋（钢圈）由钢板滚轧焊接而成，轮毂由铝合金压铸，并将制动钢圈镶嵌压铸成一体，两端部有凸缘用以安装辐条。辐条外形与自行车车条相似，用以连接轮辋和轮毂。轮毂内装有制动器，前轮还装有速度表的蜗轮、蜗杆，后轮装有驱动机构。

3.3.4 转向和制动系统

1. 转向前轮与车把配合控制着摩托车的行驶方向

车把安装于上联板上，当车把绕方向柱转动时，上下联板随之转动，并通过前减震器带动前轮左右转动。车把右端装有控制化油器节气阀开度大小的油门把柄和控制前轮制动器的闸把；左端装有控制离合器的握把和手柄。在车把左右两端还装有后视镜和各种电器开关。手把、闸把通过钢索控制前轮制动器、离合器及化油器。钢索有不同的规格，制动及离合器用1×19外径Φ2～2.5mm单股钢丝绳，化油器用1×7外径Φ1.2～1.5mm单股钢丝绳。

2. 制动

一般前轮制动由手捏闸把来控制，后轮制动由脚踩制动踏板来完成。摩托车的制动装置有机械鼓式制动器和液压盘式制动器两种。鼓式制动器结构与汽车、拖拉机相似，制动蹄块由铝合金压铸成型，上面粘有摩擦制动片，通过制动臂转动制动凸轮并推开制动蹄块起到制动的目的。

制动器由油箱、柱塞阀油泵（均在车把上）、液压油管、制动钳、制动盘等组成。制动盘与车轮固定在一起，随车轮旋转。制动时，握紧闸把，柱塞阀移动，推动液压油沿液压油管进入制动钳的两个油缸。在压力油的作用下，油缸推动摩擦片从两边紧夹住制动盘，产生很大的摩擦阻力，迫使车轮停止转动。放松闸把时，液压油路中的压力迅速回降，油缸带动摩擦片恢复原位，解除制动。

3.3.5 摩托车检查与调整

在摩托车进货与出售中需要进行检查与调整。

1. 摩托车的整车检查

首先进行外观检查，车辆的零部件应完好，没有缺件，油漆层、镀铬层、镀锌件应光泽明亮、没有划伤脱落。车辆应有产品合格证、产品使用说明书，并按装箱单验收随车备件及工具。然后进行启动检查，常温下，冷车启动不超过三次，热车应一次脚踏启动成功。发动机运转时应无异常及敲击声响，怠速运转稳定，无渗漏汽油、机油现象。

2. 部件的检查与调整

(1) 前轮制动。前轮制动由右手操纵，首先检查其自由行程。所谓自由行程，就是指从手把开始动作到制动开始起作用为止的这段行程。行程过小前制动蹄块与前轮制动鼓未能全部脱离，影响行车速度；行程过大，影响制动效率不能及时刹车。

(2) 后轮制动。后轮制动由脚踏操纵，首先要检查制动踏板的自由行程。

(3) 离合器。离合器一般由左手操作，调整时检查其自由行程。

(4) 后减震器。

(5) 后传动。后传动调整主要是检查传动链（传动皮带）的松紧度，检查部位在前后链轮（皮带轮）之间的中间位置，用手指上下拨动链条，看上下移动的距离，小型摩托车为10～20mm，普通摩托车为20～30mm。三角传动皮带松紧度，用手按压［用49N（5kgf）按压］皮带，皮带下垂10～20mm。

(6) 化油器怠速。怠速是发动机空载时的最低稳定转速，当油门手把放在最小位置时，发动机能够保持连续运转。调整时，先启动发动机，逐渐转动油门手把，检查油门手把的自由行程，一般定为2～6mm，如转动未超过2mm，发动机转速就升高，表示自由行程过小；如转动行程超过6mm，发动机转速仍没有增加，则表示自由行程过大。

3.3.6 电器仪表

1. 仪表

摩托车仪表是用来显示摩托车的工作情况的，如发动机转速、时速、里程、油量、指示灯等。

2. 电器线路

摩托车的电器线路与汽车基本相似。电器线路分为电源、点火、照明、仪表及音响几个部分。

电源部分一般均为交流发电机（或由磁电机充电线圈供电）、整流器、蓄电池组成。摩托车用的磁电机随摩托车型号的不同，也有多种结构。一般有飞轮式磁电机和磁钢转子式磁电机两种形式。飞轮式磁电机，一般多用在小排量的微型和轻便摩托车上，在飞轮的内部，均匀分布四块磁钢，随发动机曲轴一同旋转，定子架固定在曲轴箱上，上面固定有磁电机线圈、照明线圈、断电器总成，当飞轮旋转时磁场磁力线交变的通过各线圈，使线圈产生感应交流电。在磁钢转子式磁电机，其结构与上述相反，在转子的圆周上均匀分布着六块磁钢，磁钢与转子用铝合金压铸在一起，转子用键与曲轴连接。在定子内分布着缠绕铁芯的六组线圈。当转子在定子内旋转时，磁力线交变通过定子线圈使之产生感应交流电。

摩托车的点火方式，有蓄电池点火系统、磁电机点火系统和晶体管点火系统三种。在点火系统中又分有触点电容放电式点火与无触点电容放电式点火两类。无触点电容放电英文缩写为C.D.I，C.D.I实际上是指电容充电放电电路和可控硅开关电路组成的组合电路，俗称电子点火器。

摩托车电路中分布着各种颜色的电线，习惯上以红色电线为电源“+”线，黑色电线为地线“-”线，橙色线为通向点火线圈线，磁电机输出电流为白色线，蓝色为前大灯线，等等，这只是一般习惯用法供参考。

本章小结

本章主要对摩托车的发展状况、基本常识等知识简要介绍，同时对摩托车的构造及其各个部分进行了详细说明，目的是让同学们对摩托车有一个清楚完整的认识。

思考题

1. 100 多年来促使摩托车发展变化的主要原因是什么？
2. 摩托车是由哪几大部分组成的？各有何作用？

第 4 章　摩托车发动机组成及工作原理

4.1　摩托车发动机概述

目前摩托车动力装置采用的都是内燃机机。人们对使用柴油为燃料的发动机习惯称为柴油机，而对使用汽油为燃料的发动机就称汽油机。由于汽油机具有重量轻、体积小、噪音低、振动小、启动容易和造价低廉等优点，所以摩托车普遍采用汽油机作为其动力装置。

发动机从字面上讲可以理解为产生动力的机械，根据能量转变的方式不同，可分为以下几种。

（1）电力机：将电能转换为机械能。

（2）水力机：将水能转换为机械能。

（3）风力机：将风能转换为机械能。

（4）原子能发动机：将原子能转换为机械能。

（5）热力机：将热能转换为机械能。

热力机又可分为外燃式与内燃式热力机，摩托车发动机就是热力机的一种。

摩托车发动机就是将进入汽缸中的燃料混合气点燃，使其燃烧所产生的热能变为机械能，并由曲轴将动力通过传动机构传给摩托车后轮而变为车辆行驶动力的机械。

发动机是摩托车动力源，其作用是使燃料在汽缸内燃烧，将热能转变为驱动摩托车行驶的机械能。发动机广泛采用往复活塞式内燃发动机。它是通过可燃气体在汽缸内燃烧膨胀产生压力，推动活塞运动并通过连杆使曲轴旋转来对外输出功率的。发动机主要由两大机构（曲柄连杆机构、配气机构）和五大系统（燃料供给系、润滑系、点火系、排气和冷却系）等组成。柴油发动机的点火方式为压燃式，所以无点火系统。

4.2　摩托车发动机的组成

摩托车发动机由曲轴箱、缸头、汽缸活塞组件、连杆曲轴组件、电气系统、变速发动部分、润滑部分和启动机构等构成。

4.2.1　曲轴箱

曲轴箱是发动机零件的支架和密封体。对曲轴箱的工艺要求是气密性能好，光滑平整，轮廓清晰，经十几道工序加工可达到高光洁度、高精密度，从而减少发动机噪音。

4.2.2　缸头

缸头包括汽缸头盖和汽缸头（如图 4－1）。火花塞、排气管就是安装在汽缸头上的，化油器也是通过与汽缸头之间的进气管，将可燃烧混合气被动输入到燃烧室。从内部看，汽缸头中固定有凸轮轴、气门摇臂、进排气门导管、油封、气门弹簧等。汽缸头盖起到密封作用，与汽缸头两者构成了安装配气机构的空间。所我们可以说，汽缸头有两个作用：

（1）控制进气、排气。

（2）汽缸头与汽缸构成燃烧室。

图 4－1　汽缸头

配气机构。内燃机最佳的燃烧需要两个条件即合适的地点、合适的时间。只有当进气、排气动作与火花塞点火的时间两者都最佳，即油正时、火正时。在这里配气机构就是完成控制气门在合适的时间打开及关闭。

先来认识配气机构的几个关键零件。图 4-2 是凸轮轴组件，它通过图 4-3 中的凸轮轴固定座固定在汽缸头中，图 4-2 凸轮轴组件左边上那个齿轮是正时从动链轮，与此对应由轴上有一个正时主动链轮，它们之间的齿轮数目是 2∶1，曲轴通过正时链条，去驱动凸轮轴。注意到图 4-3 凸轮轴组件中间的两个零件即凸轮。凸轮要驱动的对象是摇臂。

图 4-2　凸轮轴组件

图 4-3　凸轮轴固定座

气门摇臂组件，包含摇臂和摇臂轴，左边那块是进气门摇臂，右边那块是排气门摇臂，应该注意到气门摇臂上的二颗螺钉（一个摇臂上一棵，成对角），那就是气门调整螺钉，平时调整气门间隙就是调整这个螺钉，而包着这颗螺钉的螺母就是调整螺栓固定螺母，每次调整好后，一定要将其锁紧。摇臂在摇臂轴中旋转摆动，它要驱动的下一个目标是气门组件。

配气机构的整个工作过程：曲轴通过正时链条驱动凸轮轴旋转，当凸轮轴转到凸轮的凸起部位时开始顶起摇臂，使摇臂绕摇臂轴摆动而压缩气门弹簧，推动气门向下运动，即气门的开启。当凸起部位离开摇臂时，气门在弹簧的作用下向上运动而落座，即气门的关闭。而曲轴正时齿轮与凸轮轴正时从动齿轮两者齿轮数为 2∶1 是为了使曲轴转动两转，凸轮轴旋转一圈，进排气门各开启一次。

4.2.3　汽缸、活塞

GY6 汽缸如图 4-4 所示。从图 4-4 可以看到，在汽缸体边上有槽（或叫正时链条通道），正时链条从此通过到达汽缸头，其中还要安装链条的导板片、链条张紧器。从图 4-4 中可以看到汽缸正前方有一个孔，它是用来安装正时链条的链条调整器组成的。当正时链条发生磨损松动及异响时，可以通过链条调整器来对其进行调整。

图 4-4　汽缸立体图

图 4-5　活塞环

在前面已经了解过曲轴箱，在实际的安装中，图 4-4 所示的汽缸应该是反过来朝下安装在曲轴箱上的。在图 4-4 中，汽缸中间圆形的缸套部分，就是活塞在汽缸中上下运动的空间。图 4-5 给出了一组活塞环的照片。活塞上有环槽，用来安装活塞环。活塞环分气环、油环。GY6 有二道气环，一道油环。气环是用来防止燃烧室气体进入曲轴箱，而油环是用来防止润滑机油窜入燃烧室的。活塞顶部有两个倾斜凹坑其作用避免活塞位于汽缸上止点时与进排气门相撞而设置的。

4.2.4 连杆、曲轴

GY6 连杆图片如图 4-6 所示，曲轴图片如图 4-7 所示。混合气燃烧时，活塞在汽缸内做上下往复运动，曲轴连杆将活塞的上下往复运动转变成曲轴的旋转运动，曲轴再将动力传递给变速机构，驱动后轮旋转。

图 4-6 GY6 连杆

图 4-7 曲轴连杆总成

4.2.5 电气系统、点火装置、点火正时

由于这几个问题是相互联系在一起的，所以把它们放在一起讲解。

1. 电气系统

图 4-8 是 GY6 磁电机总成，磁电机由飞轮组件和定子组成，如图 4-8（a）所示，其中 1 是飞轮组件，也称为转子组件，其金属壳内缘有 6 块永久磁铁。2、3 是定子组件，2 是由 6 个铜线绕组线圈组成，其中包含低压点火线圈、充电照明线圈，3 是脉冲感应线圈（触发线圈）。磁电机是安装在发动机曲轴箱盖上的，拆下风扇就可以看到飞轮。

磁电机在台湾的摩托车图纸上也标“发电机”，当曲轴旋转带动飞轮旋转时，磁电机线圈切割磁力线产生交流电，产生的电力作为全车所有用电部件的能量源泉。

摩托车发动机要工作的三个条件是油、气、火，其中火指点火，磁电机也是点火能量的来源。GY6 磁电机线圈共有三组独立线圈：第一组给 CDI 点火器中的储能元件（电容）充电，称为低压点火线圈；第二组是给蓄电池充电，给大灯照明，称为充电照明线圈；第三组是触发线圈，控制 CDI 中的电容放电。

图 4-8（b）是点火器，它的全称是“电容放电式点火装置”，CDI 是电容放电点火的缩写。它的内部只是一个构造简单的电路板，上面不外乎是有三个基本元件：一个电容 C；一个可控硅 SCR；一个二极管 D。电路板用环氧树脂固封（为防水之用），如图 4-8（b）所示。将 CDI 点火器加热到 100℃左右，就可脱掉固封物，取出电路板。

图 4-8（c）是稳、压整流器的外形，其内部是一个稳压整流电路板，将它用环氧树脂灌封后，再装在一个带散热片的铸铝盒中，就成了我们在图 4-8（c）中所看到的样子。磁电机充电照明线圈送过来的交流电通过它调整后，一路供蓄电池充电，一路供前大灯照明。

图 4-8（d）是高压点火线圈及其组件，3 是高压点火线圈，俗称高压包，有的书上写高压线圈，有的写点火线圈，都是指的它。它的作用是将 CDI 中输出的脉冲电压放大，产生高压，然后通过高压线 2，到高压帽 1，使火花塞放电。通常使火花塞放电的电压要 8kV 以上，甚至 13kV。图 4-19 是高压点火线圈的一幅大图。

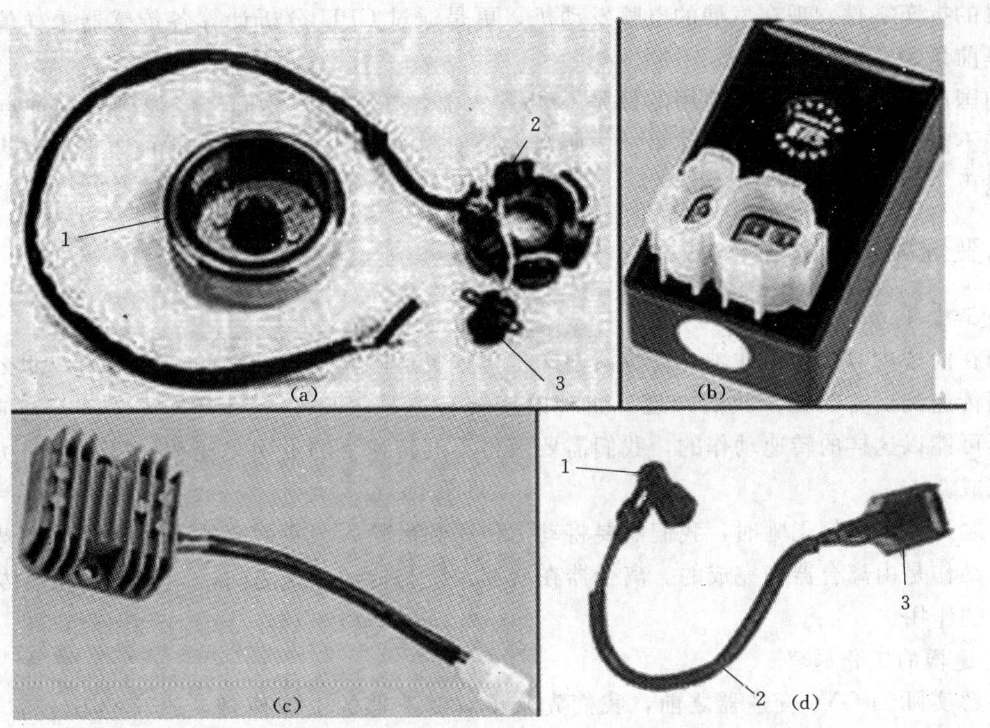

图 4-8　GY6 磁电机总成

(a) 磁电机总成；(b) CDI 点火器；(c) 稳、压整流器；(d) 高压点火线圈

2. 点火装置的工作原理

当磁电机飞轮旋转时，磁电机低压点火线圈向 CDI 点火器中的电容 C 充电，点火能量暂存在电容 C 中，当曲轴转到需要点火的时刻（一定的汽缸压缩行程时），磁电机触发线圈产生脉冲电压，使 CDI 点火器中的可控硅导通，此时电容 C 向高压点火线圈（见图 4-9 高压点火线圈大图）放电，高压点火线圈中感应出高电压，使火花塞产生电花火。当摩托车不能启动，如果是火花塞无火花时，查找故障点就可以沿着以上所述点火装置的工作过程去查找，只不过查找顺序应相反。

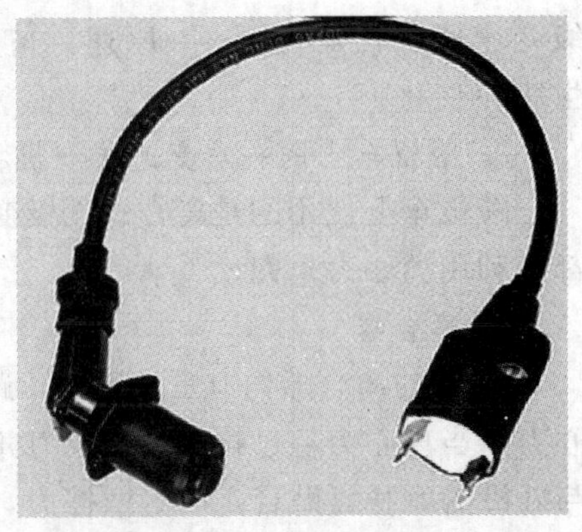

图 4-9　高压点火线圈

3. 点火正时的概念

点火正时是发动机得到正常工作，发挥最佳动力性能的另一个必要条件。

为什么要点火正时？当混合气在汽缸中被压缩到适当好处时，就需要点火，而什么时候是最适当的呢？是活塞行程到汽缸最上面时吗（上正点）？不是！因为汽油的燃烧需要时间，虽然是疯狂的燃烧，但是从开始燃烧到燃烧结束，是需要一定的时间的，所以，在活塞压缩行程到达汽缸上止点前，需要提前点火。如果这个提前点火实现，我们就说它是点火正时的（正确的）。通常，这个提前的点火时间，我们用点火提前角来表示（由于篇幅所限，点火提前角的概念在这就不赘述了）。

在 GY6 发动机中，点火提前角是靠磁电机触发线圈与飞轮触发磁铁的相对位置来实现的，在右曲轴箱盖上有安装对准标记，通过安装固定后，这个提前角度也就是固定的。另外，在 CDI 点火器中也能产生有限的点火提前角度，通常是 10 多度。所以，GY6 的上所能够提供的点火提前角变化范围是比较小的。

国外大排量车子，都是用复杂的电路和集成芯片，来实现在不同转速变化下需要的最佳点火提前角，来实现最佳的功率与扭矩输出。如合资车型 GN125 就采用了以集成芯片 2981 为核心的点火器电路。但是这些大排量车子的点火器坏了就麻烦了，因为你可能还搞不清楚它用的是什么集成芯片，只有买昂贵的拆车零件。现在发展的电喷发动机，更是通过 CPU 分析计算各传感器采样值，产生最佳的点火提前角。

目前国产的大部分车子，使用的都是 CDI 点火器，在上文中我们已经说到，这种点火器并不太好，几乎不能够提供多少点火提前角，之所以大量使用的原因，还是由于它成本低廉（大量批发只要几元人民币一个），简单可靠。

4.2.6 变速和传动系统

1. 变速器和离合器的功用

我们在前边内容讲到，曲轴连杆将活塞的上下往复运动转换成曲轴的旋转运动，那么，曲轴的动力是如何传递到后轮的呢？我们知道，曲轴的旋转转速是很高的，2200 转左右车子才起步，显然，后轮是不可能以这样的转速动作的，我们需要获得不同转速下的不同车速和扭矩，这个功能就由变速系统来完成。

除此之外，当我们飞驰时，我们需要将动力传送到后轮，当我们要停下来时，则需要能够切断动力，这个动作是由离合器来完成的。离合器在变速系统与传动系统之间，起一个柔和地传递动力（切断动力）的作用。

2. 变速器的工作原理

在讲解实际的 GY6 变速器之前，我们先来了解变速器的工作原理，这样会比较容易理解后述部分。简单地说，变速器就是根据这一原理来设计的：小齿轮（或小带轮）为主动轮传动大齿轮（或大带轮），则转速降低扭矩增加；大齿轮（或大带轮）为主动轮传动小齿轮（或小带轮），则转速增高扭矩降低。该原理不仅仅适用于踏板车变速器，而且适用于跨骑车变速器。踏板车上的无级变速器，就是利用这一原理：当皮带在前主动轮、后从动轮上发生直径变化，车速和扭矩就发生相应变化。

3. 踏板车上的一次变速传动机构

踏板车上使用的是离心式无极变速器、离心式自动离合器，从字面上我们可以看出，变速和离合都是利用离心力来完成。

4. 离合器

GY6 的离合器内有三个蹄块，蹄块是被拉簧向内拉紧的，当发动机转速增高时，3 个蹄块产生离心力，当离心力超过拉簧的预拉力并达到一定数值时（发动机转速增高至 2200r/min 以上时），蹄块与外沿的摩托盘贴合，产生摩擦力，进而构成一个力矩传递到变速箱主轴。当发动机转速下降（至 1500r/min 时），蹄块所产生的离心力不足以克服拉簧拉力，就不能与摩擦盘贴合，离合器就处于分离状态，此时传递到后轮的动力被切断。

5. 踏板车上的二次变速传动机构

在前面第 3 小节中讲到踏板车上的一次变速传动，这里要讲二次传动。二次传动，一般是在曲轴箱后端装有齿轮箱，以进一步减速，就是通常说的减速箱齿轮，也就是按照说明书要求，定期更换齿轮油以润滑的部件。

4.2.7 润滑系统

四冲程发动机的润滑，采用的是压力与飞溅相结合的方式，机油泵将把曲轴箱中的机油加压后，输送到曲轴、凸轮轴、轴承等高速高负荷的零件表面。在汽缸、汽缸头中，有相关的油道以通过润滑油。对于难于实现压力润滑的部位，则利用曲轴、齿轮等旋转飞溅起来的、或者是重力下落的机油来润滑，如汽缸壁、正时齿轮等。

GY6 机油泵的位置：在曲轴箱中，拆下磁电机，拆下右曲轴箱盖、启动离合器、机油泵隔离板就可看到。机油泵通过机油泵驱动链条，被曲轴驱动。

4.2.8 启动机构

1. 脚启动机构

脚启机构的工作过程是：脚踩动启动蹬杆时，力量传递给启动轴，启动轴上的齿轮将动力传递给前面的启动惰轮，（启动惰轮是由启动惰轮轴固定在曲轴箱上的），然后，启动惰轮上的齿轮片再将力量传递给曲轴，曲轴旋转，此时按动点火开关，汽缸里的汽油被点燃烧，从而发动机燃烧工作。

2. 电启动机构

电启动机构由启动开关、启动继电器、启动电机、单向启动离合器、蓄电池组成。

工作过程：用钥匙将电锁开关转至“ON”的位置，蓄电池电源接通，按下启动开关—启动继电器工作（触点回路接通）—启动电机运转（齿轮轴旋转并带动齿轮组合）—单向启动离合器动作—磁电机转子运转—曲轴旋转—活塞上下运动压缩—点火成功。

4.3 摩托车发动机工作原理

4.3.1 曲柄连杆机构

曲柄连杆机构是发动机实现工作循环，完成能量转换的主要运动零件。它是将热能转变为机械能的转化和输出机构。它将燃气推动活塞所作的直线往复运动变成曲柄的回转运动而输出动力，其工作原理如图 4－10 所示。它由机体组、活塞连杆组和曲轴飞轮组等组成。在做功行程中，活塞承受燃气压力在汽缸内作直线运动，通过连杆转换成曲轴的旋转运动，并从曲轴对外输出动力。而在进气、压缩和排气行程中，飞轮释放能量又把曲轴的旋转运动转化成活塞的直线运动。

（1）止点：活塞与曲柄连杆总成相连，活塞在汽缸中有上下两个极限位置，上极限位置叫上止点它与曲轴中心绪距离为最大。下极限位置叫下止点，它与曲轴中心线距离为最小。

（2）活塞行程：活塞由上止点运动到下止点的距离称为行程，也称为冲程。

（3）汽缸工作容积：活塞运动一个行程汽缸中所扫过的空间。

（4）燃烧室工作容积：活塞在上止点时，活塞顶部与汽缸盖中央燃烧室顶部所组成的空间。

（5）汽缸总容积：汽缸工作容积与燃烧室工作容积之和。

（6）压缩比：发动机的一个重要结构参数，它直接影响发动机功率。

4.3.2 摩托车发动机的工作原理

工作循环是指发动机由进气、压缩、燃烧膨胀（做功）、排气行程所组成的工作进程。发动机完成一次进气，压缩、做功二排气的进程称为一个工作循环，也称一个周期。发动机根据所用燃料不同分为汽油机和柴油机。根据完成一个工作循环所需要的冲程数可为二冲发动机和四冲程发动机。二冲程发动机即发动机曲轴每旋转一转即活塞上下往复运动两个行程而完成一个工作循环的发动机。四冲程发动机曲轴每旋转两转即活塞上下往复运动四个行程而完成一个工作循环的发动机。

1. 二冲程发动机的工作原理

活塞由下止点往上止点运动，它将完成进气和压缩工作过程，属于活塞往复运动的第一个行程。活塞由上止点向下止点运动，它将完成燃烧膨胀（做功）和排气的工作过程，属于活塞往复运动的第二个行程。当活塞由下止点向上止点运动而全部关闭换气口和排气口时，则排气和换气过程终止，汽缸内的新鲜可燃混合气将开始初压缩。同时由于活塞向上移动，活塞下面的曲轴箱容逐渐增大，使曲轴箱内压力下降而形成真空度，当曲轴箱的真空度达到一定程度时，簧片阀自动开启，经化油器雾化的可燃混合气被吸入曲轴箱内。当活塞继续向上运动，在将要接近上止点时，由火花塞发出电火花，将已被压缩的可燃混合气点燃。此时燃烧着的气体迅速膨胀，使燃烧室的温度和压力急剧升高，迫使活塞向下运动，活塞即通过连杆、曲轴做有用功。活塞由上止点向下止点运动时，曲轴箱内的压力将随容积的减小而增大，簧片阀就会逐渐自动关闭，此时进入曲轴箱内的可燃混合气开始被预压缩。当活塞下行至排气口开启时，废气就通过排气口、排气管、消音器排入大气中。当活塞再继续下行至换气口开启时，曲轴箱内被预先压缩的新鲜可燃混合气便通过换气口进入汽缸，并驱使汽缸内的废气进一步排出，这个过程称为扫气过程。这样发动机便完成了一个工作循环。

2. 四冲程发动机工作原理

汽油机是将汽油和空气混合成可燃混合气，然后进入汽缸用电火花点燃。四行程汽油机的每个工作循环均经过如下四个行程，如图 4-10 所示。

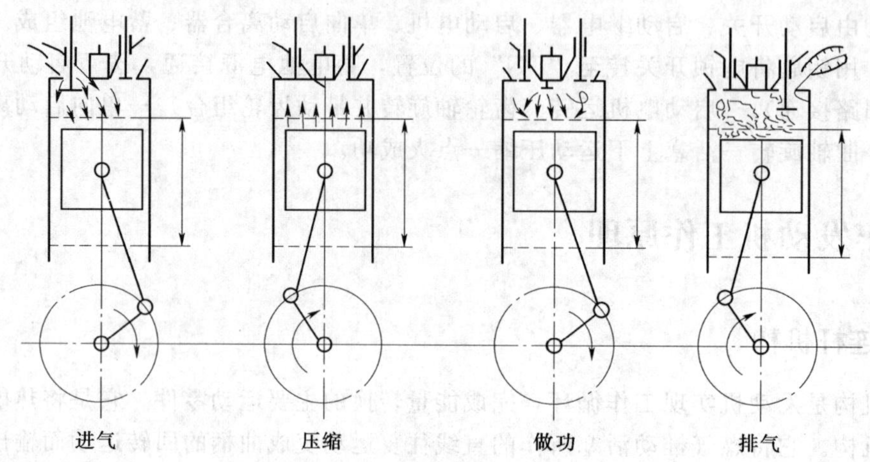

图 4-10　四行程汽油机的每个工作循环

（1）第一行程：进气行程。

活塞在上止点前某一规定曲柄转角时，进气门开启，排气门关闭，汽缸与化油器相通，活塞面上止点向下止点移动，活塞上方容积增大，汽缸内产生一定的真空度。可燃混合气被吸入汽缸。当活塞由上止点向下止点运动，排气阀则在上止点某一规定的曲轴转角时关闭，同时活塞上方的汽缸容积增大，使汽缸形成真空度可燃混合气继续通过进气门吸入。当活塞行至下止点后某一规定曲柄转角时，进气门关闭，此时，进气工作过程结束。

由于进气道的阻力，进气终了时汽缸内的气体压力稍低于大气压，约为 0.07～0.09MPa。混合气进入汽缸后，与汽缸壁、活塞等高温机件接触，并与上一循环的高温残余废气相混合，所以温度上升到 370～400K。

（2）第二行程：压缩行程。

进气行程结束后，进气门、排气门同时处于关闭状态。曲轴继续旋转，活塞由下止点向上止点运动，活塞上方的容积缩小，进入到汽缸中的混合气逐渐被压缩，使其温度、压力升高。活塞到上止点时，压缩行程结束。

压缩终了时，混合气温度约为 600～700K，压力一般为 0.6～1.2MPa。混合气被压缩之后，密度增大，压力和温度迅速升高，为燃烧创造了良好条件。

（3）第三行程：燃烧膨胀做功行程。

在压缩行程，当活塞向上行至上止点前某一规定曲柄转角（即压缩冲程临近终了）时，火花塞电极间发出火花，将被压缩的可燃混合气点燃。燃烧着的可燃混合气使汽缸内的温度和压力急剧升高，活塞则在此高温高压气压作用下，再由上止点向下止点运动，且通过连杆驱使曲轴旋转而做有用功。由于混合气迅速燃烧膨胀，在极短时间内压力可达到 3～5MPa，最高温度约为 2200～2800K。高温、高压的燃气推动活塞迅速下行，并通过连杆使曲轴旋转而对外做功。

在做功行程中，活塞自上止点移至下止点，曲轴转至一周半。随着活塞下移，活塞上方容积增大，燃气温度、压力逐渐降低。做功行程终了时，燃气温度降至 1300～1600K，压力降至 0.3～0.5kPa。

（4）第四行程：排气行程。

在燃烧膨胀行程，当活塞行至下止点前某一规定曲轴转角时，排气阀开启，混合气燃烧后成了废气，为了便于下一个工作循环，这些废气应及时排出汽缸，所以在做功行程终了时，排气门开启，活塞向上移动，废气即通过排气门开始排出。曲轴仍继续旋转，并推动活塞再由下止点向上止点运动。将废气推出汽缸。此排气过程直到活塞行至上止点后某一规定曲轴转角，排气门被关闭时终止。曲轴转至两周，完成一个工作循环。

由于废气受到流动阻力及燃烧室容积的影响，不可能完全排尽。所以排气终了时，汽缸内废气压力总是高于大气压力，约为 0.105～0.115MPa，温度为 900～1200K。留在缸内的废气，称残余废气，它对下一循环的进气行程是有妨碍的，因此要求排气尽可能干净。

综上所述，四行程汽油发动机经过进气、压缩、燃烧做功和排气四个过程，完成一个工作循环。这期间活塞在上、下止点间往复移动了四个行程，相应地曲轴旋转了两周。

本章小结

本章对摩托车发动机的组成及其工作原理进行了详细介绍，摩托车发动机由曲轴箱、缸头、汽缸活塞组件、连杆曲轴组件、电气系统、变速传动部分、润滑部分和启动机构 8 大部分组成。发动机是摩托车的心脏，是摩托车的核心部件，对于其组成及其工作原理必须牢固掌握。

思考题

1. 摩托车发动机由哪 8 部分组成？各自有何作用？相互之间的装配关系如何？
2. 何为点火正时？在摩托车发动机中是如何实现的？
3. 观察活塞和活塞环的结构及其装配关系。

第5章 汽车总体构造

汽车通常由发动机、底盘、车身、电气设备4大部分组成。典型的轿车总体构造如图5-1所示。

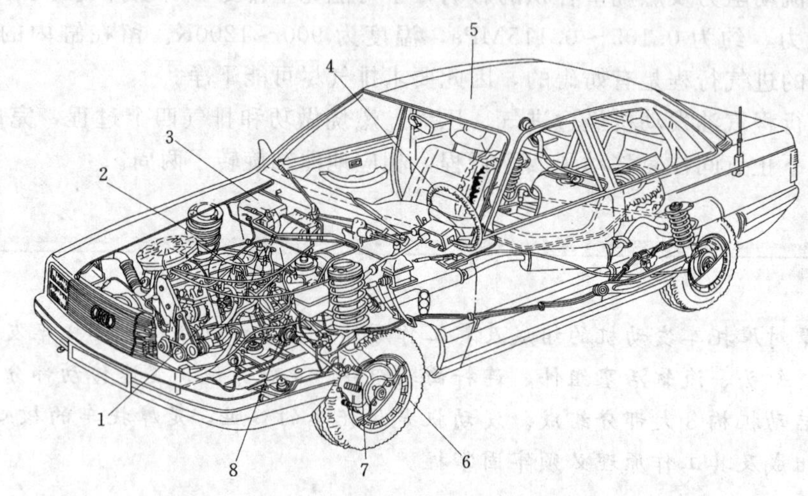

图5-1 典型轿车的总体构造

1—发动机；2—悬架；3—空调；4—转向盘；5—车身；6—转向驱动轮；7—制动器；8—变速器

5.1 发动机

发动机是汽车的动力装置，其作用是使其中的燃料经燃烧变成热能，并转化为动能，通过底盘上的传动系统驱动汽车行驶。车用汽油发动机由两大机构、五大系统组成，其构造示意图如5-2所示。

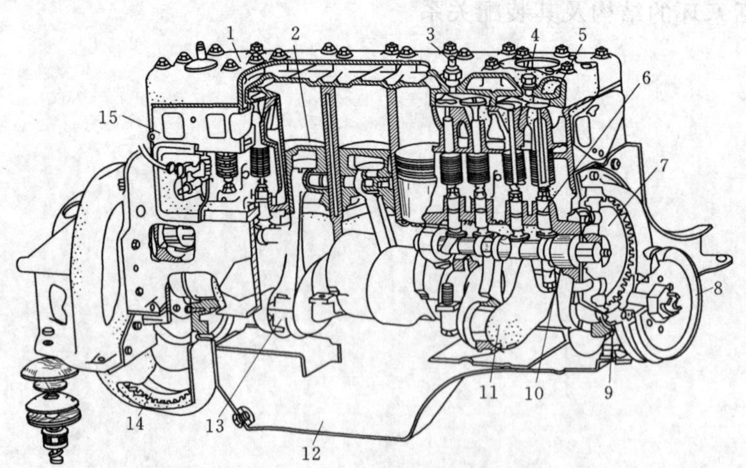

图5-2 汽油发动机的构造示意图

1—汽缸盖；2—活塞；3—火花塞；4—进气门；5—排气门；6—气门挺杆；7—凸轮轴正时齿轮；8—带轮；9—曲轴正时齿轮；10—凸轮轴；11—曲轴；12—油底壳；13—连杆；14—飞轮；15—汽缸体

1. 机体组

机体是发动机各系统、各机构的装配机体。它本身的许多部分还是曲柄连杆机构、配气机构、供给系、冷却系和润滑系的组成部分。汽缸盖和汽缸体的内壁共同组成燃烧室的一部分，是承受高温、高压的机件。

2. 曲柄连杆机构

曲柄连杆机构是发动机实现工作循环，完成能量转换的主要运动零件。它是将热能转变为机械能的转化和输出机构。它将燃气推动活塞所作的直线往复运动变成曲柄的回转运动而输出动力。它由机体组、活塞连杆组和曲轴飞轮组等组成。在做功行程中，活塞承受该气压力在汽缸内作直线运动，通过连杆转换成曲轴的旋转运动，并从曲轴对外输出动力。而在进气、压缩和排气行程中，飞轮释放能量又把曲轴的旋转运动转化成活塞的直线运动。

3. 配气机构

配气机构是发动机的“呼吸器官”，其作用是使可燃混合气及时充入汽缸，并从汽缸排出废气。配气机构大多采用顶置气门式配气机构，一般由气门组、气门传动组和气门驱动组组成，如图 5-3 所示。其“呼吸”的实现采用曲柄连杆机构，如图 5-4 所示。

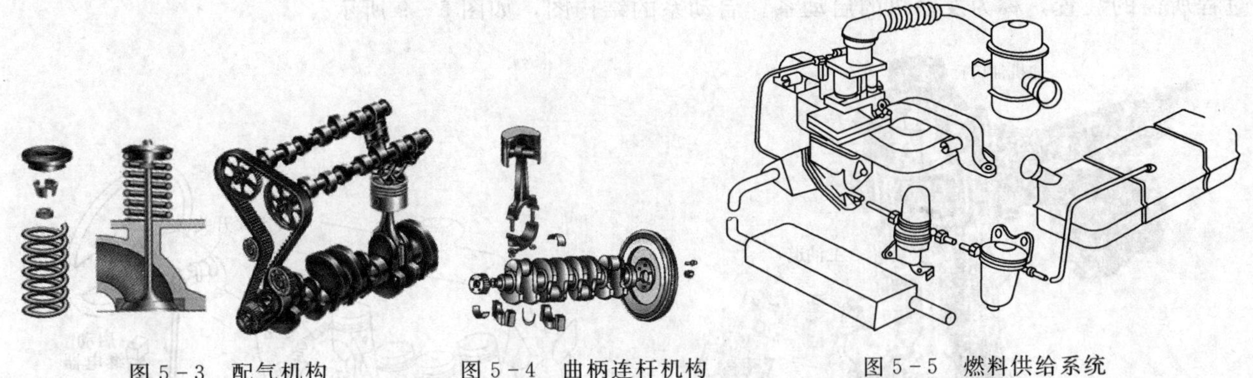

图 5-3　配气机构　　图 5-4　曲柄连杆机构　　图 5-5　燃料供给系统

4. 燃料供给系

燃料供给系的作用是把汽油和空气混合成分合适的可燃混合气输入汽缸以备燃烧，并将燃烧生成的废气排出发动机。燃料供给系统的结构原理图，如图 5-5 所示。

5. 点火系

按规定的时刻用火花塞产生的火花点燃汽缸中被压缩的可燃混合气。在汽油机中，汽缸内的可燃混合气是电火花点燃的，为此，在汽油机的汽缸盖上装有火花塞，火花塞头部伸入燃烧室内。能够按时在火花塞电极间产生电火花的全部设备称为点火系，点火系通常由蓄电池、发电机、分电器、点火线圈和火花塞等组成。点火系的结构图，如图 5-6 所示。

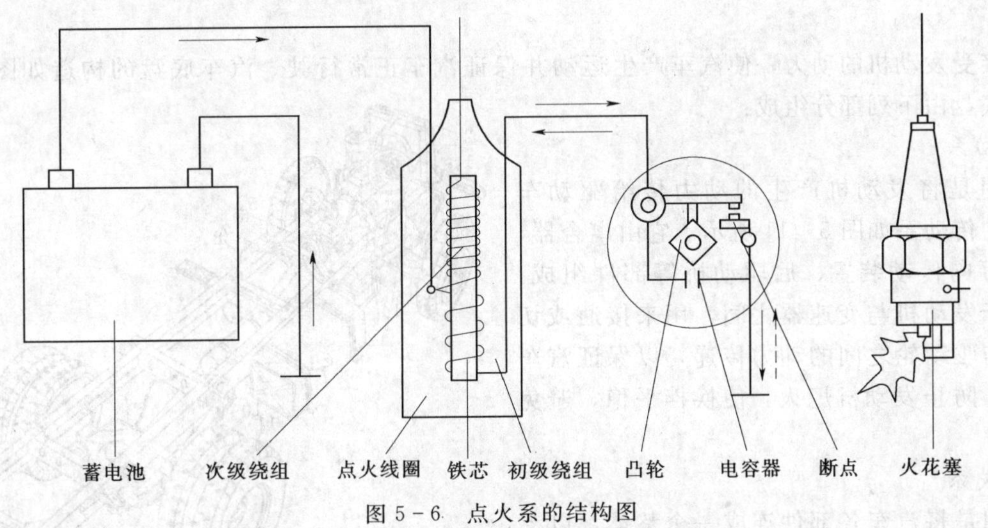

图 5-6　点火系的结构图

6. 冷却系

冷却系的功用是把受热机件的热量散发到大气中去，以保证发动机的正常工作。水冷发动机的冷却系通常由冷却水管、水泵、风扇、水箱、节温器等组成。冷却系的结构图，如图 5-7 所示。

7. 润滑系

润滑系的功用是将润滑油供给做相对运动的零件，以减少它们之间的摩擦阻力，减轻机件的磨

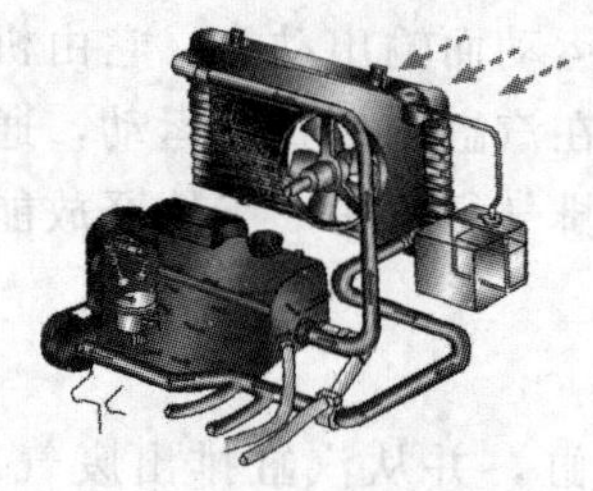
图 5-7　冷却系的结构图

损，并部分的冷却摩擦零件，清洗摩擦表面。润滑系的结构图，如图 5-8 所示。

8. 启动系

用以使静止的发动机启动并转入自行运动。要使发动机由静止状态过渡到工作状态，必须先用外力转动发动机的曲轴，使活塞作往复运动，汽缸内的可燃混合气燃烧膨胀做功，推动活塞向下运动使曲轴旋转，发动机才能自行运转，工作循环才能自动进行。因此，曲轴在外力作用下开始转动到发动机开始自动地怠速运转的全过程，称为发动机的启动。完成启动过程所需的装置，称为发动机的启动系。启动系的结构图，如图 5-9 所示。

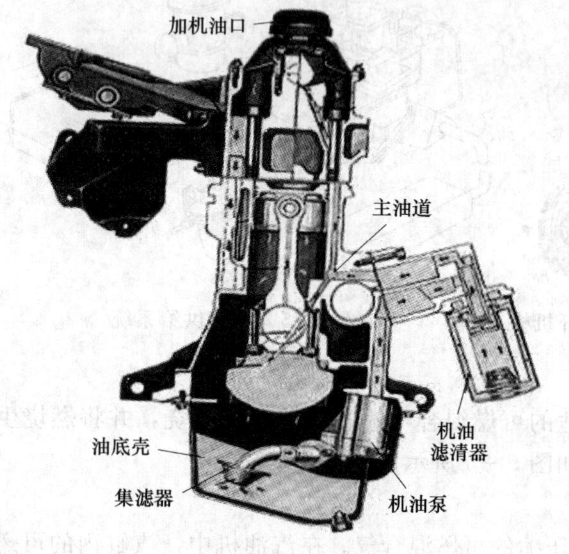

图 5-8　润滑系的结构图

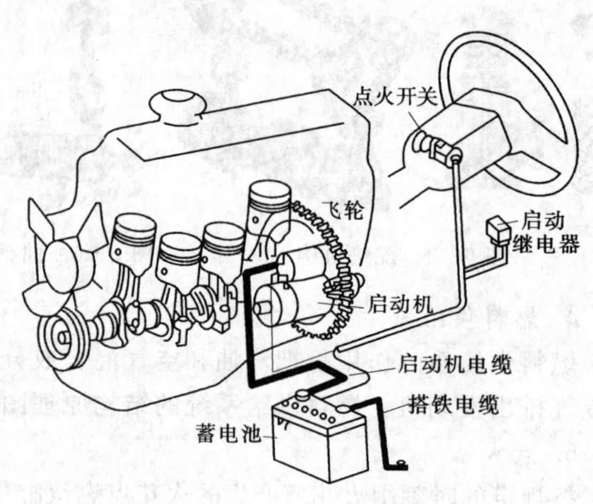

图 5-9　启动系的结构图

5.2　底盘

底盘接受发动机的动力，使汽车产生运动并保证汽车正常行驶。汽车底盘的构造如图 5-10 所示。汽车底盘由下列部分组成：

1. 传动系

其作用是将发动机产生的动力传给驱动车轮。汽车的传动系如图 5-11 所示。它由离合器、变速器、万向传动装置、后驱动桥等部件组成。离合器处于发动机与变速器之间，用来接通或切断发动机与驱动轮之间的动力传递，以保证汽车平稳起步，防止发动机熄火，使换档平稳，避免过载。

2. 行驶系

其作用是将汽车各部件连成一个整体，以支持全车并保证汽车行驶。它由车架、车桥（前驱动桥，后驱动桥）、车轮、悬架（前、后钢板弹簧，）等部件组成。

3. 转向系

转向机构的作用是使汽车能按驾驶员所选定

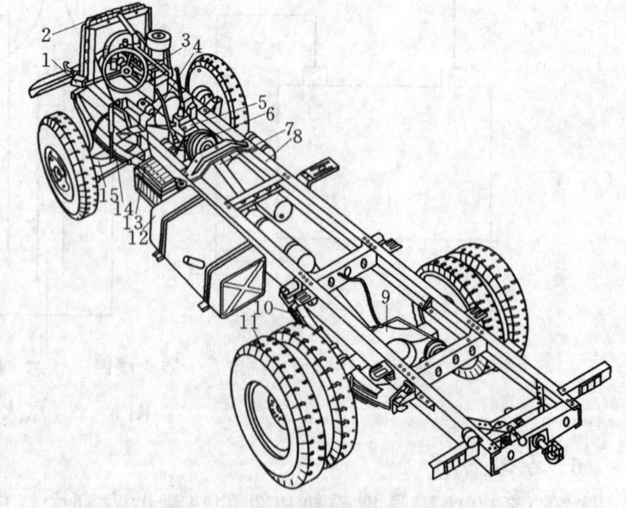

图 5-10　汽车底盘的构造

1—转向装置；2—水箱；3—发动机；4—离合器；5—变速器；6—停车制动机构；7—万向传动装置；8—车架；9—后驱动桥；10—后钢板弹簧；11—车轮；12—油箱；13—蓄电池；14—前钢板弹簧；15—前驱动桥

的方向行驶。图 5-12 为转向机构示意图。

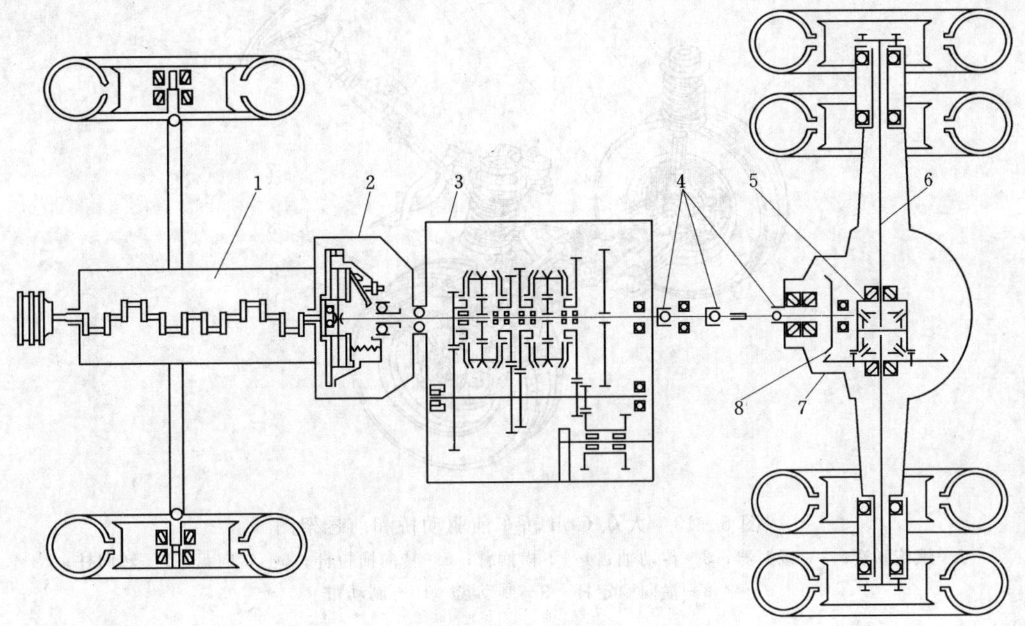

图 5-11 传动系

1—发动机；2—离合器；3—变速器；4—万向传动装置；
5—变速器；6—半轴；7—后驱动桥；8—主减速器

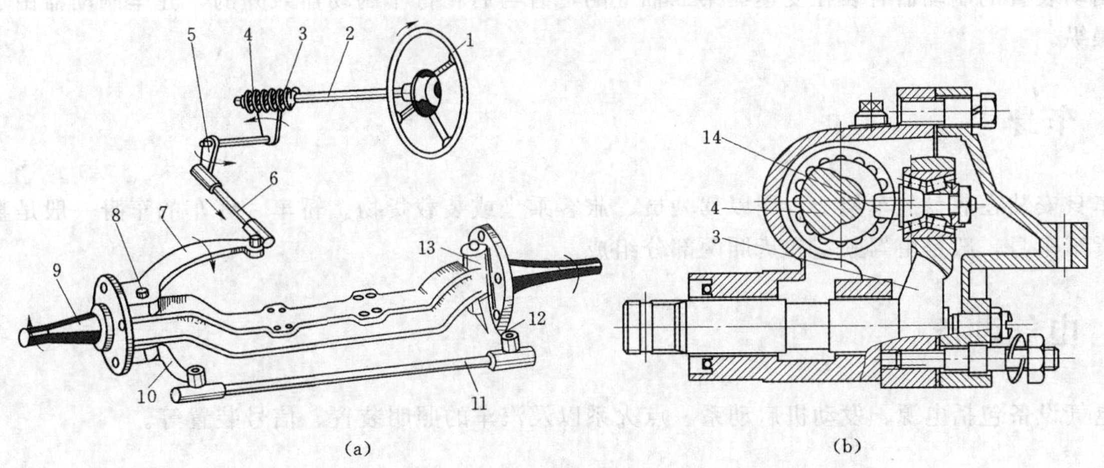

图 5-12 转向机构示意图

(a) 转向机构传动示意图；(b) 蜗杆曲柄指销式转向器结构

1—方向盘；2—转向轴；3—蜗杆曲柄指销式转向器曲柄；4—蜗杆；5—转向摇臂；6—转向主拉杆；7—转向节臂；8—主轴；9—左转向节；10、12—梯形臂；11—转向横拉杆；13—右转向节；14—指销

如图 5-12 (a) 所示，当转动方向盘 1 时，通过转向轴 2 使蜗杆 4 转动并迫使蜗杆曲柄指销式转向器曲柄 3 摆动，于是与其固连的转向摇臂 5 也作相应的摆动，导致转向主拉杆 6 移动和转向节臂 7、左转向节 9 及其支承在其上的左转向轮（图中未画出）绕主轴 8 偏转。在梯形臂 10，12 和与之铰接的转向横拉杆 11 组成的转向梯形作用下，右转向节 13 及支承在其上的右转向轮（图中未画出）也随之偏转相应的角度。图 5-12 (b) 为蜗杆曲柄指销式转向器结构图，指销 14 嵌入图 5-12 (a) 中的蜗杆 4 的螺纹槽中，当蜗杆 4 转动时，使曲柄 3 摆动，于是通过如上所述的传动，最后使左、右转向轮同步偏转，达到使汽车转向的目的。图 5-13 为大众 Golf 轿车前驱动桥和前悬架图。

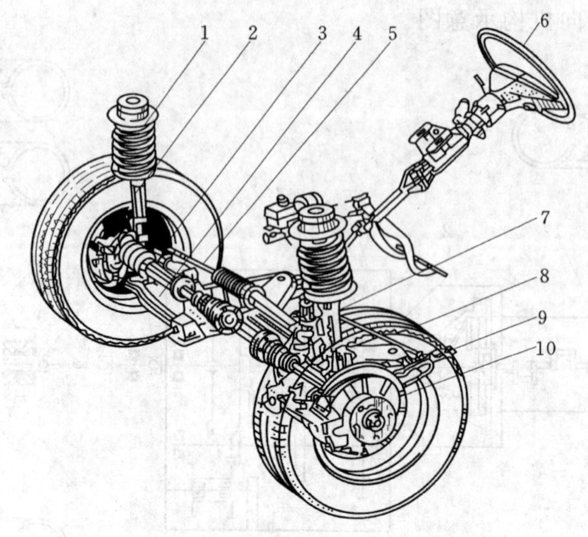

图 5－13　大众 Golf 轿车前驱动桥和前悬架图

1—螺旋弹簧；2—减振器；3—传动轴；4—下横摆臂；5—转向横拉杆；6—转向盘；7—转向柱；8—横向稳定杆；9—制动盘；10—制动钳

4. 制动系

制动系的作用是使行进中的汽车减速直至停车，便停放的汽车可靠地驻留原地不动。

行车制动装置由设在每个车轮上的制动器和制动操纵机构组成，由驾驶员通过制动踏板来操纵。驻车制动装置的制动器有装在变速器第二轴上的，有与后轮行车制动器兼并的，驻车制动器由手操纵杆来操纵。

5.3　车身

车身安装在底盘的车架上，用以驾驶员、旅客乘坐或装载货物。轿车、客车的车身一般是整体结构，货车车身一般是由驾驶室和货厢两部分组成。

5.4　电气设备

电气设备包括电源、发动机启动系、点火系以及汽车的照明装置、信号装置等。

本章小结

本章对汽车的总体构造进行了简要介绍，重点介绍了汽车发动机的两大机构和五大系统，同时对汽车底盘的相关知识也做了详细介绍。本章内容的学习有助于学生对汽车这种产品建立起全面的认识，便于理解后续实习过程中相关内容。

思考题

简述汽车总体构造有哪几大部分构成？各有何作用？

第6章 拖拉机概述

6.1 拖拉机的总体构造

拖拉机是一种动力机械，在国民经济中，应用比较广泛。拖拉机是比较复杂的机器，它的构造和组成都是为解决生产和使用要求而设计的。拖拉机按结构形式通常分为手扶拖拉机、轮式拖拉机和履带式拖拉机三种。不同类型、不同功率的拖拉机，虽然在总体布置和具体结构上有区别，但它们都是由发动机、底盘、车身、电气设备四大部分组成的。

1. 发动机

发动机是拖拉机的动力装置。其功用是使供入其内的燃料燃烧，并将产生的热能转变为动力，通过底盘的传动系统驱动拖拉机运动。发动机主要由机体、曲柄连杆机构、配气机构、燃油供给系统和调速器、润滑系统及起动装置组成。我国拖拉机的发动机全部采用柴油机。

2. 底盘

底盘是拖拉机的骨架和工作部件，用来保证拖拉机正确、安全地行驶和联结农机具，并将发动机的动力转变为拖拉机行驶和农机具工作所需的动力，以完成各种作业。底盘一般由传动系统、行走系统、转向系、制动系和工作装置（牵引装置、动力输出装置和液压悬挂装置）组成。

图6-1是履带式拖拉机简图。发动机2产生的动力和运动经离合器3、联轴器4传给变速器6，经变速器6变速、变转矩后，成为拖拉机前进所需的动力和运动，并由后桥10中的中央传动锥齿轮11及最终传动齿轮12，使驱动轮13产生运动。拖拉机的运动速度决定于变速杆5的位置。

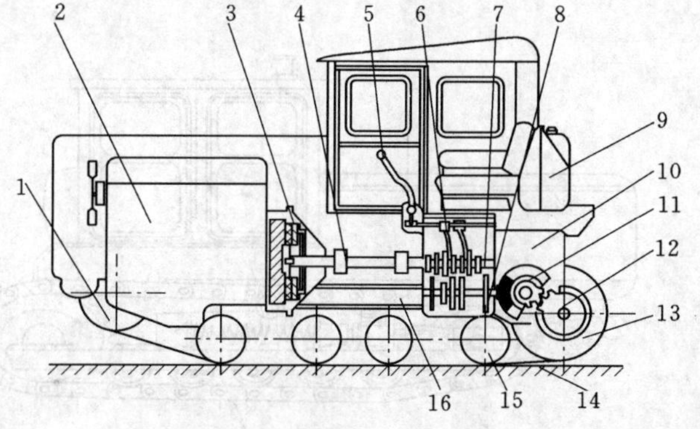

图6-1 履带式拖拉机简图

1—导向轮；2—发动机；3—离合器；4—联轴器；5—变速杆；6—变速器；7—第一轴；8—第二轴；9—油箱；10—后桥；11—中央传动锥齿轮；12—最终传动齿轮；13—驱动轮；14—履带；15—支承轮；16—车架

（1）传动系统。

传动系统是位于发动机与驱动轮之间的传动部件。它的功用是将发动机的动力按工作需要和使用要求传递给驱动轮，使拖拉机获得所需要的行驶速度和牵引力，并可实现停车和倒车的要求。拖拉机的传动系统有机械式和液压式两大类，目前仍然普遍采用机械式传动系统。

图6-2（a）是轮式拖拉机的传动系统组成，它包括离合器、变速器、中央传动、最终传动四个部分。通常将中央传动、最终传动和位于同一壳体内的差速器合称为后桥。

离合器接合时，发动机动力便从离合器经变速器的挂挡齿轮副传给中央传动，然后由中央传动大锥齿轮将动力经差速器分配给两边的最终传动，最后传递给驱动轮。离合器分离时，动力就切断。

图6-2（b）是履带式拖拉机的传动系统组成，其传动路线与轮式拖拉机基本相同。主要差别在于后桥中没有差速器，而在中央传动与最终传动之间装有左、右两个转向机构。

轮式拖拉机的差速器和履带式拖拉机的转向机构都是传递动力的部件，在结构上与中央传动和最终传动密切相连，且装在同一后桥壳体内，但它们最主要的功用是为了满足拖拉机转向的需要，所以又把它们都作为转向系的组成部分。

（2）行走系统。

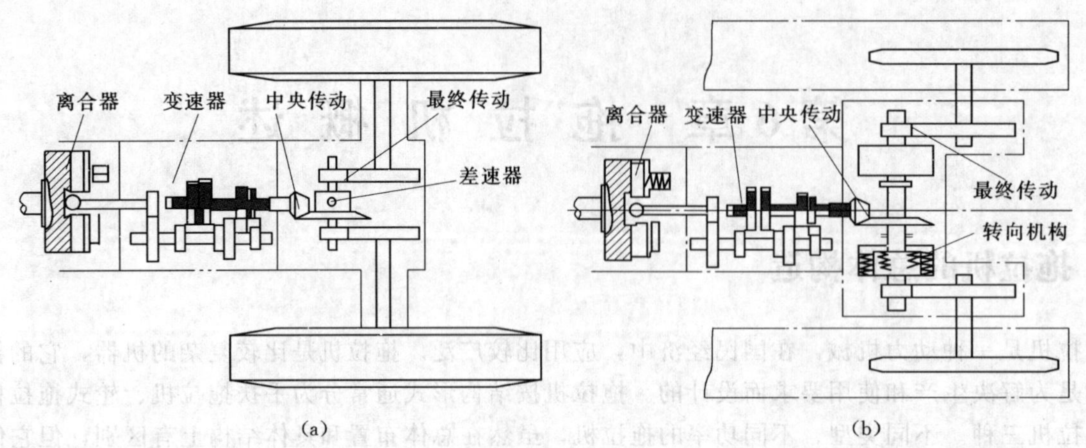

图 6-2　拖拉机传动系统的组成

(a) 轮式拖拉机传动系统的组成；(b) 履带式拖拉机传动系统的组成

行走系统的功用是将拖拉机各总成、部件连接成整体，支撑全车、保证行驶，并将发动机经传动系统传到驱动轮上的驱动转矩转变为地面对驱动轮或履带的推进力。根据行走系统构造的不同，拖拉机可以分为轮式和履带式两种。

轮式拖拉机的行走系统主要包括前轴、前轮和后轮。

履带式拖拉机的行走系统组成如图 6-3 所示。两个承重轮安装在一套台车架上，如图 6-4 所示。

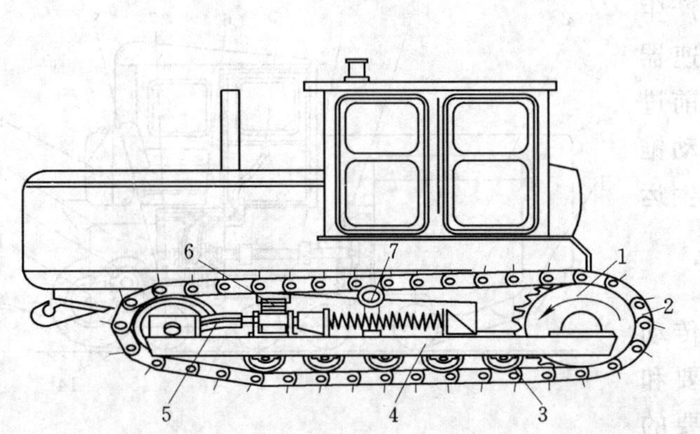

图 6-3　履带式拖拉机行走系统的组成

1—驱动轮；2—履带；3—承重轮；4—台车架；5—张紧装置和导向轮；6—悬架弹簧；7—托轮

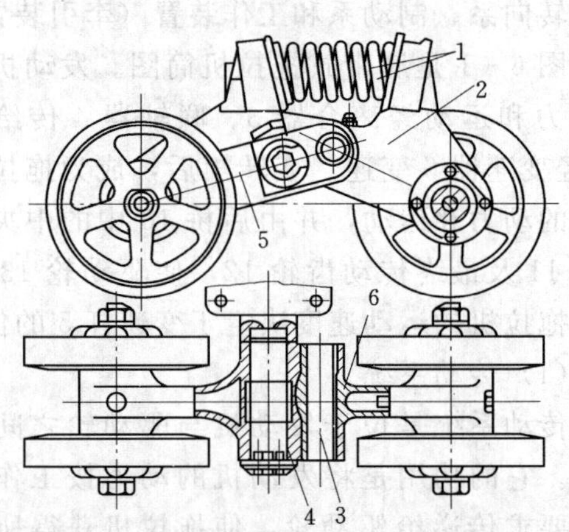

图 6-4　支重台车架

1—悬架弹簧；2—内平衡臂；3—轴；4—滑动轴承；5—外平衡壁；6—销

(3) 转向系。

转向系的功用是改变和控制拖拉机的行驶方向，以保证拖拉机正确、安全地工作。一般轮式拖拉机是依靠偏转两个前导向轮进行转向；履带式拖拉机是通过操纵传动杆件，改变传动系统中转向机构（如转向离合器）传给一侧驱动轮的转矩实现转向，因而履带式拖拉机的转向系就是转向机构的操纵机构。

(4) 制动系统。

制动系统的功用是刹车和协助转向。拖拉机的制动系统由制动器和制动操纵机构组成。制动器是用来对驱动轮产生阻力矩的装置，能够使驱动轮很快地减速和停止转动。制动操纵机构是用来操纵制动器的，由制动踏板和一系列传动杆件组成。在拖拉机上，只对驱动轮进行制动，为了协助拖拉机进行转向，每侧驱动轮有独立的制动器和制动操纵机构，既能单独操纵，也可联动操纵。拖拉机上普遍采用的是摩擦式制动器。

轮式拖拉机采用的是蹄式摩擦制动器，如图 6-5 所示。制动器由随着车轮一起旋转的制动鼓 2 和不旋转的制动蹄 5、摩擦片 3、制动凸轮 1、支承销 6 和回拉弹簧 4 组成。此外，还有踏板、拉杆和制动臂等，组成了操纵机构（图 6-5 中未画出）。

当踩下踏板时，通过拉杆、制动臂使制动凸轮 1 转动一个角度，并将制动蹄 5 的上端向外顶开，而下端则绕支承销 6 摆动。当摩擦片与旋转的制动鼓 2 的内表面接触时，在其接触表面之间就产生摩擦力 F，制动蹄对制动鼓压得很紧时，摩擦力对制动鼓形成一个足够的制动力矩，抱死制动鼓后，迫使车轮停转。与此同时，在车轮和路面之间产生一个与行驶方向相反的制动力 P_r，迫使拖拉机停止运动。

当松开踏板时，回拉弹簧 4 促使制动蹄恢复原位，以消除对车轮的制动作用。

（5）工作装置。

工作装置的功用是连接或悬挂农机具，以便和各种农具配套完成不同作业。它主要包括牵引装置、动力输出装置（动力输出轴和驱动带轮）和液压悬挂装置。图 6-6 为分置式液压悬挂装置布置图。

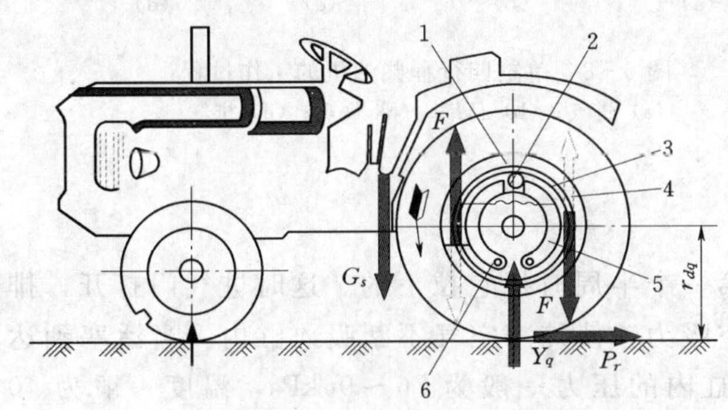

图 6-5 制动器的作用原理简图
1—制动凸轮；2—制动鼓；3—摩擦片；
4—回拉弹簧；5—制动蹄；6—支承销
Y_q—路面对车轮的垂直反力；F—摩擦力；
P_r—制动力；r_{dq}—车轮的半径

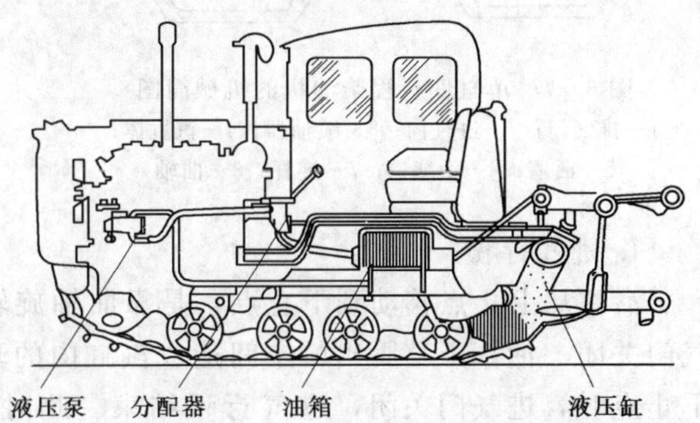

图 6-6 分置式液压悬挂装置

3. 车身

车身的功用是安置驾驶员、乘客或货物。

4. 电气设备

电气设备的功用是解决拖拉机的照明、安全信号和发动机的启动。它主要由电源组、发动机启动系及点火系和照明装置、信号装置（喇叭、仪表）等用电设备组成。

6.2 柴油发动机的基本工作原理

国产拖拉机的发动机都采用柴油发动机。它的特点是没有点火装置，柴油在高压下喷入汽缸内与送入缸内的空气混合，在汽缸内的高压下混合自燃，放出热能，膨胀做功，实现热能与机械能的转换。

6.2.1 单缸四行程柴油发动机的工作原理

四行程柴油机指的是活塞连续运行四个行程（即曲轴旋转两周）的过程中，完成一个工作循环（进气—压缩—燃烧膨胀—排气）的柴油机。图 6-7 是单缸四行程柴油机的机构简图。汽缸体 4 中的活塞 5 通过活塞销 6、连杆 7 与曲轴 8 相连。曲轴转一圈可带动活塞上下运动各一次，活塞上下运动一次可推动曲轴转一圈。活塞在最高处（离曲轴中心最远）的位置叫上止点，反之叫下止点。上止点与下止点之间的距离称为活塞行程（常用S表示）。进气门2、排气门1、喷油器3安放在汽缸上部的汽缸盖上，分别由专门机构控制，保证能按时打开、关闭和喷入雾状柴油。

图6－8是单缸四行程柴油机的工作过程。

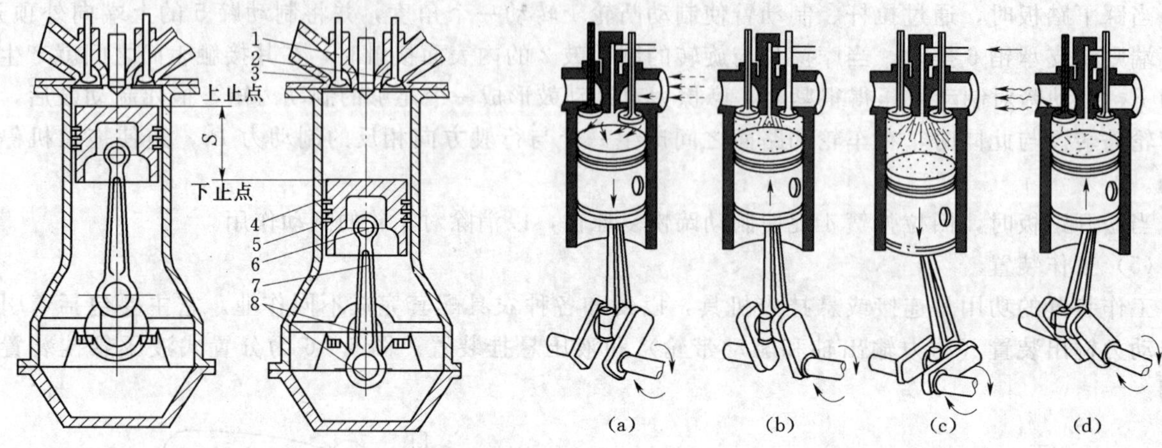

图6－7　单缸四行程柴油机的机械简图

1—排气门；2—进气门；3—喷油器；4—汽缸体；5—活塞；6—活塞销；7—连杆；8—曲轴

图6－8　单缸四行程柴油机的工作过程

(a) 进气；(b) 压缩；(c) 做功；(d) 排气

1. 进气行程

活塞从上止点移动到下止点，是靠曲轴旋转第一个半周时把它拉下的。这时进气门打开，排气门关闭。活塞下移腾出的空间造成汽缸内的真空吸力，使纯净空气不断吸入缸内。当活塞到达下止点时，进气门关闭，进气行程结束。此时汽缸内的压力一般为76～96kPa，温度一般为40～70℃。

2. 压缩行程

活塞从下止点移动到上止点，是靠曲轴旋转第二个半周时把它推上的。这时进、排气门均关闭，气体受压后温度、压力不断升高，从而为喷入柴油燃烧创造了条件。当活塞到达上止点时，汽缸内的压力可达3040～4053kPa，温度可达500～700℃（柴油自燃温度为330℃）。

3. 做功行程

压缩行程结束后，喷油器将雾状柴油喷入汽缸，高温蒸发，与空气混合自燃。这时燃烧气体温度可达1500～2000℃，压力达6079～10138kPa。由于进、排气门均关闭，高压气体便膨胀推动活塞从上止点移动到下止点，并通过连杆带动曲轴旋转，产生动力对外做功。活塞到达下止点时，做功行程完成，曲轴也旋转过了第三个半周。

4. 排气行程

活塞又从下止点移动到上止点，是靠曲轴的惯性带动的。这时排气门打开，进气门仍关闭，燃烧后的废气受活塞上移的排挤从排气门排出。活塞到达上止点，排气行程结束，这时汽缸内的压力一般为101.3～126.6kPa，温度为300～500℃，曲轴旋转过了第四个半周。

由于曲轴依靠飞轮转动的惯性作用，活塞又由上止点向下止点移动，重复上述工作循环。柴油机正是通过这样的周期循环来实现连续不断的运转。

6.2.2　四缸四行程柴油发动机的工作原理

单缸四行程柴油机只有做功行程产生动力，其他三个行程靠飞轮储存的功能来完成，因此发动机工作不平稳。其曲轴每转两周只有半周做功，造成曲轴旋转不均匀，工作振动大。为改善曲轴旋转的不均匀性，一般采用多缸发动机。目前常用的有四缸、六缸和八缸。

东方红—75拖拉机的4125A型发动机是四行程直列四缸发动机，每一缸的工作循环与单缸发动机相同，而做功行程间隔 720°/4＝180°。如图 6－9 所示，四缸发动机曲轴的各曲拐处于同一平面内，其中 1、4 缸在同一方向；2、3 缸在另一方向，互错 180°。当 1、4 缸活塞上行时，2、3 缸下行，各汽缸的做功行程次序为 1—3—4—2。因此四缸发动机的均匀性和平衡性均优于单缸发动机。

图 6－9　四缸四行程柴油机曲拐排列简图

6.2.3　柴油发动机的主要组成

柴油机的形式和构造多种多样，但都必须由下列机构和系统组成，来保证柴油机更好地进行工作循环，实现燃烧放热，膨胀做功的能量转换。

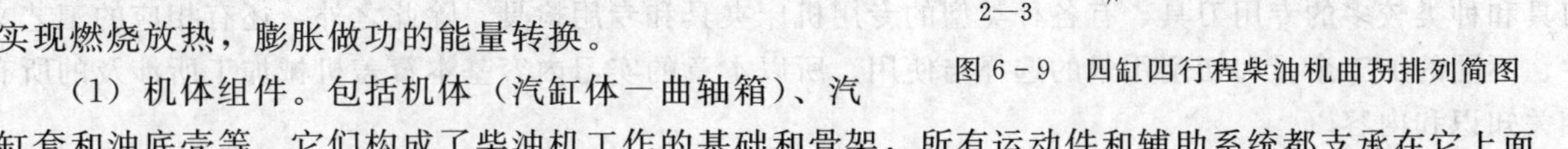

（1）机体组件。包括机体（汽缸体－曲轴箱）、汽缸套和油底壳等。它们构成了柴油机工作的基础和骨架，所有运动件和辅助系统都支承在它上面。

（2）曲柄连杆机构。这包括活塞、连杆、曲轴和飞轮等，是柴油机的主要运动应 T 件。它们的作用是往复式发动机传递动力的传动机构，是实现工作循环的结构措施，即将燃料燃烧放出的热能转变为机械能，将活塞在汽缸内的往复运动转变为曲轴的旋转运动而对外做功。

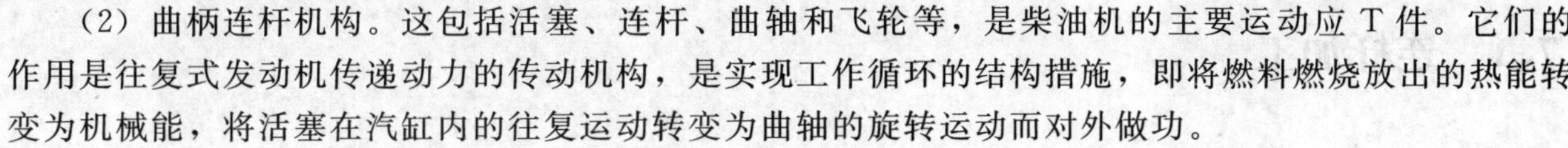

（3）配气机构与进、排气系统。这包括进、排气门组件、挺杜与推杆、凸轮轴、传动系统、进气管、排气管和空气滤清器等。它们的作用是定时地排出废气，吸入新鲜空气，提供燃料燃烧所需的充足氧气。

（4）燃料供给与调节系统。这包括喷油泵、喷油器、输油泵、燃油滤清器及调速器等。它们的作用是定时、定量地向燃烧室喷入燃油，并创造良好的燃烧条件，满足燃烧过程的需要。

此外，还有冷却系统、润滑系统和起动系统等。

本章小结

本章对拖拉机的总体构造、柴油机的工作原理等内容进行了简单的介绍。拖拉机作为生产生活中一种重要的生活、生产工具之一，在国民经济中占据重要的作用，因此很多院校的生产实习选择拖拉机制造厂，本章内容可为其提供重要的参考资料。

思考题

1. 拖拉机是由哪几大部分组成的？
2. 简述轮式拖拉机和履带式拖拉机传动系统的组成。
3. 柴油发动机的四个行程各完成的主要工作是什么？
4. 简述柴油发动机的主要组成及功用。
5. 四缸柴油发动机与单缸柴油发动机相比有何优点？
6. 拖拉机在生产生活中有何作用？不久的将来它是否会被淘汰？

第7章 典型零件加工工艺实习

发动机是由曲轴、连杆、缸体、缸盖、凸轮轴、齿轮等典型零件组成的，这些零件结构复杂、精度要求高，基本覆盖了箱体类、轴类、杂件类等机械零件类型。就发动机生产来看，一般生产批量均较大，所以其典型零件的生产均建有流水线或自动线。在整个生产线上有机械零件不同表面的各种加工方法、有各种类型的加工设备（以专用机床为主，还有不少的数控机床和加工中心）、有各种通用刀具和种类较多的专用刀具、有各种类型的专用机床夹具和专用检具，除此之外，还有相应的工艺文件、不同的加工余量和切削用量的选择与使用。所以本章的实习内容基本覆盖机械加工所涉及的所有相关知识和内容。

7.1 连杆加工

7.1.1 连杆结构特点

1. 连杆的工作条件

连杆是发动机的重要运动件之一，它连接活塞和曲轴，并把作用于活塞顶面的膨胀气体的压力传给曲轴，将活塞的往复运动（连杆小头）转变为曲轴的旋转运动（连杆大头），连杆杆身作复合平面运动，同时又受曲轴的驱动而带动活塞压缩汽缸中的气体。因此，连杆工作时承受大小、方向呈周期性变化的动载荷。弯曲应力引起弯曲变形，导致产生疲劳破坏，在连杆小头与杆身圆弧过渡处可见疲劳裂纹，大头杆身与螺栓孔平面直角处可能产生应力集中，另外，连杆螺栓可能断裂。由于连杆横向窜动和形位误差引起连杆受压时产生弯曲，使连杆很容易断裂，因此断裂是连杆的主要损坏形式。

为了减少连杆的惯性力，要求连杆的重量要尽可能轻，所以连杆采用“工字形”截面。以保证既有较高的强度和刚度，又能够减轻连杆的重量。连杆零件结构如图7-1所示。

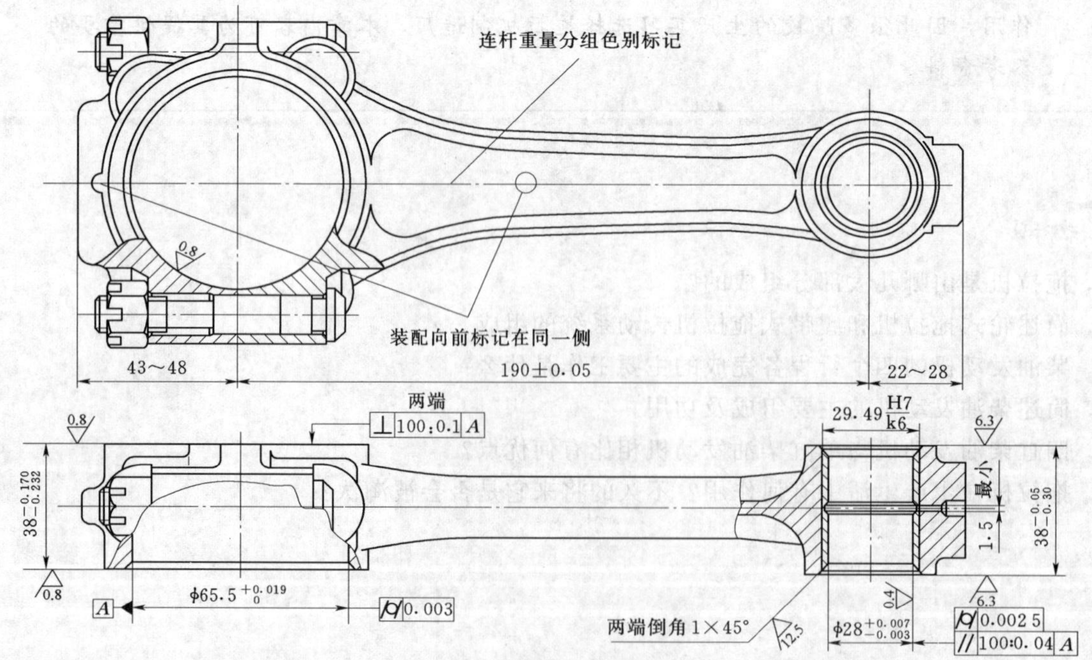

图7-1 连杆零件结构示意图

2. 连杆的结构特点

连杆由连杆体及连杆盖两部分组成。连杆大头用连杆螺栓和螺母与曲轴连杆轴颈装配在一起，大头孔内装有薄壁轴瓦，钢质瓦背内表面浇有一层耐磨合金；大头接合面多采用平切口，为方便从汽缸中装卸，大头接合面也有做成斜剖的。定位方式有销钉定位、套筒定位、齿形定位和凸肩定位等形式。小头孔内压入青铜衬套，用于补偿磨损且便于更换。小头、大头与杆身采用较大圆弧过渡。

考虑到加工时的定位、加工中的输送等需要，连杆大、小头一般厚度相等。对于不等厚度的连杆，为了加工定位和夹紧的方便，也常在工艺过程中先按等厚度加工，最后再将连杆小头厚度加工至所需尺寸。

连杆材料一般采用 45 钢或 40Cr、45Mn2、42CrMo、40MnB 等优质钢或合金钢，近年来也有采用球墨铸铁的。其毛坯采用模锻或自由锻制造。可将连杆体和盖分开锻造，也可整体锻造。

7.1.2 连杆工艺分析与工艺过程

1. 连杆的主要技术要求

连杆外形复杂，定位较难；杆身细长，刚度较差，受夹紧力、切削力等外力作用容易变形；尺寸精度、形状精度、位置精度及表面粗糙度要求均较高，在杆类零件中属较难加工的零件。

连杆的主要技术要求如下：

(1) 连杆小头孔的尺寸公差不低于 IT7 级，表面粗糙度 Ra 值不大于 0.8μm，圆柱度公差不低于 7 级，小头衬套孔的尺寸公差不低于 IT6 级，表面粗糙度 Ra 值不大于 0.4μm，圆柱度公差不低于 6 级。

(2) 连杆大头孔的尺寸公差与所用轴瓦的种类有关，当采用薄壁轴瓦时，大头底孔为 IT6 级，表面粗糙度 Ra 值不大于 0.8μm，圆柱度公差不低于 6 级。

(3) 连杆小头孔及小头衬套孔轴线对大头孔轴线的平行度：在大、小头孔轴线所决定的平面的平行方向上平行度公差值不大于 100 ∶ 0.03，垂直于上述平面的方向上平行度公差值应不大于 100 ∶ 0.060。

(4) 连杆大、小头孔中心距的极限偏差为±0.05mm。

(5) 为了保证发动机运转平稳，对于连杆的重量要求也相当严格。发动机中的连杆重量应尽量相同，加工后要按重量进行分组装配。

2. 定位基准的选择

连杆的工艺特点是外形较复杂，不易定位；大、小头由细长的杆身连接，刚度差，容易变形；尺寸公差、形状和位置公差要求很严，表面粗糙度值小，这给连杆的机械加工带来了许多困难，定位基准的正确选择对保证加工精度是很重要的。如为保证大、小头孔与端面垂直，加工大、小头孔时，应以一端面为定位基准，为区分作为定位基准的端面，通常在一端面的杆身和连杆盖上做出标记。为保证两孔位置精度要求，加工一孔时，常以另一孔作为定位基准，即所谓“互为基准”。连杆加工中大多数工序是以大、小头端面，大头孔或小头孔，以及零件图上规定的一个侧面为精基准，即所谓“基准统一”。如图 7-2 所示为连杆的定位方案之一。

另外无论是哪一道工序，不管采用什么定位方案，加工时夹紧力都不能作用于大、小头之间的杆身上，否则会引起连杆变形，产生较大的安装误差，如图 7-3 所示。

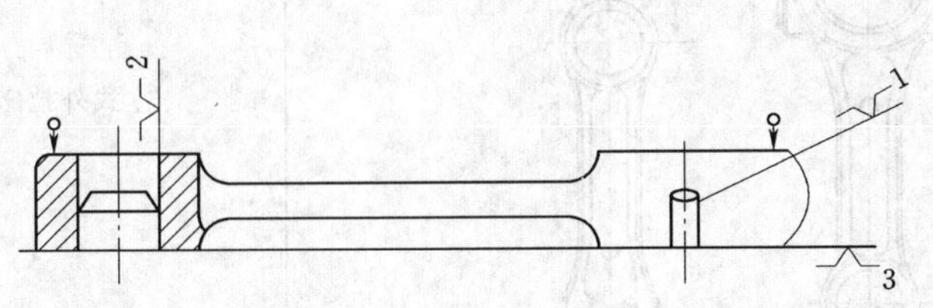

图 7-2 连杆的定位方案

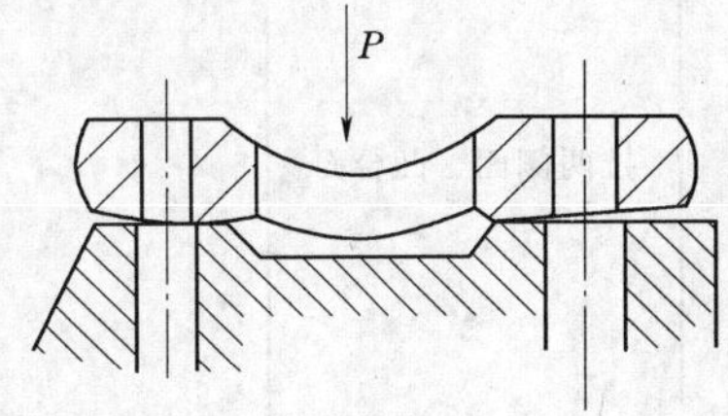

图 7-3 连杆的夹紧变形

3. 连杆主要加工表面的工序安排

连杆的主要加工表面为大头孔、小头孔、两端面、连杆盖与连杆体的接合面以及连接螺栓孔；次要加工表面为油孔、卡瓦槽等。非机械加工的技术要求有探伤和称重去重。此外，还有检验、清洗、去毛刺等工序。

大头孔的加工顺序一般为：粗镗—半精镗—金刚镗—珩磨或冷挤压。连杆小头孔的加工顺序一般为：钻—扩（拉）—压衬套—金刚镗。

为了保证主要表面的加工精度和表面粗糙度的要求，连杆在进行机械加工时，粗加工、半精加工、精加工和光整加工工序应分阶段进行。

根据连杆的结构特点及机械加工的要求，各表面的加工顺序可作如下安排：加工大、小头端面；加工基准孔（小头孔）；粗、半精加工主要表面（包括大头孔、接合面及螺栓孔等）；合盖；精加工连杆总成；校正连杆总重量；对大、小头孔进行精加工和光整加工。

4. 连杆工艺过程

由于连杆的技术要求高，而刚性较差容易变形，因此加工时切削用量均较小，同时又需要分别对连杆体及盖在切开后和合盖后进行加工，因此虽然连杆的结构初看起来并不十分复杂，但加工过程却较长。表 7-1 为某大批生产连杆的简要工艺过程。

表 7-1　连杆加工简要工艺过程

工序号	工序内容	工序简图	设备名称
00	毛坯检查	先标记朝上然后翻转	
10	粗精磨两端面	先标记朝上然后翻转 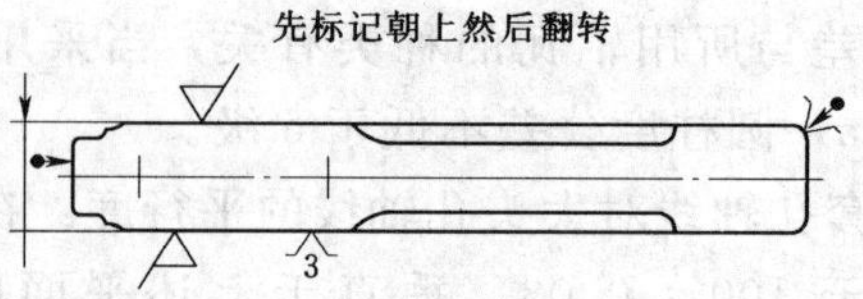	双轴立式圆台平面磨床
20	钻小头孔	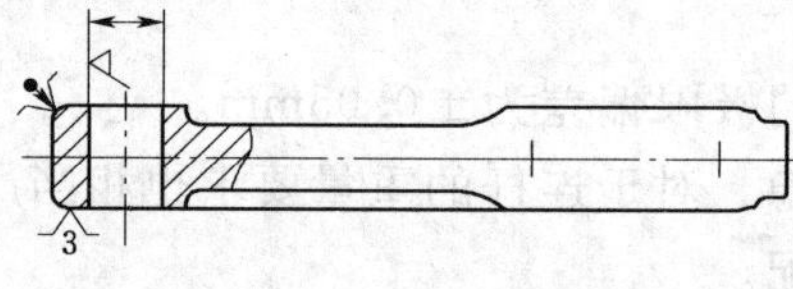	立式钻床
30	小头孔倒角	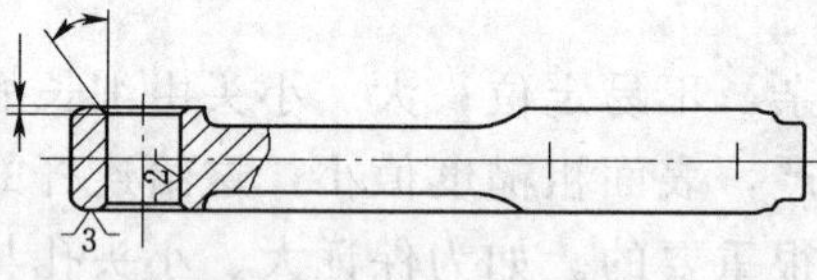	立式钻床
40	拉小头孔	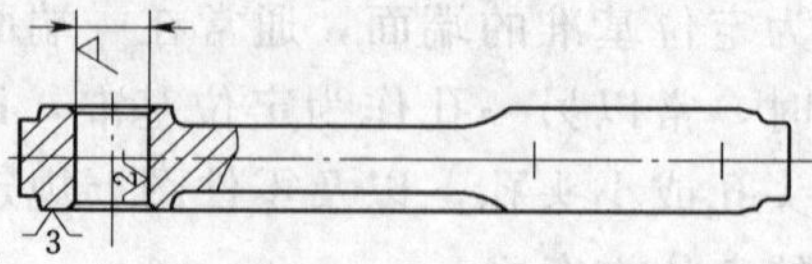	立式内拉床
50	拉两侧面、凸台面	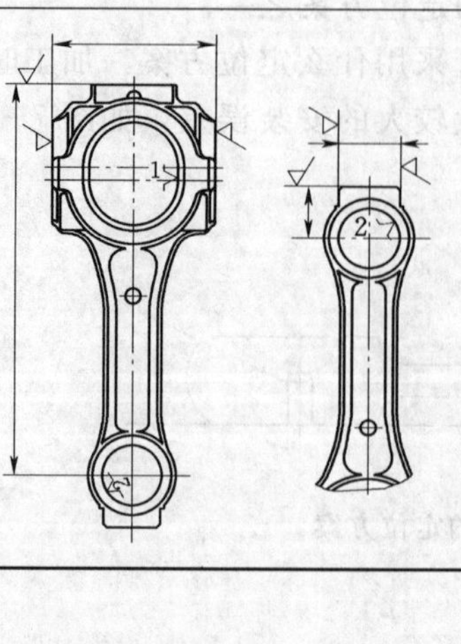	立式外拉床

续表

工序号	工序内容	工序简图	设备名称
60	铣断	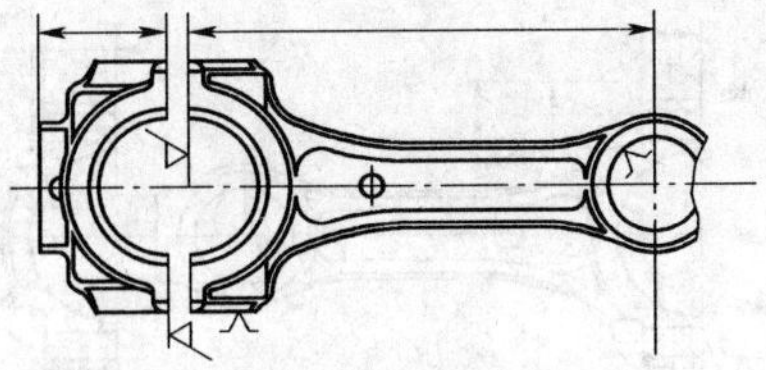	双面立式铣床
70	拉大头圆弧面、两侧面	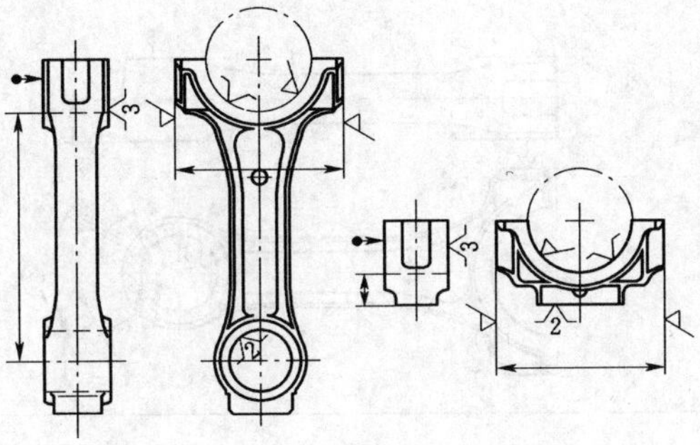	卧式连续拉床
80	磨对口面	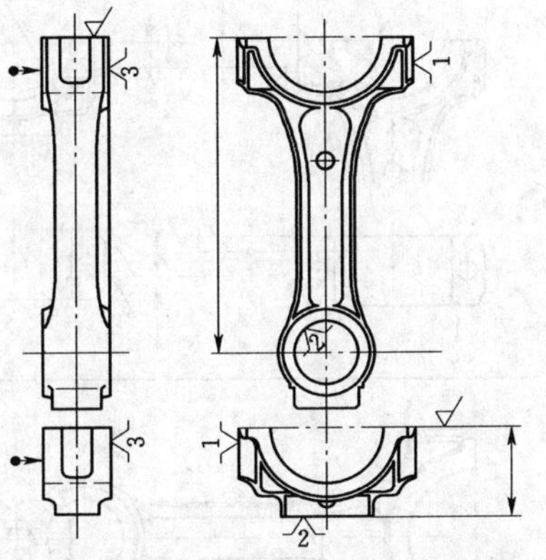	双轴立式平面磨床
90	钻螺栓孔	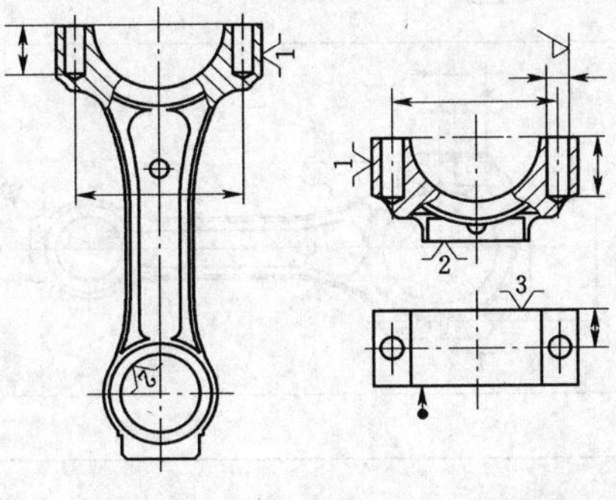	单面卧式钻床
100	粗锪窝座	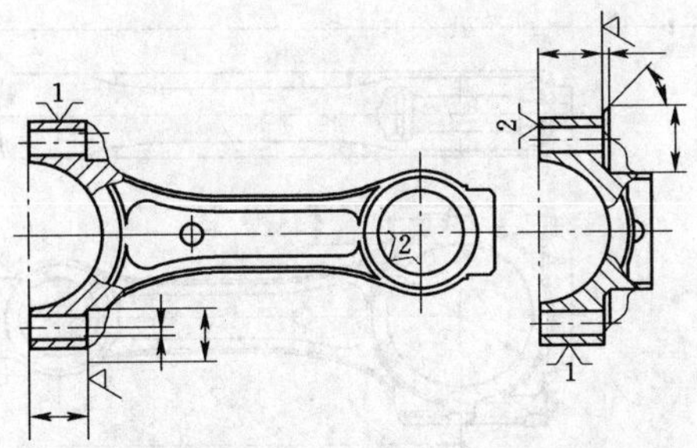	锪孔组合机床

续表

工序号	工序内容	工序简图	设备名称
110	精锪窝座	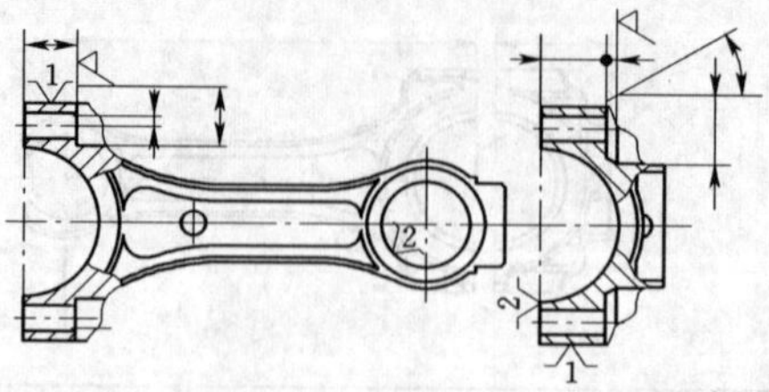	锪孔组合机床
120	钻油孔去毛刺	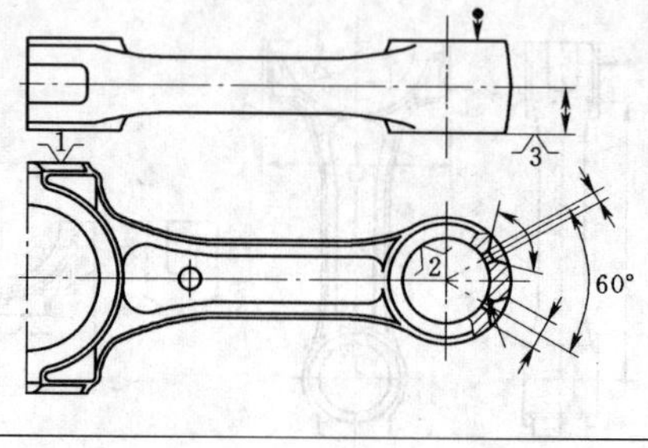	台式钻床
130	铣卡瓦槽	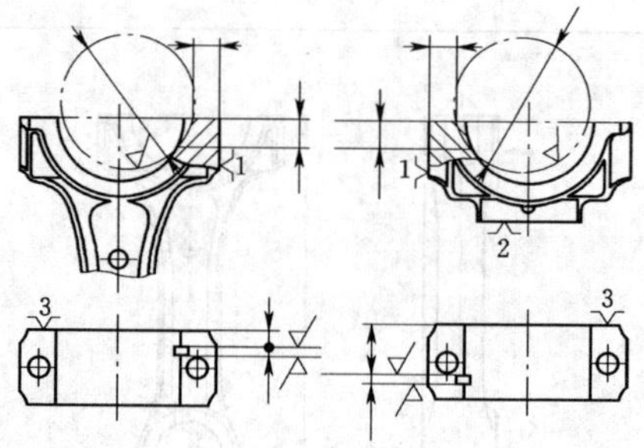	铣槽专用机
140	钻油孔	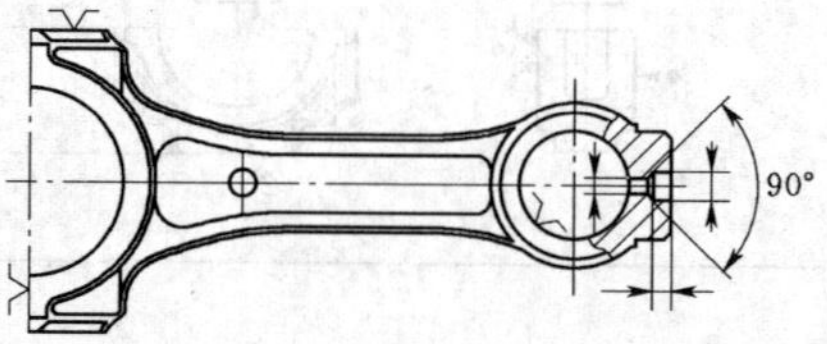	台式钻床
150	扩铰螺栓孔	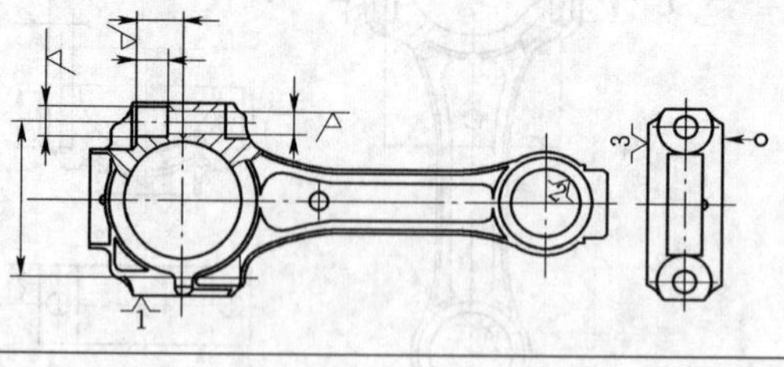	专用机床
160	去毛刺		
170	清洗		
180	合盖		
190	扩大头孔	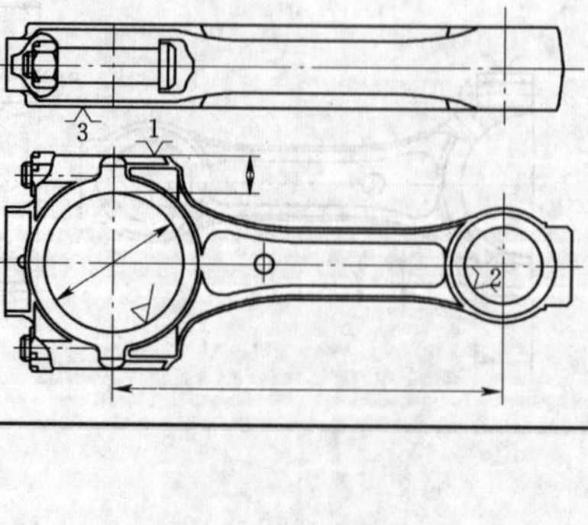	立式扩孔组合机

续表

工序号	工序内容	工序简图	设备名称
200	大头孔倒角		倒角机
210	磨标记面		
220	粗镗大头孔		金刚镗床
230	装、压衬套		
240	衬套孔倒角		立式钻床
250	精磨两端面	0.8　6.3　$37.83^{0}_{-0.08}$　$37.95^{0}_{-0.30}$　0.8　6.3	双轴立式平面磨床
260	精镗大头孔	190 ± 0.05　49 ± 0.04　1.25　$\phi65.465^{+0.02}_{0}$	金刚镗床
270	珩磨大头孔	$\phi65.5^{+0.019}_{0}$　0.8	立式珩磨机

续表

工序号	工序内容	工 序 简 图	设备名称
280	精镗小头孔	$\phi 27.997_{0}^{+0.01}$ 0.5 3 190±0.05	金刚镗床
290	清洗去毛刺		清洗机
300	校正		
310	终检称重分组		
340	清洗防锈		

7.1.3 连杆加工主要工序分析

1. 连杆两端面的加工

连杆两端面的加工通常是连杆的最初加工工序，因为连杆端面是整个加工的主要定位基面，它的加工质量会直接影响整个连杆的加工质量。东风汽车有限公司发动机厂对连杆两端面的粗加工即采用磨削加工。如图 7-4 所示是采用双轴立式圆台平面磨床同时进行粗、精磨，分两个工位进行，第Ⅰ工位以没有凸起标记的一侧端面为粗基准定位加工另一侧的端面，第Ⅱ工位将工件翻转，以有凸起标记的加工过的一侧端面定位，磨削另一端面。磨削后的两端面，不仅本身的平面度误差小，表面粗糙度低，而且两侧端面的平行度误差也小，便于后续工序中保证大、小头孔与端面的垂直度要求。

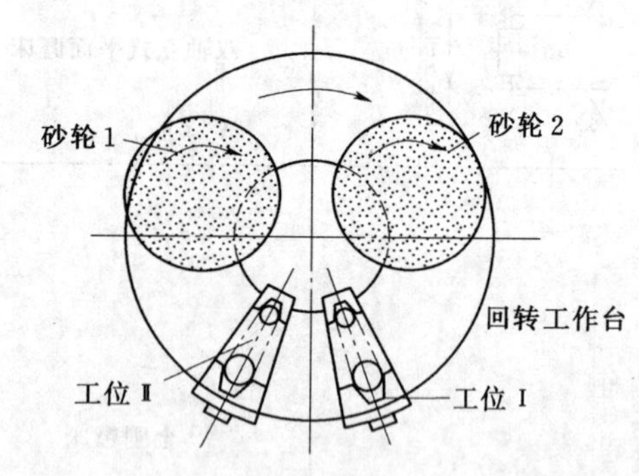

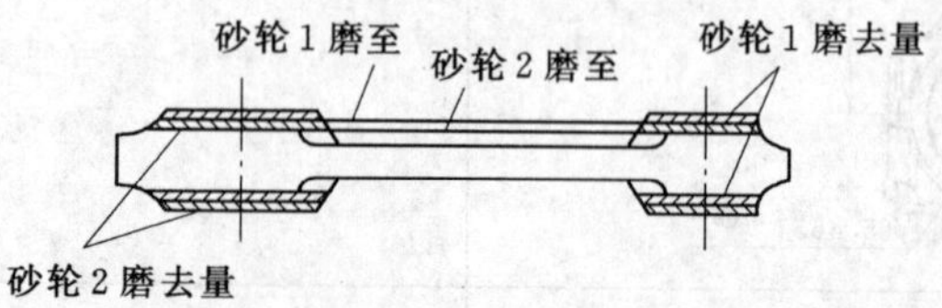

图 7-4 粗、精磨连杆两端面示意图

标记面在后续工序中还要再次安排磨削。

2. 连杆大、小头孔的加工

(1) 连杆大小头孔在加工时的定位方式。

一般大、小头孔加工时可采用下面两种定位方案。

1) 端面、小头孔以及大头工艺凸台定位，如图 7-5 (a) 所示。这种方案的优点是加工过程的大部分工序均可采用统一精基准，减少基准的转换，以利于加工精度的保证，并可简化夹具结构。镗孔时可以夹压大、小头端面，使夹紧力和切削力方向一致，保证工件可靠地支承在主要定位元件的工作表面上。镗小头孔时可将小头孔的定位销做成“假销”，即在小头孔中插入定位销，工件定位并夹紧后再将定位销抽出进行加工。但是，这种方案要求大、小头端面在同一平面上，而连杆结构往往是大、小头厚度不一致，有端面落差。为了工艺上的需要，可将大、小头端面加工成一个平面以便作定位基面，在工艺路线的最后再加工成所需的设计尺寸。

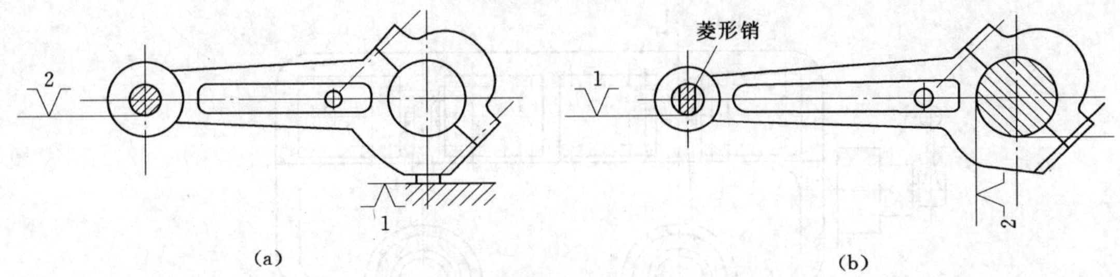

图 7-5　连毛杆大、小头孔加工的定位方案

2）以大头孔、大头端面及小头孔（与菱形销配合）定位，如图 7-5（b）所示。小头端面悬空，采用可与夹具体锁紧的浮动爪夹紧。菱形假销插入后，先将大头端面靠在支承套上，夹紧大头，然后用浮动夹爪夹紧小头端面，这种方案只以大头端面作为定位基准，夹紧力主要作用在大头。这种方案的缺点是刚度较差而且对操作、夹具调整及浮动夹爪的锁紧方式的选择都有一定的要求，处理不当也会影响加工精度，这种方案只适于精镗。

（2）连杆大、小头孔的加工。

大、小头孔的加工精度要求很高，一般需经过钻、扩、绞或粗镗、半精镗、精镗、金刚镗以及珩磨等工序，在单件小批生产中也有采用磨孔的。小头孔往往在大头孔粗加工以前就进行钻、扩、铰，因为在以后的加工中小头孔将作为重要的定位基准，同时也为进一步加工小头孔本身做好准备。

精镗小头孔工序主要技术要求有：小头孔与大头孔的平行度要求，小头孔内圆柱面的圆柱度要求，小头孔与大头孔的距离尺寸要求，小头孔直径要求等。

精镗小头孔工序的定位基准采用“一面两孔”，且与小头孔配合的销采用伸缩式定位销，故小头孔属于自为基准，这样既方便安装又能保证大、小头孔的平行度要求，以及两孔的距离尺寸要求，同时还能保证小头孔的加工余量均匀。

镗小头孔的衬套孔和精镗衬套底孔一般在金刚镗床上进行。用金刚镗加工小头孔具有一系列的优点。

第一，金刚镗刀的主偏角较大，刀尖圆弧半径小，镗刀前后面经过仔细研磨，能降低小头孔的表面粗糙度；金刚镗采用比较高的切削速度，小进给量和较小的背吃刀量，因而切屑的截面很小，切削力小，发热变形小，故能获得很高的加工精度。又因切削速度很高，还能获得较高的生产率。

第二，金刚镗床的刚性好，电动机采用防振垫隔振。主轴运动采用皮带传动，机床内高速旋转的零件经过平衡，机床采用液压进给系统，因而加工时的振动和变形都很小。机床主轴采用高精度的径向推力轴承（每端两个），并预加载荷以消除间隙，因此机床的旋转精度高。

第三，镗杆内安装了冲击式消振器，以减小或消除振动，镗杆上装有粗、精两个镗刀头，在一次走刀中对连杆孔进行两次不同切深的切削，粗精镗刀头之间的距离大于连杆小头孔长，在粗镗刀未切出小头孔前，精镗刀头不进入小头孔，避免粗镗刀头的切削对精镗刀的切削产生影响。

金刚镗连杆小头孔所使用的夹具如图 7-6 所示。

连杆大头孔用液性塑料心轴 3 定位，小头孔用菱形销定位（图中未画出），端面用布质胶木板定位，限制了连杆的 6 个自由度，当液压缸 1 中的活塞 2 向右移动时，顶杆 4 挤压液性塑料，塑料心轴 3 的中间薄壁部分向四周作均匀微细的膨胀以实现自动定心。在连杆被定位夹紧后，两个小油缸 6 中的活塞杆 7 在弹簧力作用下，按图示位置向上移动，V 形卡爪 8 向外伸出而夹紧连杆，最后菱形销向左退出连杆小头孔，右侧镗杆向左移动对连杆小头孔进行镗削加工。由于两个 V 形卡爪 8 是浮动夹紧的，所以连杆在菱形销退出小头孔后不会改变连杆在夹紧前已经确定了的正确加工位置。

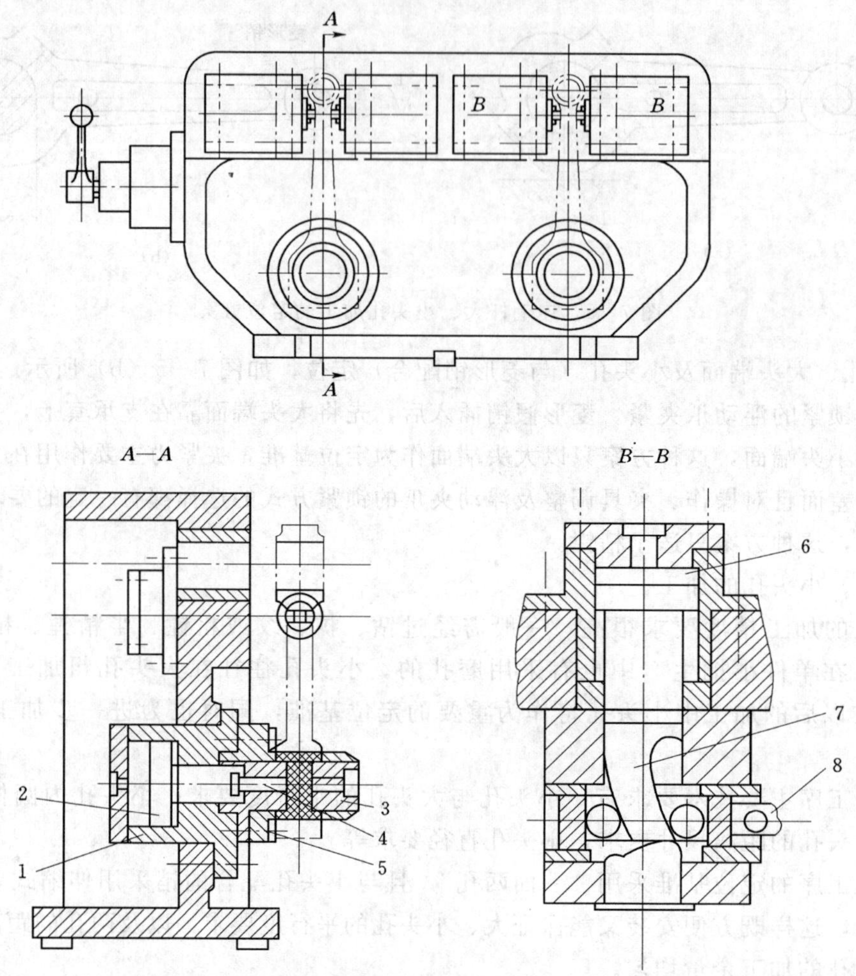

图 7-6 镗小头孔夹具工作示意图

1—液压缸；2—活塞；3—液性塑料心轴；4—顶杆；5—布质胶木板；6—小油缸；7—活塞杆；8—V 形卡爪

加工大头孔时，粗加工（扩孔、粗镗等）的目的是去除多余余量，使锻件毛坯充分变形以保证连杆体、盖结合面的平面度要求，所以粗加工工序常安排在运杆体和盖切开后（整体锻造毛坯）、体盖接合面精加工前，不能安排在接合面精加工后，否则粗加工后由于锻件的内应力重新分布破坏接合面的平面度。半精加工大头孔的主要目的在于为精镗做好准备，半精镗是在用连接螺栓把连杆体和盖合并以后进行的，在粗加工后、体盖合并前，要对结合面进行精磨。整体锻造毛坯合盖后大头孔呈椭圆形，半精镗就是要消除这些不均匀的余量。精镗是为珩磨工序做好准备，要达到一定的精度和表面粗糙度要求，是靠金刚镗床和珩磨头来保证的。珩磨工序主要目的是为了提高孔的形状精度和降低其表面粗糙度值，但珩磨不能修正孔的位置误差孔的位置精度必须在精镗工序给予保证。另外，大头孔与端面的加工采用互为基准反复加工，目的是为了保证大头孔与其端面的垂直度要求。

3. 连杆体、盖侧面、半圆面及结合面的拉削

东风汽车有限公司发动机厂由于生产的连杆产量大，因此较多表面的加工采用了拉削方式。如连杆体和盖的侧面、半圆面和结合面的加工是在卧式连续拉床上进行的。由于同时加工的表面多、切除余量大、切削力大，因此要求机床的刚性要好，否则易发生振动，影响加工表面质量和刀具寿命。图 7-7 为卧式连续拉床的示意图，电机 9 通过皮带使主动链轮 11 旋转，随行夹具 6 连接在链条 8 上，链条的连续运动使一组夹具在机床床身导轨上连续移动，组合式拉刀安装在刀具盖板 7 内，当由电机 9 驱动的链条 8 上装有工件的随行夹具 6 在床身和拉刀刀齿间通过时，被加工成规定的尺寸。加工

前，把被拉削的连杆放在随行夹具6上，在传送链条8的带动下，首先通过工件校正装置3，以校正连杆安装位置，然后经过毛坯检验装置4，若连杆安装位置不正确或余量过大，连杆表面就会碰到毛坯检验装置4上的微动开关，使机床停止；若连杆位置正确，就会顺利通过。当夹具向前运行经过夹紧用撞块5时就可夹紧连杆。当拉削完毕后，夹具碰到松开用撞块10，将连杆松开。随行夹具运行到机床右端并处于翻转状态时，连杆就会自动从随行夹具中脱落进入下料机构12。用连续式拉床加工，生产率很高。

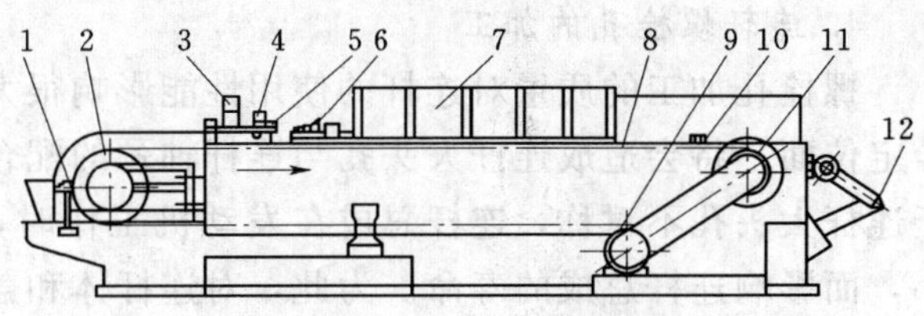

图7-7 连续式拉床示意图

1—电气按钮站；2—张紧链轮；3—工件校正装置；4—毛坯检验装置；5—夹紧用撞块；6—随行夹具；7—刀具盖板；8—链条；9—电机；10—松开用撞块；11—主动传动链轮；12—下料机构

图7-8为拉削连杆体的随行夹具简图。连杆体放入定位支座5中，靠销7进行定位（以便定位套2能顺利插入连杆体小头孔中进行定位）。随行夹具向前运动时，夹具上的靠模板16受拉床上的夹紧用撞块碰撞而移动，推动滑块14带动右支架11向左移动。固定在右支架上的拉板1带动拉杆4，通过弹簧3推动定位套2插入连杆体小孔中，此时连杆体脱离销7而抬起。拉床上的毛坯校正装置将连杆体扶正，同时，右支架11上的压块10推动压板9，使压板9绕小轴8旋转而将连杆体压向靠模板16。工件加工完毕，随行夹具继续向前运行，拉床上的松开用撞块碰撞随行夹具的靠模板16，一方面压缩弹簧13和右滑块15使右支架11向左移，另一方面压缩弹簧13使杆12顶住压板9，使压板9绕小轴8旋转而松开连杆体。

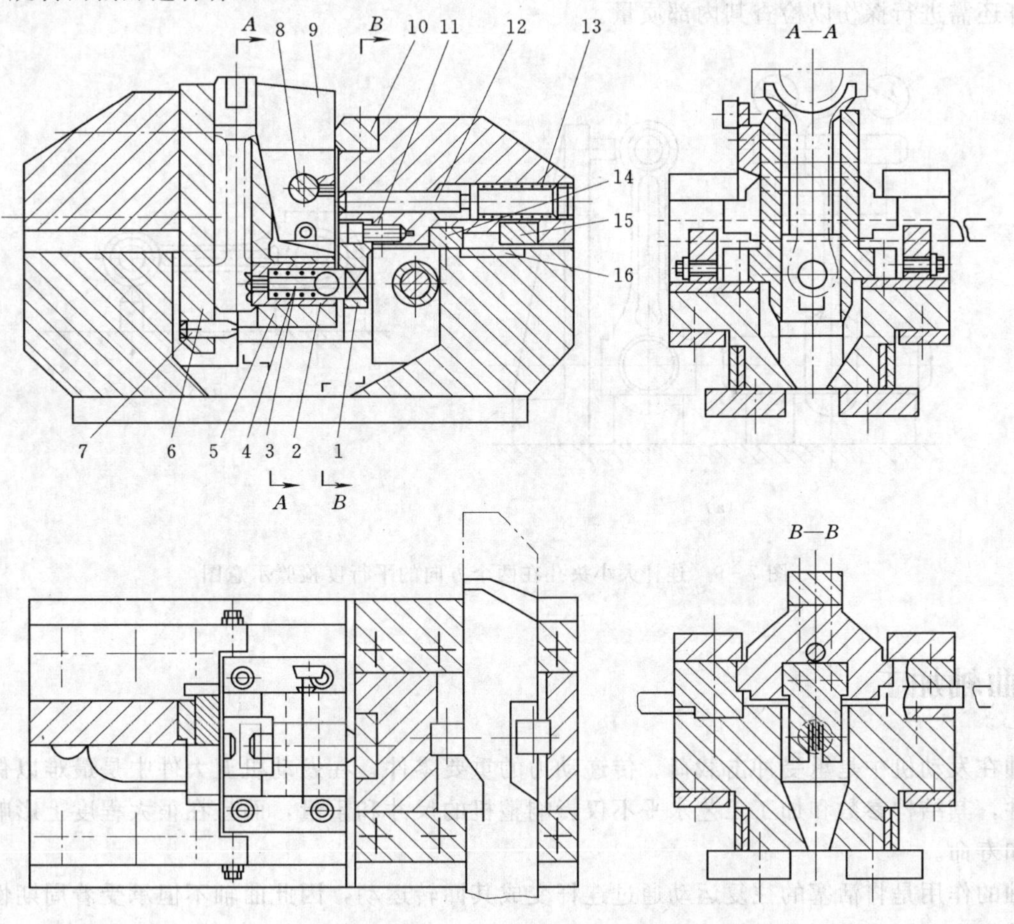

图7-8 拉削连杆体和盖两侧面、半圆面和结合面夹具示意图

1—拉板；2—定位套；3—弹簧；4—拉杆；5—定位支承；6—板；7—销；8—小轴；9—压板；10—压块；11—右支架；12—杆；13—压缩弹簧；14—滑块；15—右滑块；16—靠模板

4. 连轩螺栓孔的加工

螺栓孔加工的质量对连杆的使用性能影响很大，如果螺栓定位孔中心线不垂直于体盖结合面及螺栓定位面，将会造成连杆大头孔与连杆轴颈的配合不良和连接螺栓的弯曲变形，如果螺栓定位孔相对于连杆大头孔不对称，连杆总成在发动机工作时，将会产生一个螺栓的载荷大而另一个螺栓的载荷小，而影响连杆总成的寿命。为此，对连杆体和盖上螺栓定位孔中心线相对于结合面和螺栓定位面的垂直度以及螺栓定位孔中心线相对于连杆大头孔的对称度提出了较高的要求，并相应地对两螺栓定位孔中心距提出了要求。

两螺栓孔的加工有两种方案：一种是连杆体和盖组合加工，可使连杆体和连杆盖的螺栓孔的位置精度一致；另一种是在粗加工和半精加工阶段中，把连杆体和盖的螺栓孔分开加工，合并后再对两螺栓孔进行扩、铰等精加工。由于两者的螺栓孔轴线位置不可能恰好一致，合并后加工有时使用带有前导部分的扩孔钻和绞刀，在孔的下部安装导套以保证两孔轴线之间的位置精度要求。

5. 连杆的检验

连杆加工工艺路线长，中间又需插入热处理工序，所以需经多次中间检验，最终检验项目包括尺寸精度、形状精度和位置精度以及表面粗糙度检验，由于装配的要求，大小头孔要按尺寸分组，连杆的位置精度要在专用检具上进行。如图 7－9 所示为连杆大小头孔在两个互相垂直方向平行度检验用检具工作原理示意图。在大小头孔中塞入心轴，大头的心轴放置在等高铁上，使大头心轴与平板平行。将连杆置于直立的位置时［见图 7－9（a）］在小头心轴上距离为 100mm 处测量高度的读数差，即为大小头孔在连杆轴心线方向的平行度误差值；工件置于水平位置时［见图 7－9（b）］，用同样方法测出读数差即为大小头孔在垂直连杆轴线方向的平行度误差值。

连杆还需进行探伤以检查其内部质量。

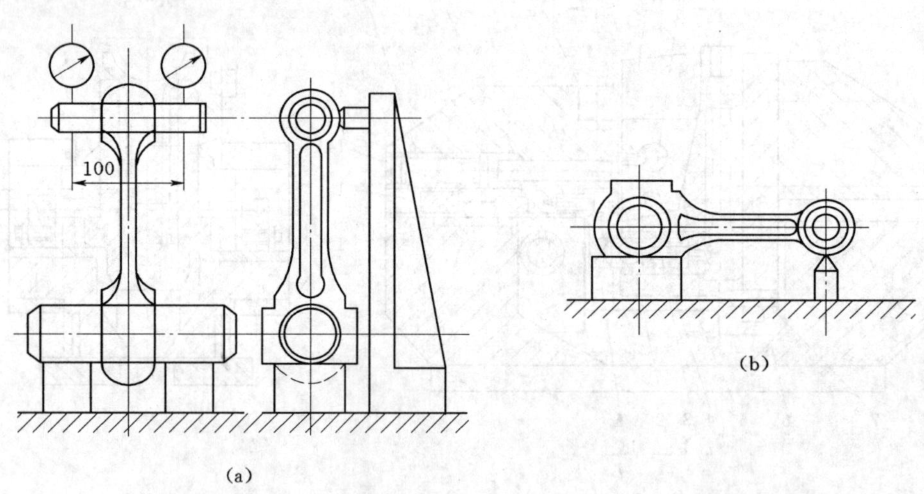

图 7－9　连杆大小头孔在两个方向的平行度检验示意图

7.2　曲轴加工

曲轴在发动机中是承受冲击载荷、传递动力的重要零件，在发动机五大件中是最难以保证加工质量的零件，其结构参数和加工工艺水平不仅影响整机的尺寸和重量，而且在很大程度上影响发动机的可靠性和寿命。

曲轴的作用是将活塞的往复运动通过连杆变成其回转运动，因此曲轴不但承受着周期性的弯曲力矩和扭转力矩，同时受到扭转振动的附加应力的作用。这样就使曲轴的受力情况非常复杂，所以要求曲轴有很高的强度、刚度、耐磨性、耐疲劳性及冲击韧性，曲轴的质量应尽量小，各轴颈应保证充分润滑。

曲轴材料一般采用 45 钢、40Cr、35Mn2、48MnV 等调质钢或非调质钢，毛坯制造方法为模锻，汽油机曲轴也采用如 QT700—2 的铸件毛坯。

7.2.1 曲轴加工工艺分析

1. 曲轴加工的工艺特点

图 7-10 为六缸往复活塞式发动机曲轴的结构示意图。

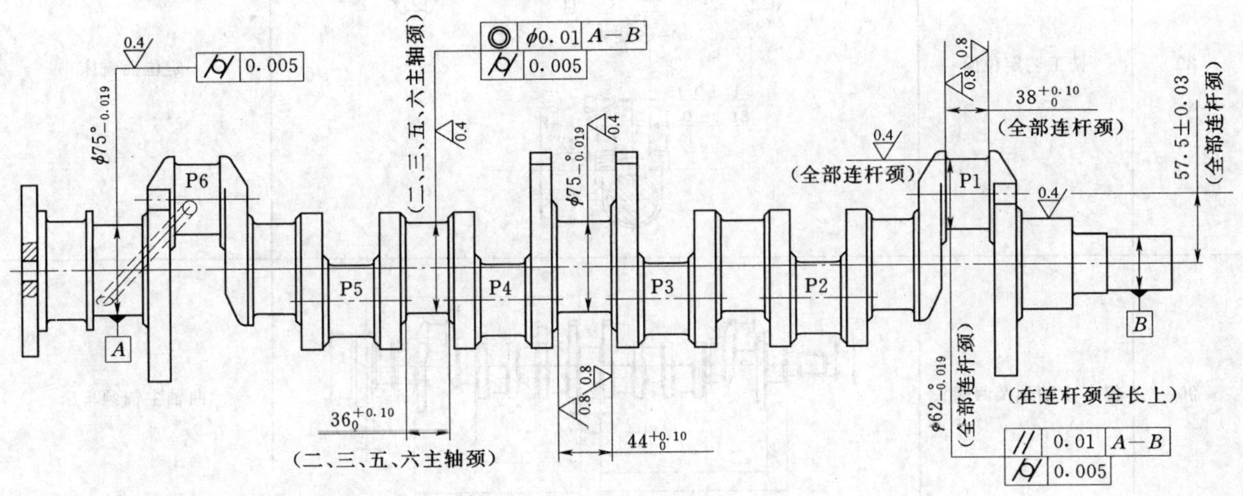

图 7-10 曲轴结构示意图

曲轴有 6 处连杆轴颈（其直径为中 $\phi62^{\circ}_{-0.019}$）和 7 处主轴颈（其直径为 $\phi75^{\circ}_{-0.019}$），它们由 12 块曲柄连接，连杆轴颈对主轴颈的偏心量（即曲轴半径）为（57.50±0.03）mm。各连杆轴颈相对主轴颈轴线在圆周方向的相位角为 120°，以符合每 1/3 转就有一个汽缸做功的设计要求。六缸发动机曲轴长径比较大，因此轴向刚性差。同时，由于曲柄半径也较大，因而径向刚性也差。总之，曲轴是一种结构复杂而刚性差的零件，这就要求采用有利于加强刚性、较耐磨的材料，在设计加工工艺规程时，应针对其轴向和径向刚度差的特点采取相应的措施。

曲轴的主要技术要求包括以下各项。

(1) 主轴颈与连杆轴颈的尺寸精度一般为 IT5～IT6，轴颈长度尺寸公差为 IT9～IT10，圆柱度公差为 0.005mm，表面粗糙度 Ra 值一般为 0.4～0.2μm。

(2) 连杆轴颈轴线对主轴颈的平行度要求一般为 0.01mm。

(3) 主轴颈、连杆轴颈的同轴度要求一般为 0.01mm。

(4) 曲轴光磨前，应进行探伤检查，不得有裂纹。

(5) 曲轴必须经过动平衡，动平衡精度（小于 1N·cm）。

曲轴的主要加工表面包括以下几种。

(1) 主轴颈外圆和端面，其中第 4 主轴颈为止推轴颈。

(2) 连杆轴颈外圆和端面。

(3) 安装皮带轮、齿轮、飞轮的轴颈和端面。

(4) 油孔（保证可靠地向连杆轴颈供油的一组孔系）。

(5) 键槽、螺纹、中心孔。

2. 定位基准的选择

曲轴径向定位选择中心孔为定位基准，以符合基准统一的原则；曲轴轴向定位以中间主轴颈为定位基准，以符合基准重合的原则；曲轴角向定位采用工艺定位面或法兰盘上的工艺孔。

3. 曲轴加工工艺过程

大批生产中曲轴加工的简要工艺过程见表 7-2。

表 7-2　　　　曲轴加工简要工艺过程（大批）

工序号	工序内容	工序简图	设备名称
10	毛坯检查		
20	铣工艺定位面	A 1 5 6 A A—A 旋转 6.3 41±0.15 6.3 81.9±0.1 6.3 6.3 57.5±0.15	定位面铣床
30	粗车主轴颈及两端头		曲轴主轴颈车床
40	粗车 1、3、4、6 主轴颈及小头		曲轴数控车床
50	精车 2、5、750 主轴颈及小端面		曲轴数控车床
60	铣连杆轴颈角向定位面	A A 向	曲轴定位面铣床
70	粗车连杆轴颈	A A 向 P1，P6 120° 120° P2，P5 P3，P4	曲轴连杆轴颈车床

续表

工序号	工序内容	工 序 简 图	设备名称
80	钻削主轴颈斜油孔	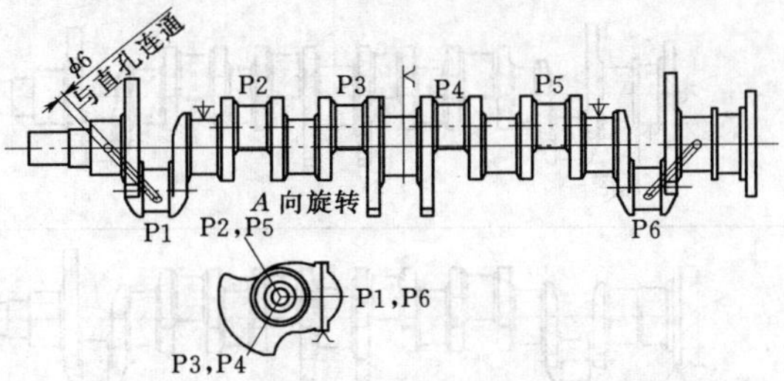 φ6 与直孔连通；P1 P2 P3 P4 P5 P6；A 向旋转；P2,P5；P1,P6；P3,P4	深孔组合钻床
90	铣回油螺纹	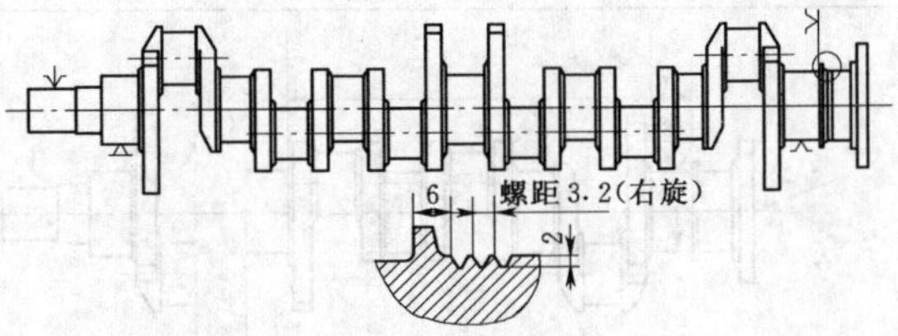 6；螺距 3.2(右旋)；2	回油螺纹铣床
100	去毛刺		
110	连杆轴颈淬火		连杆颈淬火机
120	主轴颈淬火		主轴颈淬火机
130	半精磨第 1，7 主轴颈	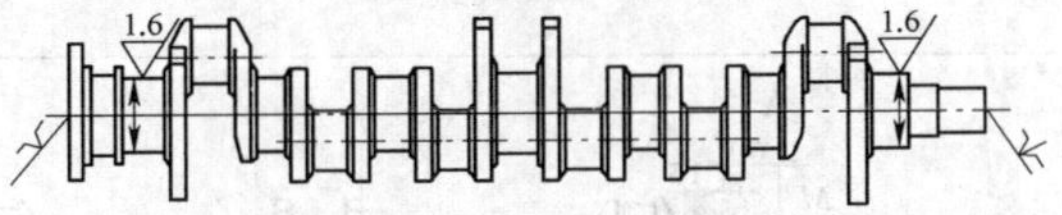 1.6；1.6	双砂轮曲轴主轴颈磨床
140	精磨连杆轴颈	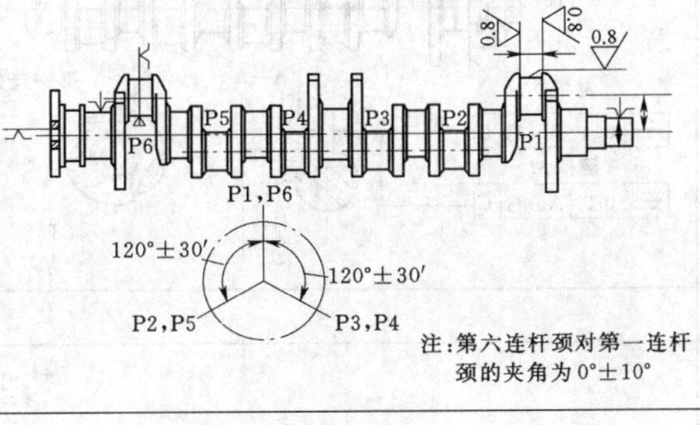 0.8；0.8；0.8；P6 P5 P4 P3 P2 P1；P1,P6；120°±30′；120°±30′；P2,P5；P3,P4；注:第六连杆颈对第一连杆颈的夹角为 0°±10°	曲轴连杆颈磨床
150	精磨第 4 主轴颈	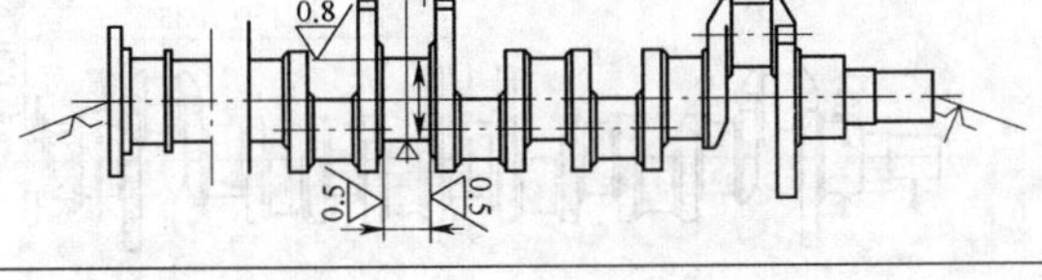 0.8；0.5；0.5	曲轴主轴颈磨床
160	精磨第 2、3、5、6 主轴颈	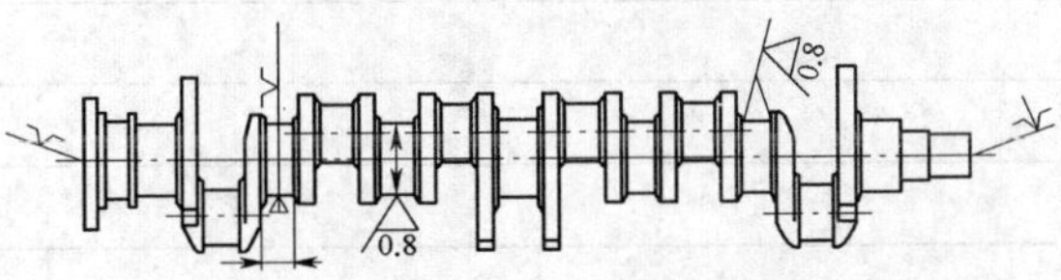 0.8；0.8	曲轴主轴颈跳挡磨床
170	精磨第 1 主齿轮、皮带轮轴颈	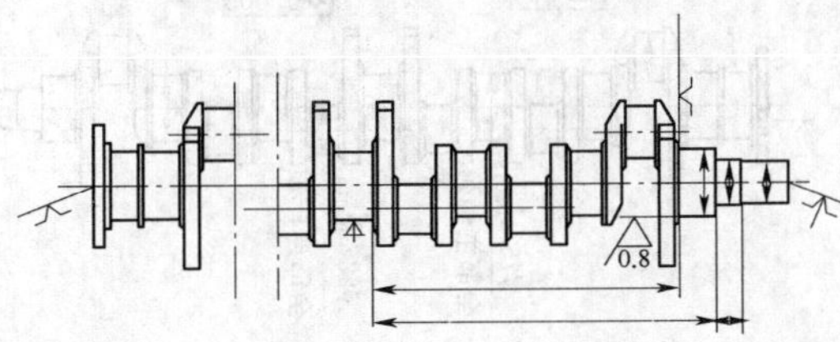 0.8	斜砂轮架磨床

续表

工序号	工序内容	工序简图	设备名称
180	精磨油封轴颈	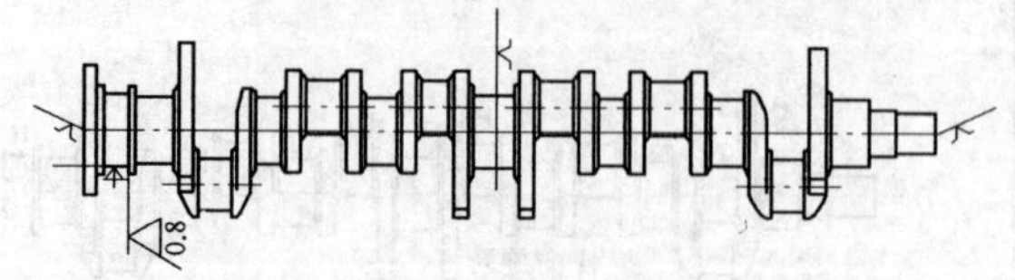 0.8	曲轴主轴颈磨床
190	精磨法兰外圆	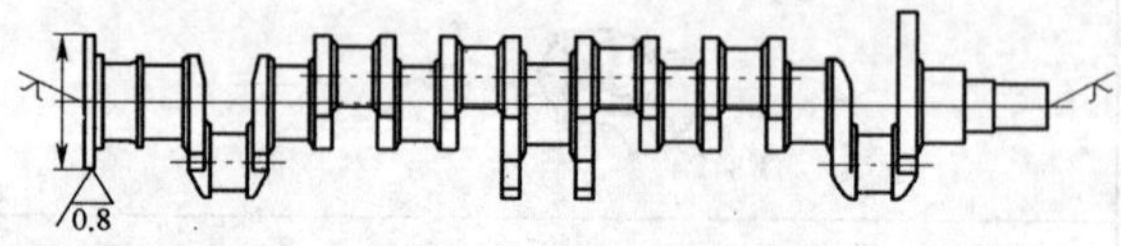 0.8	曲轴主轴颈磨床
200	精磨第7轴颈	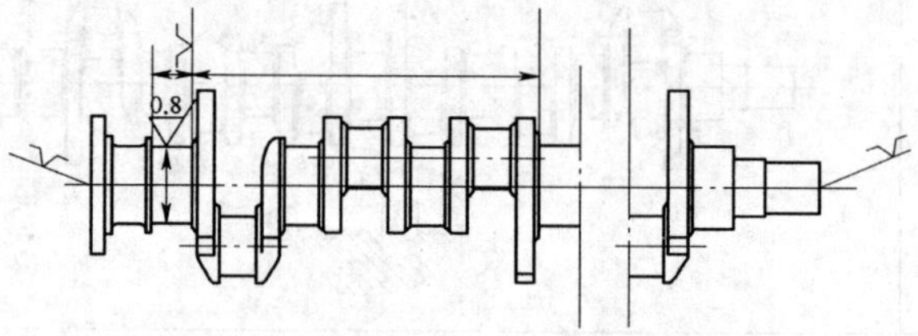 0.8	曲轴主轴颈磨床
210	两端孔加工	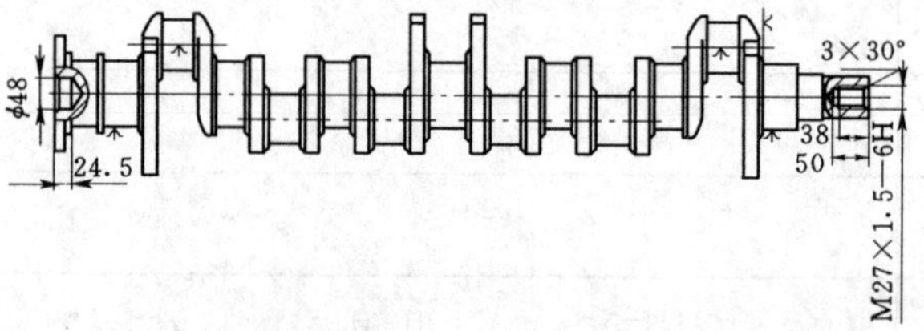 φ48　24.5　3×30°　38　50　M27×1.5—6H	组合机床
220	铣键槽	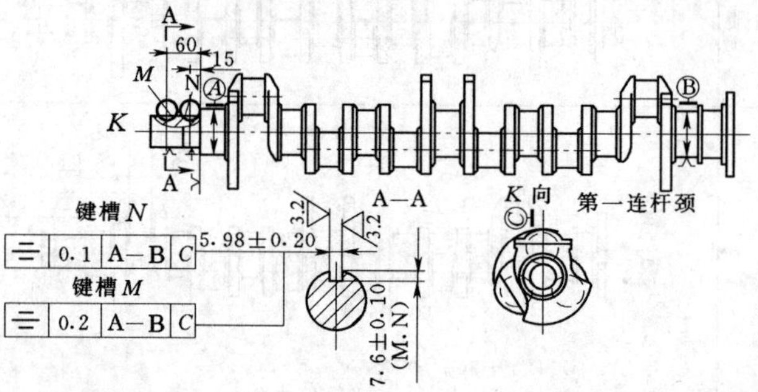 A　60　15　M　N　Ⓐ　Ⓑ　K　A　键槽 N　0.1 A—B C　5.98±0.20　3.2　A—A　3.2　键槽 M　0.2 A—B C　7.6±0.10 (M.N)　K 向　Ⓒ　第一连杆颈	曲轴键槽专业铣床
230	校直		油压机
240	精车法兰外端面及轴承孔	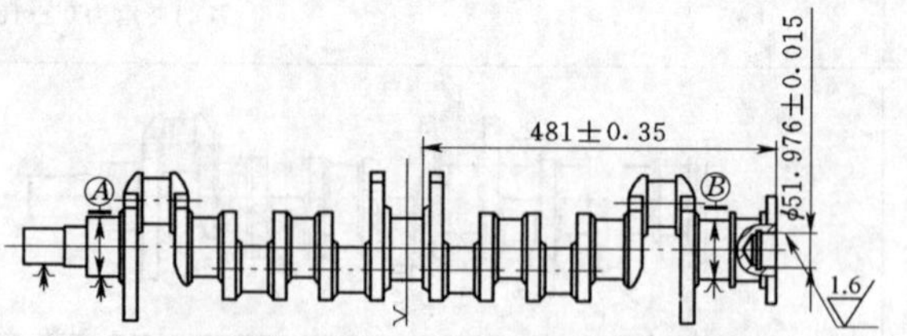 481±0.35　φ51.976±0.015　Ⓐ　Ⓑ　1.6	曲轴专业车床
250	动平衡检测		动平衡检测机
260	粗平衡去重		摇臂钻床
270	曲轴静平衡		曲轴动平衡机
280	粗抛光主轴颈连杆颈	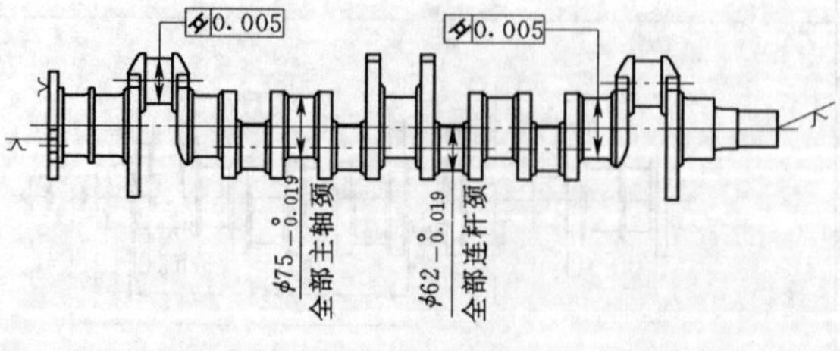 0.005　0.005　$\phi75_{-0.019}^{0}$ 全部主轴颈　$\phi62_{-0.019}^{0}$ 全部连杆颈	曲轴油石抛光机

续表

工序号	工序内容	工 序 简 图	设备名称
290	精抛光主轴颈连杆颈及油封轴颈	0.005 全部连杆颈 0.32 (全部主轴颈) 0.005 全部主轴颈 0.32 (全部连杆颈) 1.0 1.0 所有轴颈圆角	曲轴油砂带光机
300	清洗		
310	最终检验		

7.2.2 曲轴加工主要工序

1. 主轴颈的车削

主轴颈一般作为连杆轴颈的基准，所以在曲轴两端面和中心孔加工出来后，先加工主轴颈及其他同轴轴颈，然后再加工连杆轴颈。

在大量生产的工厂中，主轴颈的车削一般在专用的多刀半自动车床上采用宽刃成形车刀和偏刀横向进给。这种切削方法切削力很大，对工艺系统的刚度要求特别高。因曲轴刚度低，为了减少切削力造成的扭转变形和弯曲变形，除了采用一般细长轴类零件加工常用的方法（如用中心架支承），车主轴颈还可采用前后刀架同时进刀的方法，如图 7-11 所示为前后刀架的刀具布置图，由进给油缸驱动前后刀架的齿条实现横向进给，整个轴颈宽度的切削由前后刀架刀具和适当的位置来实现。

2. 连杆轴颈的车削与铣削

主轴颈及其他外圆车好后可安排连杆轴颈的车削，与车削主轴颈不同的是需要解决角向定位和旋转不平衡的问题。

在大批量生产中，可用高生产率的曲轴连杆轴颈专用车床同时车削全部连杆轴颈，如图 7-12 所示，这种机床有两个工位，每个工位的刀架数等于连杆轴颈数。工位Ⅰ用多刀同时车削所有连杆轴颈的轴肩端面，工位Ⅱ用多刀同时车削所有连杆轴颈外圆面。为了提高工件的刚性，中间主轴颈可用中心架支承，曲轴用两端主轴颈，第Ⅰ主轴颈轴肩端面以及曲柄臂侧面的工艺面为定位基准。主轴颈和机床主轴同轴，加工时连杆轴颈绕其主轴颈旋转，曲轴旋转一周，车刀把连杆轴颈外圆表面切去一层金属，车刀还有径向进给，以便将全部余量切掉。

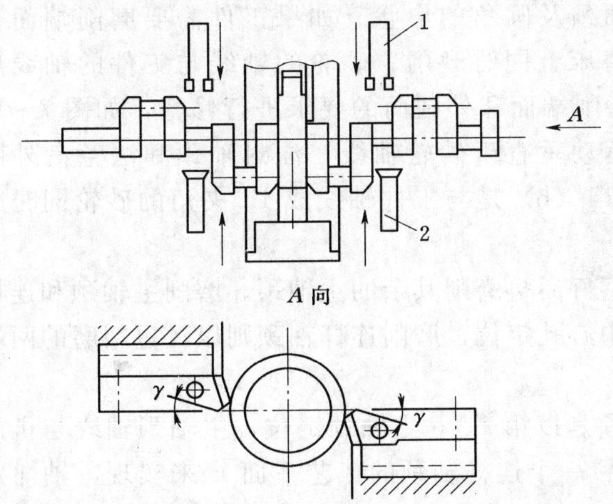

图 7-11 车削曲轴主轴颈刀具布置示意图

1—后刀架刀具布置；2—前刀架刀具布置

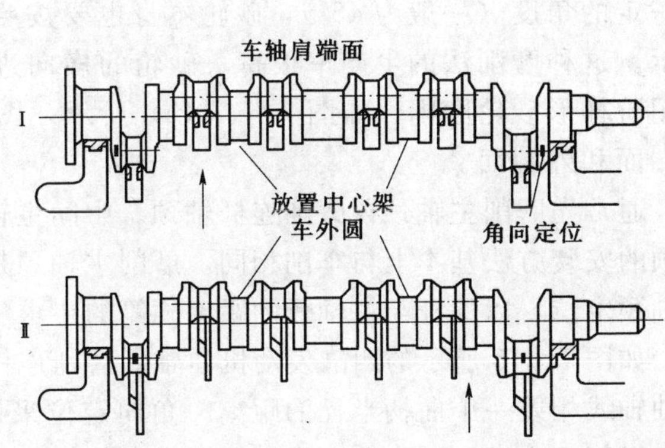

图 7-12 双工位曲轴车床车削全部连杆轴颈

上述方法加工主轴颈和连杆轴颈，工件旋转，导致机床主轴旋转不平衡的惯性较大，限制了机床主轴转速的提高，常用高速钢车刀进行加工，生产率的提高也受到一定限制。

为此，一些发动机厂采用铣削方法加工曲轴连杆轴颈，如采用专门设计制造的曲轴轴颈铣床，分外铣和内铣。

数控内铣是20世纪80年代中期出现的加工工艺，是目前国际上曲轴连杆轴颈粗加工先进的加工方法之一。数控内铣加工性能指标要高于普通外铣加工，尤其是对于锻钢曲轴，内铣更有利于断屑，刚性较好。

图7-13　曲轴内铣刀

数控内铣机床有多种加工形式，使用最多的是曲轴固定型数控曲轴内铣加工工艺，主要特点是：生产效率高、加工精度好、适用范围广和柔性好。图7-13所示为曲轴内铣刀。

德国HELLER公司开发的数控曲轴内铣机床系列最具有代表性。曲轴固定不动，铣刀跟随连杆轴颈铣削，工件两端电子同步电动机旋转驱动；具有干式切削、加工精度高和切削效率高等特点。控制系统通过输入零件的基本参数，即可自动生成加工程序。

数控曲轴内铣与数控高速曲轴外铣相比，内铣存在以下缺点：不容易对刀、切削速度较低、非切削时间较长、机床投资较大、工序循环时间较长等。

数控内铣铣削曲轴连杆轴颈时应注意以下几点。

(1) 当平衡块侧面需要加工时，数控内铣机床应当为首选机床，因为内铣刀盘外圆定位，刚性好，尤其适合加工大型锻钢曲轴。

(2) 当加工大型锻钢曲轴时，主轴颈和连杆轴颈均采用数控内铣机床比较合理。

(3) 当曲轴轴颈有沉割槽时，数控内铣机床不能加工。加工时采用中心孔定位，而角向定位采用第一组连杆轴颈肩部的定位面，第1、7主轴颈处夹紧。

曲轴可以分为体形较大的锻钢曲轴和轻量化的轿车曲轴。锻钢曲轴轴颈一般无沉割槽，且侧面需要加工，余量较大；轿车曲轴一般轴颈有沉割槽，且侧面不需要加工。

3. 曲轴主轴颈、连杆轴颈的磨削

主轴颈和连杆轴颈车削后，还要进行磨削，以提高尺寸精度和降低表面粗糙度。为了比较经济地达到IT5～IT6级尺寸精度及Ra0.4～0.2μm的表面粗糙度要求，轴颈在淬火前经过一次粗磨，淬火后还需要精磨1～2次。多次磨削一是为了提高生产率，二是更容易达到较高的加工精度。轴颈宽度尺寸不大，通常采用横磨法，生产率较高。

砂轮的外形需要仔细地修整，因为它直接影响轴颈及圆角的形状。如果工件需要磨削端面及其相接的外圆面时，可在具有倾斜主轴的端面外圆磨床上同时磨削。砂轮的轴线与工件的轴线形成一定的角度（一般为45°），砂轮本身也要按照能磨削端面和外圆面的要求进行修整，如图7-14所示。这种磨削法的生产率很高，砂轮的横向进给运动垂直于砂轮轴线，油封轴颈和法兰盘外圆面用阶梯形砂轮磨削，如图7-14（a）所示，图7-14（b）是与工件轴线成45°夹角的砂轮同时磨削端面和外圆面。

通常先磨削主轴颈再磨削连杆轴颈。中间主轴颈磨好后再磨削其余的主轴颈。磨削主轴颈和连杆轴颈的安装方法基本上与车削相同。磨削主轴颈是以中心孔定位，磨削连杆轴颈则以经过精磨的两端主轴颈定位，以保证与主轴颈的距离相等的要求。

如图7-15所示的四缸发动机曲轴，磨削连杆轴颈是以第1、5主轴颈定位，主轴颈轴线与机床主轴轴线相差一个曲柄半径的距离。角向定位采用最后一个连杆轴颈的工艺平面E来实现，轴向定位是以第5主轴颈轴肩端面实现。图中定位板1固定在夹具体3上，磨削完第1、4连杆轴颈后停车，曲轴向左移动并旋转180°，使工艺面从紧靠上定位螺钉2转为紧靠下定位螺钉4，以磨削第2、3连杆轴颈，此时第2、3连杆轴颈与机床主轴同轴。

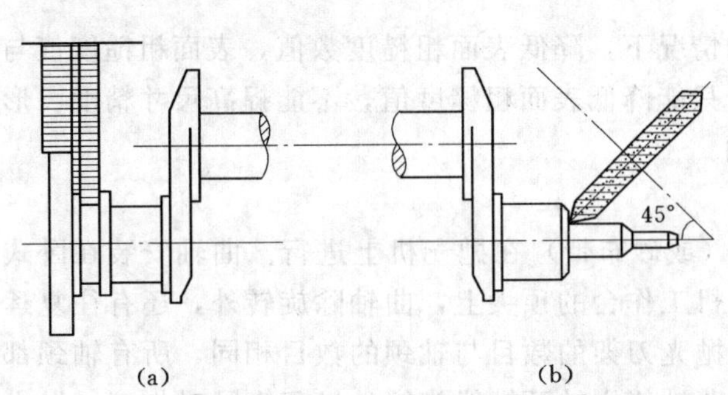

图 7-14　同时磨削曲轴端面和外圆面

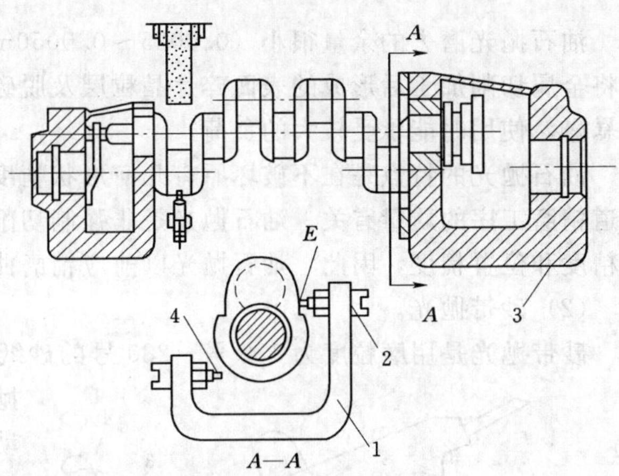

图 7-15　磨连杆轴颈

1—定位板；2—上定位螺钉；3—夹具体；4—下定位螺钉

磨削连杆轴颈也可以用曲轴法兰盘上的工艺孔进行角向定位。

采用横磨法时，砂轮对工件的压力很大，为了避免曲轴弯曲，采用可以调节的中心架来支承所加工的轴颈。但应注意，在磨削刚开始时不能使用中心架，否则就不能消除上道工序留下的轴线的直线度误差，应待这个轴颈摆差显著减小后再使用中心架。

多于四缸的发动机曲轴，在磨削时为了使曲轴保持较好的刚性，除了使用中心架以外，还应按一定的顺序磨削各连杆轴颈，如磨削六缸发动机曲轴的连杆轴颈是先磨削第 1、6 连杆轴颈，然后磨削第 2、5 连杆轴颈，最后磨削第 3、4 连杆轴颈。

磨削主轴颈时通常先磨削中间主轴颈，再磨削两边的主轴颈，由于中间主轴颈在磨削后的摆差最大，在磨削过程中，也可采用中心架以减小变形。

对于磨削六缸发动机曲轴的主轴颈来说，先磨削第 4 主轴颈，然后磨削第 1、5 主轴颈，再磨削第 2、6 主轴颈，最后磨削第 3、7 主轴颈。

在大批量生产中为了提高生产率，常在半自动磨床上进行磨削。这类机床配有液压卡盘、工作台定位尺及自动测量仪等专用装置，砂轮的快速进退、切入进给、微量进给、工件测量都是自动的。工件磨削达到规定的尺寸时机床自动停车。从砂轮停止进给到砂轮退出，其间应有一定时间的无火花磨削修光，以磨去弹性恢复后的余量。

跟踪磨削技术是曲轴连杆轴颈精加工的先进工艺。这种跟踪磨削工艺可显著提高曲轴连杆轴颈磨削效率、加工精度和加工柔性。在对连杆轴颈跟踪磨削时，曲轴以主轴颈为回转中心，并在一次装夹下磨削所有连杆轴颈。在磨削过程中，砂轮需往复移动进给跟踪着偏心，回转的连杆轴颈进行磨削加工。

CBN 砂轮的应用是实现连杆轴颈跟踪磨削的重要条件。CBN 砂轮具有很高的刀刃强度和轮廓稳定性，砂轮修整的时间间隔长，从而减少了砂轮的更换次数，CBN 砂轮可以采用很高的磨削速度，在曲轴磨床上可达 125～140m/s，有的甚至更高，这对提高生产率是非常重要的。

4. 曲轴轴颈抛光加工

曲轴轴颈在精磨后为使表面更加光洁还需要进行油石及砂带抛光。

(1) 油石抛光。

油石抛光在曲轴专用抛光机上进行，可以同时对所有的轴颈进行抛光，加工时油石（磨条）以很小的压力与加工表面接触，此时有 3 种运动：曲轴的旋转运动，油石（或曲轴）的快速往复运动，曲轴的轴向进给运动。油石上的磨粒在工件表面上所作的相对运动构成一个复杂的运动轨迹，而且每个磨粒的运动轨迹并不重合，如图 7-16 所示。

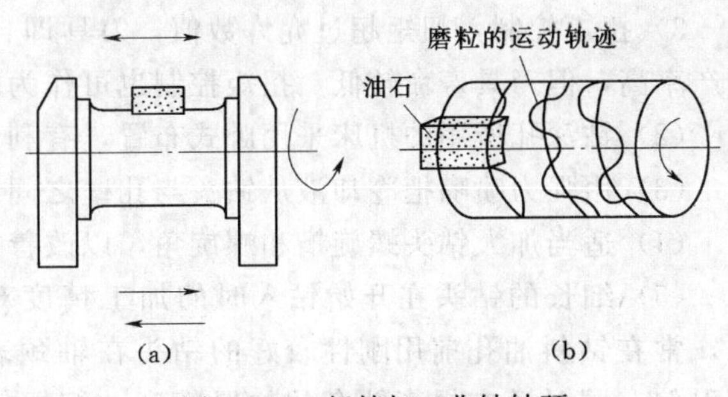

图 7-16　超精加工曲轴轴颈

油石抛光磨去的余量很小（0.0025～0.0050mm），只磨去前工序加工后存在的凸峰。它的作用是将金属切削加工后形成的表面碎片晶粒层及脱碳粒子等松散层除去，改善表面组织，使原来的结晶体暴露，使用时能承受较大的负荷。

油石抛光的特点是在不破坏原有几何形状精度的情况下，降低表面粗糙度数值，表面粗糙度值与上道精磨工序的质量有关。油石抛光是非强制切削，只能降低表面粗糙度值，不能提高尺寸精度、形状精度和位置精度，因此，油石抛光以前应精磨曲轴。

（2）砂带抛光。

砂带抛光是用磨粒度为 180 号～280 号的砂纸带（或砂布带）在抛光机上进行。曲轴安装在卧式抛光机工作台的顶尖上，曲轴除旋转外，还有往复运动。抛光刀架的数目与轴颈的数目相同，所有轴颈都是在曲轴绕主轴颈轴线旋转的过程中同时加工。抛光连杆轴颈的刀架，是在靠模轴的作用下与连杆轴颈作同步运动。

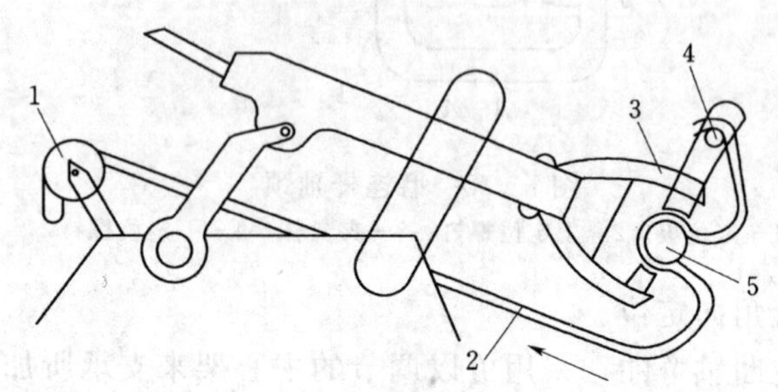

图 7－17　用砂带抛光曲轴轴颈

1、4—卷轴；2—砂带；3—磨粒夹；5—曲轴轴颈

如图 7－17 所示，砂带 2 是以卷轴 1 绕过用磨料夹 3 压紧的曲轴轴颈 5 再绕到卷轴 4 上，卷 1 轴是用棘轮机构来卷砂带，从而能连续向轴颈送进有新磨粒的砂带，抛光时喷洒煤油，以洗去散落在轴颈上的磨粒和细小磨屑，由于曲轴有旋转和往复运动，磨粒在工件表面上的运动轨迹较为复杂。砂带上的磨粒把工件表面上的微峰磨去，表面粗糙度 Ra 可达 0.1～0.4μm。砂带施于轴颈表面的压力很小，所以切除量很小。抛光只能降低表面粗糙度值，而不能提高尺寸精度、形状精度和位置精度。

5. 轴颈斜油孔的加工

主轴颈与相邻的连杆轴颈之间有贯穿的斜油孔，其深度多为 200～250mm，直径为 6～8mm，钻斜油孔应该在轴颈淬火前进行。大批、大量生产时，斜油孔可在专用机床或自动线上加工；中批生产时，可采用摇臂钻床进行加工。

深孔加工首先是排屑不方便，切屑阻塞会使扭矩增大，造成钻头折断，在加工钢件时更为困难；其次是刀具冷却困难，使钻头寿命降低；另外钻头容易引偏，对于轴颈斜油孔，由于轴心线与轴颈表面形成一定的角度，钻头刚性差，容易造成油孔轴线歪斜，并可能导致钻头折断。解决这些问题所采取的措施如下。

（1）采取分级进给以便排除切屑和改善刀具的冷却。深孔钻组合机床动力头都备有分组进给机构，控制动力头的进退，钻头每钻入一定深度后就退出排屑，再次钻入一定深度后又退出，如此自动循环，直至钻到所需的深度为止。其进给机构常有以下 3 种控制方法。

1）时间控制，每次工作进给到快速退回的时间由时间继电器或液压定时器来调节。这种方法比较简单，但每次钻孔的深度不准确。

2）行程控制，采用滑动挡铁机构来控制行程。每次钻孔的深度准确，工作可靠，但是控制杠杆系统比较复杂。

3）扭矩控制，扭矩超过允许数值，刀具即自动退回。这种方法的优点是刀具中间退回次数少，生产率高，但刀具寿命较低。扭矩控制也可作为时间控制时动力头的过载保护装置。

（2）钻深孔所用的机床采用卧式布置，有利于切屑排出。

（3）用强力喷嘴把冷却液从钻头与孔壁之间的间隙及钻头的排屑槽注入，加强冷却。

（4）适当加大钻头螺旋槽和螺旋角，以改善排屑。

（5）细长的钻头在开始钻入时的加工精度对孔轴线全长的直线度有很大影响。为防止钻头引偏，常在钻斜油孔前用刚性较好的钻头在轴颈表面先钻一个锥窝，然后再钻斜油孔，钻头便不容易引偏。同时还应提高钻套的位置精度，缩短钻套与工件表面间的距离，并使钻套长度不小于孔径的 3 倍。

这种传统加工方法加工精度低、效率低，且容易断钻头，为此一些生产厂采用枪钻，并采用内冷高压油冷却，有效地改善了斜油孔的加工条件。

6. 探伤

零件表面用荧光磁粉探伤，检查零件是否存在表面裂纹。

磁粉探伤的原理及其主要特点：有表面或近表面缺陷的工件被磁化后，当缺陷方向与磁场方向成一定角度时，由于缺陷处的磁导率的变化，磁力线逸出工件表面，产生漏磁场，吸附磁粉形成磁痕。用磁粉探伤检验表面裂纹，与超声探伤和射线探伤比较，其灵敏度高、操作简单、结果可靠、重复性好、缺陷容易辨认。但这种方法仅适用于检验铁磁性材料的表面和近表面缺陷。

7. 曲轴的最终检验

由于曲轴是发动机中的重要零件，加工过程较长且复杂，成本也高，因此必须对曲轴进行严格的多次检验。

曲轴的检验包括材料质量检验（如金相组织、材料性能、内部裂纹、外表缺陷等）、外形尺寸检验和动平衡检验等。在机械加工之前需进行毛坯检验，在机械加工中需进行工序检验，在机械加工后需进行最终检验。

曲轴的最终检验项目主要包括以下各项。

(1) 全部主轴颈及其同轴线的内、外圆柱面和全部连杆轴颈的尺寸精度、表面粗糙度。

(2) 全部主轴颈及连杆轴颈的圆柱度及轴向宽度。

(3) 各主轴颈、连杆轴颈与轴肩端面的连接圆弧的表面粗糙度。

(4) 曲柄及连杆轴颈的相位角。

(5) 止推端面的表面粗糙度及止推端面到各轴颈的轴向尺寸。

(6) 以第 1、7 主轴颈为测量基准，检测第 4 主轴颈、皮带轮轴颈、正时齿轮轴颈、轴承孔、油封轴颈的径向圆跳动；油封轴颈端面、正时齿轮轴颈端面的全跳动；全部连杆轴颈轴线的平行度。

(7) 连杆轴颈端面对连杆轴颈轴线的端面圆跳动。

(8) 键槽的对称度。

(9) 外观有无裂纹、刮伤、毛刺等缺陷。

(10) 内部裂纹探伤和动平衡合格印记。

上述各项终检内容除少数外，大部分内容进行抽检。

7.2.3 钻床类夹具

钻床类夹具是用于各种钻床和某些镗床、组合机床上的夹具，简称钻模。它的主要作用是保证被加工孔的位置精度。曲轴上的斜油孔、法兰盘上的连接孔等的加工均采用了此类夹具。

1. 钻床夹具的种类

(1) 固定模板式钻模。

图 7-18 所示是在连杆零件上钻孔用的固定模板式钻模。

固定模板式钻模的钻模板固定在夹具体上。这种钻模刚性好，但易导致钻套端面离工件加工面较远，刀具容易引偏。这类钻模在使用过程中夹具和工件在机床上的位置固定不动，用于在立式钻床上加工较大的单孔或在摇臂钻床上加工平行孔系。

(2) 覆盖式钻模。

1) 覆式钻模。

覆式钻模的特点是可将钻模板“覆”在工件上或装于工件中，定位元件与钻套均装在钻模板上，此时工件通常都是直接放置在机床工作台上，而钻模就利用本身定位元件在工件上的定位基准面上

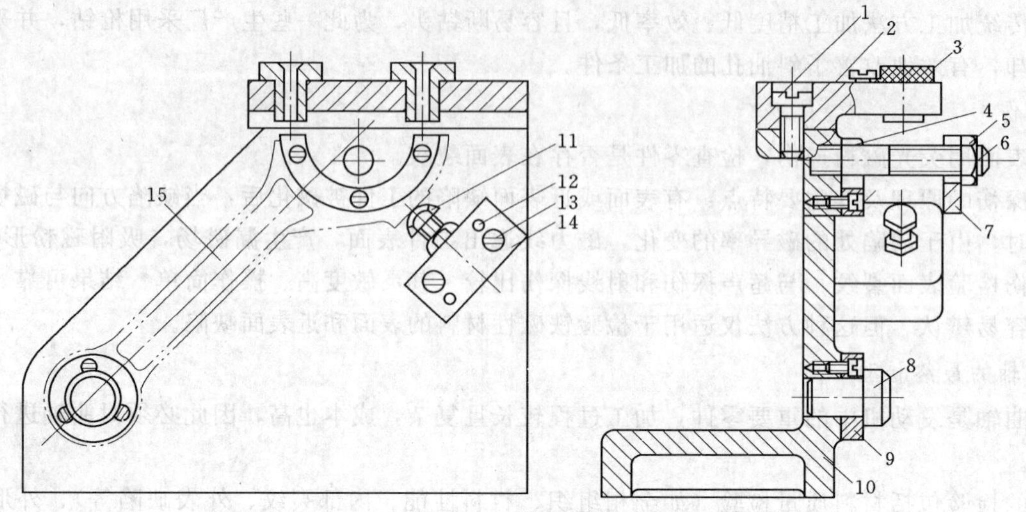

图 7-18　加工连杆螺钉孔专用夹具

1—螺钉；2—钻模板；3—快换钻套；4—支承板；5—螺母；6—螺栓；7—半圆压板；8—圆柱销；9—支承板；10—夹具体；11—六角头支承；12—销钉；13—螺钉；14—支承座；15—连杆

定位。

覆式钻模的结构简单，有时甚至可以没有夹紧装置，如图 7-19 所示。此外，由于定位元件与钻套直接连接在一起，精度较高。应用于大型工件时，能避免笨重的夹具体和工件的装卸，从而节省材料和减轻工人的劳动强度。然而采用这种钻模的工件必须有两个平面或端面，一个用来安装钻模，另一个用来将工件放在机床工作台上。如果工件不能直接放在机床上时，可以通过增加一个垫块或支座来解决。

2）盖式钻模。

盖式钻模的钻模板是个活动的盖板，它可以与夹具体用定位销组合或用铰链连接。

图 7-20 所示是模板可拆卸的盖式钻模。工件以外圆和端面在夹具体 1 上的定位面上定位。钻模板借衬套 9 准确地套在心轴 11 上，圆柱销 3 实现钻模板对夹具体的角向定位，使各钻套对准夹具体上的让刀孔，螺栓螺母 8 通过旋转垫圈 6 将钻模板连同工件一起紧压在夹具体上。钻模板上均匀分布了 8 个固定钻套和两个快换钻套。为了更可靠地保证被加工孔之间的位置精度，还可将插销插入第一个加工的孔中。

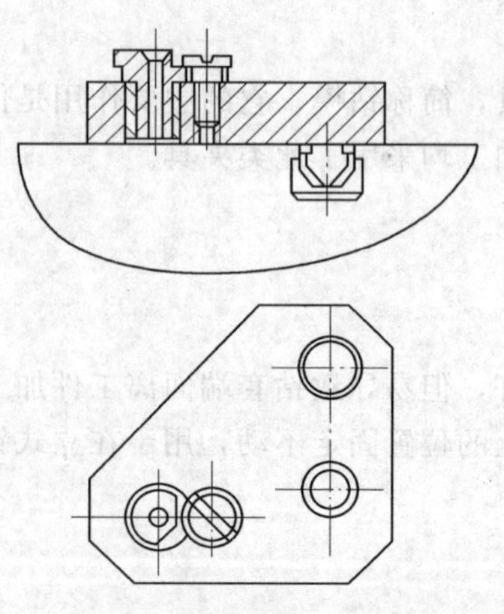
图 7-19　无夹紧装置覆式钻模

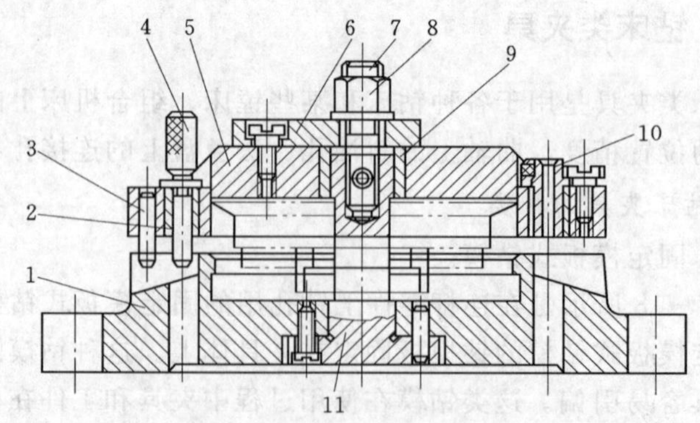

图 7-20　模板可卸盖式钻模

1—夹具体；2、9—衬套；3—圆柱销；4—插销；5—压板；6—旋转垫圈；7、8—螺栓螺母；10—钻套；11—心轴

图 7－21 是用铰链连接模板的盖式钻模。当工件以“一面两孔”定好位后，用两个螺旋压板将工件夹紧，然后盖上钻模板，用螺母将钻模板固定即可加工工件上的孔。

东风汽车有限公司发动机厂在曲轴加工线上，曲轴主轴颈上直油孔的加工即采用了这种钻模板。

（3）翻转式钻模。

这类钻模的特点是整个夹具可以和工件一起翻转，用以加工不同方向的孔。图 7－22 所示为在套筒上钻孔用的箱式钻模。箱式钻模的钻套 3 一般直接装在夹具体上，整个夹具呈封闭形式，只在一面或两对面敞开。工件在夹具体 1 内孔及定位板 2 的端面上定位，用螺母 5 通过开口垫圈 4 夹紧，整个钻模呈正方形。为了能钻出 8 个径向孔，另设置了 V 形垫块 6。

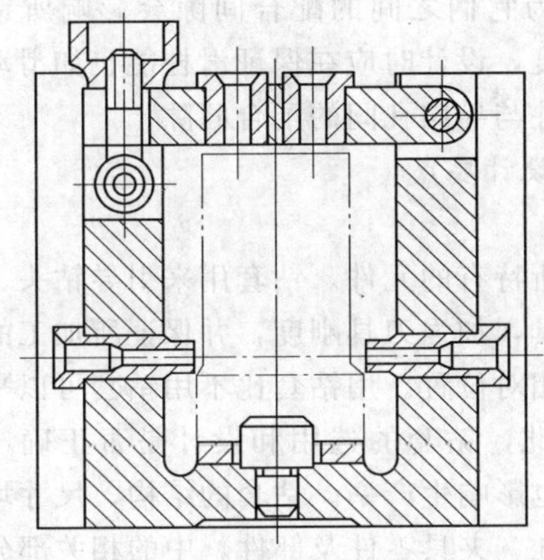

图 7－21　模板用铰链连接的盖式钻模

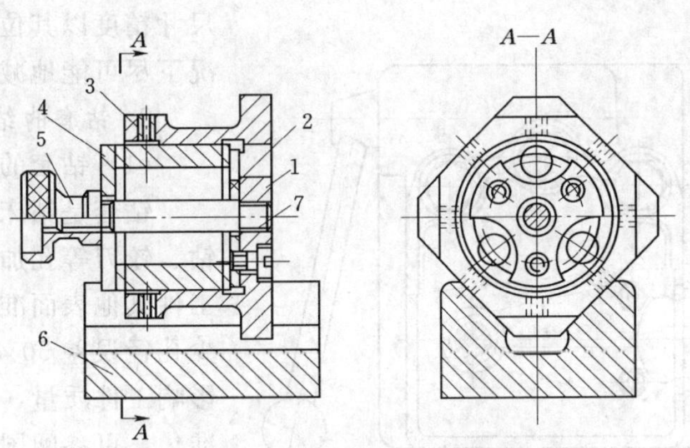

图 7－22　钻 8 个孔的箱式钻模

1—夹具体；2—定位板；3—钻套；4—开口垫圈；5—螺母；6—V 形垫块；7—夹紧螺杆

（4）回转式钻模。

回转式钻模用来加工沿圆周分布的多个孔。加工这些孔时，其工位的获得通常有两种方法，一种是利用分度装置使工件变更工位（即钻套不动）；一种是每一个孔都使用单独的钻套，依靠这些钻套来决定刀具对工件的位置。

图 7－23 所示为带分度装置的回转式钻模，用于加工工件上的三圈径向孔。工件以孔和端面为定位基准在定位轴 3 和分度盘 2 端面上定位，用锁紧螺母 1 锁紧。当钻完一个工位上的孔后，松开锁紧螺母 1 并拉出分度销 6 后就可进行分度了。分度完成后要用锁紧螺母 1 再将分度盘锁紧，以便对另一工位的孔进行加工。

在东风汽车有限公司发动机厂曲轴加工线上，曲轴两端孔的加工即是在立式钻床上采用这种钻模进行加工的。

（5）滑柱式钻模。

滑柱式钻模的结构已经通用化、规格化了，加之这种钻模不需另设夹紧装置，且生产率高，所以在生产中被广泛使用。

图 7－24 为手动滑柱式钻模，它是用来钻、扩、铰拨叉上直径为 ϕ20H8 的孔。工件以外圆端面、底面

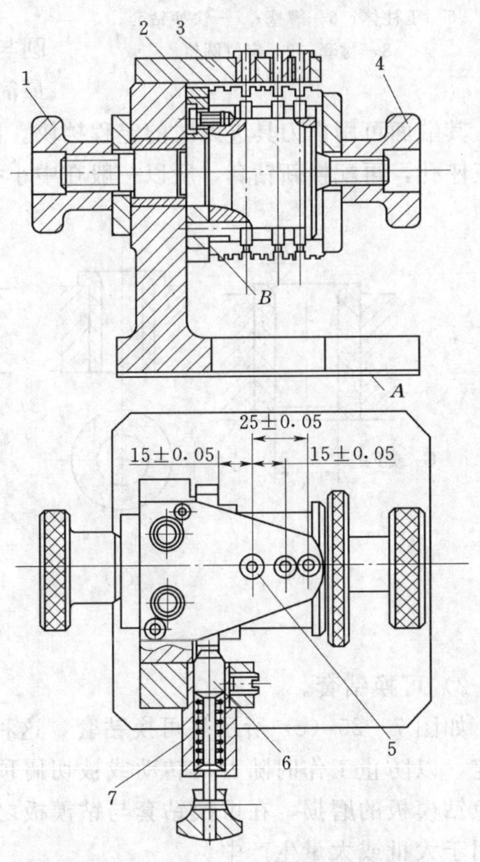

图 7－23　带分度装置的回转式钻模

1—锁紧螺母；2—分度盘；3—定位轴；4—夹紧螺母；5—钻套；6—分度销；7—弹簧

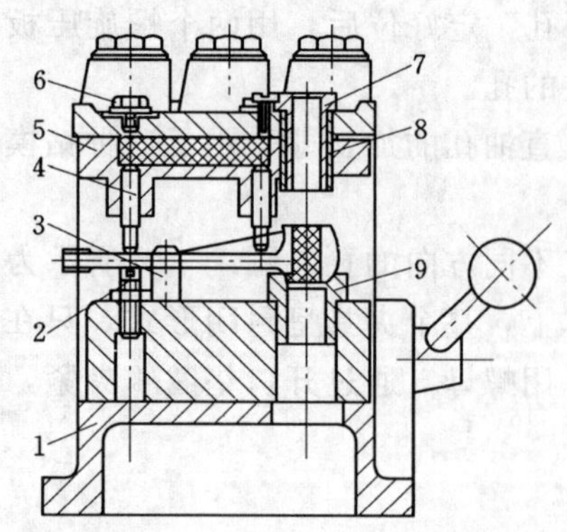

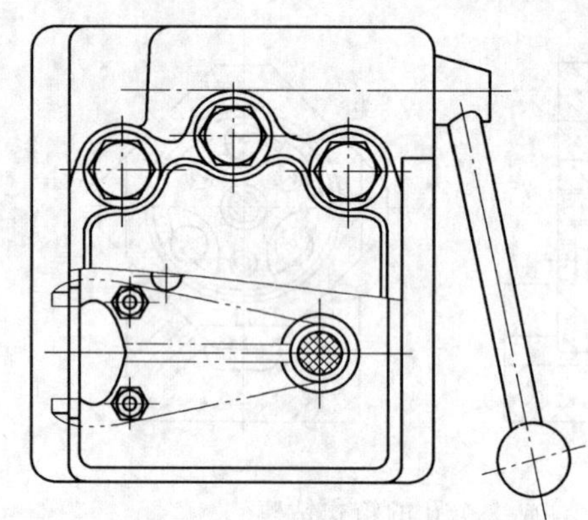

图 7-24　滑柱式钻模

1—底座；2—支承钉；3—圆柱销；4—压柱；5—压柱体；6—螺塞；7—快换钻套；8—衬套；9—定位圆锥

及后侧面分别在定位锥套 9 和两个可调支承钉 2 及圆柱销 3 上定位，所有定位元件均安装在底座 1 上，转动手柄通过齿轮齿条机构使滑柱带动钻模下降，两个压柱 4 就把工件夹紧了，压柱装在压柱体 5 的孔中，压柱体与钻模板用内六角螺钉连接，内腔填充液性塑料，并用螺塞 6 封住，以使两个压柱的压力平衡。刀具依次从钻模板上衬套 8 的快换钻套 7 中通过，即可进行钻、扩、铰加工。

使用这类钻模时应注意滑柱与导向孔间的配合间隙（常用 H7/g6、H7/f6），因为它们之间的配合间隙会影响所钻孔的尺寸精度以其位置精度，设计时应在保证滑柱能自如滑动的情况下尽可能地减小滑柱与导向孔间的配合间隙。

2. 钻套的结构和设计要点

（1）钻套的结构。

钻套是钻床夹具所特有的元件。钻套用来引导钻头、扩孔钻、铰刀等孔加工刀具，加强刀具刚度，并保证所加工的孔和工件其他表面准确的相对位置。用钻套比不用钻套可以平均减少孔径误差 50%。因此，钻套的选用和设计是否正确，不仅影响工件质量，而且也影响生产率。钻套的结构、尺寸均已标准化，可参阅国家标准《夹具零件及部件》中的相关部分。

钻套按其结构和使用特点可分为以下几种。

1）固定钻套。

如图 7-25（a）和图 7-25（b）所示是固定钻套，钻套外圆与钻模板孔采用 H7/r6 或 H7/n6 配合。图 7-25（a）所示是最简单的无肩式固定钻套，图 7-25（b）所示是有肩式固定钻套，其端面可用作刀具进刀时的定程挡块。固定钻套磨损到一定程度时就必须更换，将钻套压出并重新修正座孔，再配换新钻套，所以一般在中小批生产中采用，固定钻套能保证较高的位置精度。

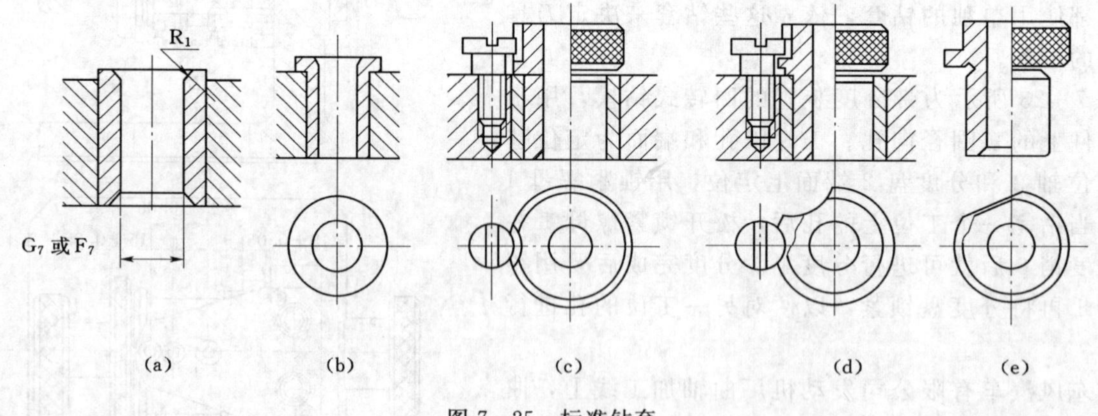

图 7-25　标准钻套

2）可换钻套。

如图 7-25（c）所示是可换钻套，这种钻套以 H6/g5 或 H7/g6 配合装入衬套内，并用钻套螺钉固定，以防止工作时随刀具转动或被切屑顶出。更换钻套时卸下钻套螺钉，不需要重新修正座孔。为避免钻模板的磨损，在可换钻套与钻模板之间按 H7/r6 或 H7/n6 的配合装入衬套孔中。可换钻套一般用于大批或大量生产中。

3）快换钻套。

如图 7-25（d）所示是快换钻套，这是在多工步工序中采用的一种钻套，它与衬套间也采用

H6/g5 或 H7/g6 配合。快换钻套除了在其凸缘上有供钻套螺钉压紧的台肩外，还有一个削平的平面。更换钻套时，不需要拧下钻套螺钉，只要将快换钻套朝反时针方向转过一定的角度使其削平平面正对着钻套螺钉头部时，即可取出钻套。曲轴连杆轴颈上斜油孔与倒角在一次安装情况下完成加工，即采用了快换钻套，以达到快速更换钻套的目的。

4）特殊钻套。

如图 7－26 所示为几种生产中常用的特殊钻套。当工件结构、形状和被加工孔的位置特殊时标准钻套不能满足其使用要求，此时只需将钻套结构稍作改进就行了。

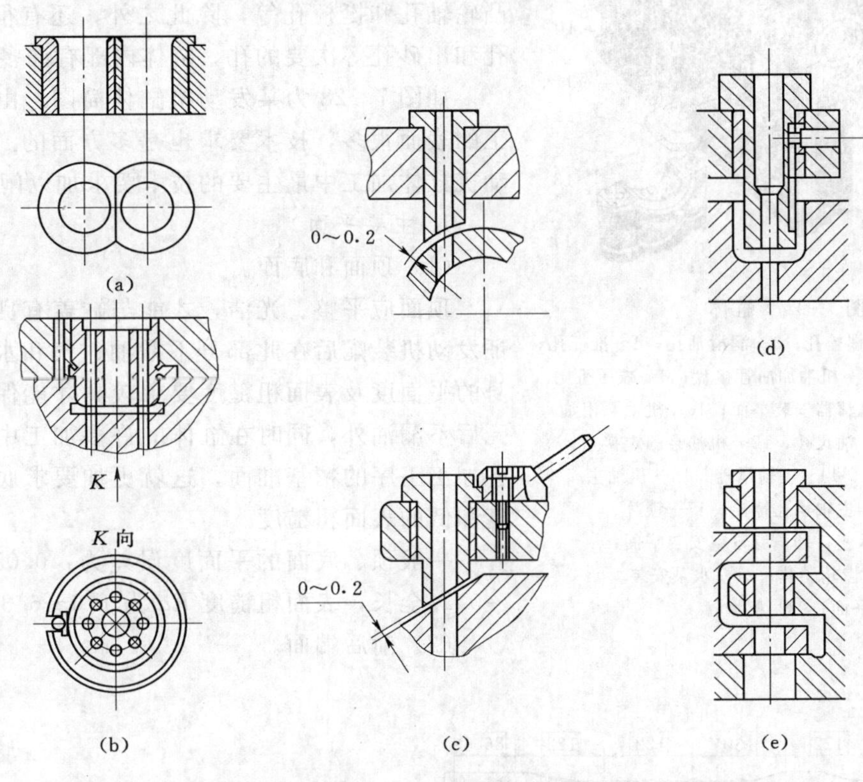

图 7－26　特殊钻套

图 7－26（a）所示是将相邻钻套的肩部侧面切去，以满足被加工孔位置非常近的要求，图 7－26（b）是在一个钻套体上加工 8 个孔，钻套体的角向定位用定位销嵌入槽中实现。图 7－26（c）为在工件的圆弧面及斜面上钻孔用的钻套。曲轴连杆轴颈上斜油孔的加工所用钻套即是该类型的特殊钻套。图 7－26（d）是在工件凹腔内钻孔用钻套，装卸工件时需将钻套提起。图 7－26（e）所示钻套用于加工间断孔，中间钻套可防止刀具引偏。

设计时需确定钻套的内径、高度及钻套底面到加工孔面的距离。

7.3　汽缸体加工

机体是发动机的骨架，是发动机各机构和各系统的安装基础零件。机体内、外安装着发动机的所有主要零件和附件，承受各种载荷。因此，机体必须要有足够的强度和刚度。机体组主要由汽缸体、曲轴箱、汽缸盖和汽缸垫等零件组成。

7.3.1　缸体的结构特点与技术要求

现代汽车上基本都采用水冷多缸发动机，按照汽缸的排列方式不同，汽缸体还可以分为直列式、V 形和对置式等形式。

如图 7－27 所示为直列四缸汽油机缸体。缸体是发动机的基础零件，通过它把发动机的曲柄连杆

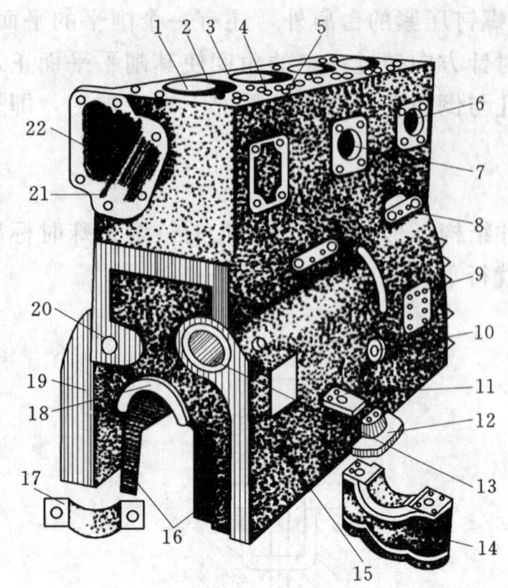

图 7-27　缸体

1—缸套底孔；2—螺栓孔；3—润滑油孔；4—推杆孔；5、6—工艺孔；7—机油加油管接盘；8—减压机构轴孔；9—机油滤清器安装平面；10—机油泵出油管接头孔；11—油尺孔；12—机油泵固定接盘；13—凸轮轴孔；14—主轴承盖；15—机油主油道；16—主轴承孔螺栓；17—锁片；18—主轴承座；19—齿轮室安装平面；20—中间齿轮销孔；21—水泵安装平面；22—配水管

机构（包括活塞、连杆、曲轴、飞轮等）和配气机构（包括缸盖、凸轮轴等）以及供油、润滑、冷却等系统连接成一个整体。

缸体是一个结构复杂、受力大、技术要求很高的薄壁箱体零件。缸体有很多安装平面，其中以顶面、底面和前后端面要求较高、面积较大，其他一般较小且要求较低；缸体有四组要求高的孔：缸套孔、主轴承座孔、凸轮轴孔和挺杆孔等，除此之外，还有很多螺栓孔、油孔和出砂孔等次要的孔，缸体内部有许多水腔和油道。

如图 7-28 为某发动机缸体简图。由于缸体需要加工的表面很多，技术要求也是多方面的。现在就一般发动机缸体加工中最主要的技术要求加以阐述。

1. 主要平面

（1）顶面和底面。

顶面应平整、光洁，才能与缸盖有良好的接触，保证发动机装配后在此部分不漏油、气和水。底面除其本身的平面度及表面粗糙度要求较高才能保证在装配油底壳后不漏油外，同时在缸体的许多加工中底面还是后续各加工工序的精基准面，这就更加要求底面有较高的精度和低的表面粗糙度。

一般顶、底面的平面度误差为：0.05/100mm，0.1～0.2/全长，表面粗糙度 Ra 为 1.6～6.3μm。

（2）前后端面。

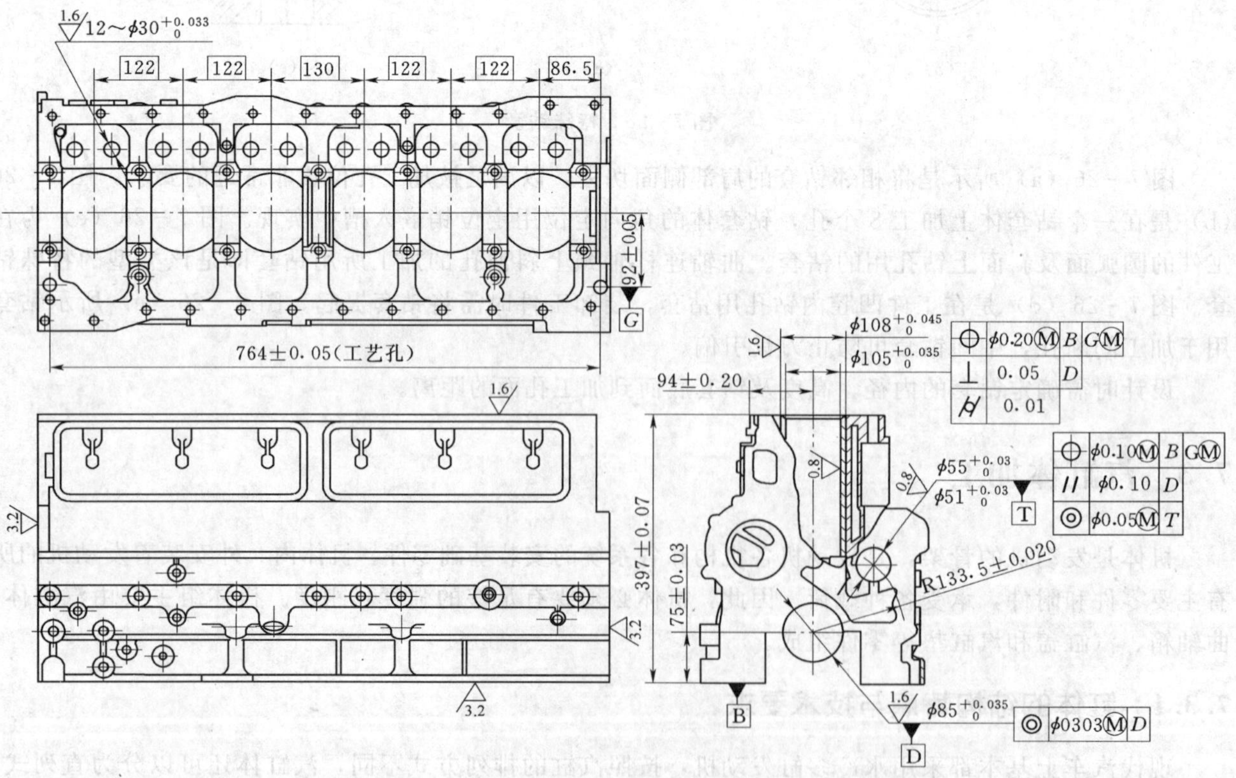

图 7-28　某六缸发动机缸体简图

前后端面一般为相对较次要的安装基面，一般平面度不得大于 0.10mm，表面粗糙度 *Ra* 为 6.3～3.2μm。其余一般为次要平面，可经简单加工满足其要求。

2. 主要孔的尺寸精度、形状精度和表面粗糙度

（1）缸套孔。

缸孔是气体压缩燃烧和膨胀的空间，并对活塞起导向作用，缸孔表面是发动机磨损最严重的表面之一，它决定了发动机的大修期和寿命。

各缸套孔其本身的尺寸精度、形状精度及其表面粗糙度要求都很严，因为缸套孔的直径误差、圆度误差、圆柱度误差以及表面粗糙度直接影响到装配缸套后的松紧程度，影响到发动机的性能。汽缸孔在安装汽缸套后应保证合适的过盈量，如 EQ6100－I 汽车发动机汽缸过盈量规定为 0.045～0.075mm。多缸发动机缸套孔间应保持严格的孔间距及相互的轴线平行度，以保证各缸活塞连杆的装配和运动关系。一般缸套孔的精度为 IT6～7 级，表面粗糙度 *Ra* 为 0.8～1.6μm，圆柱度公差 0.01μm，缸孔对主轴承孔的垂直度 0.05μm。

（2）曲轴主轴承座孔。

曲轴主轴承座孔应该有高的尺寸精度和低的表面粗糙度，这是曲轴主轴颈轴承和连杆轴颈正确装配的保证，多缸发动机的缸体，各缸的曲轴主轴承座孔还应有严格的同轴度要求，才能保证曲轴的正确装配。一般曲轴主轴承座孔的精度为用 IT6～7 级，表面粗糙度 *Ra* 为 0.8～1.6μm 各孔同轴度误差不应超过 0.06mm。

（3）凸轮轴孔及挺杆孔。

凸轮轴孔及挺杆孔的精度对保证发动机配气系统的装配和正确运动关系极为重要，凸轮轴孔不仅应与曲轴主轴承座孔有精确的孔间距及平行度要求，从而使得凸轮轴与曲轴通过齿轮形成正确的啮合，而且还应与挺杆孔有严格的垂直关系，才能保证挺杆的正确运动而不被“卡死”。当然多缸发动机的凸轮轴孔在各孔间还应有很高的同轴度，才能保证凸轮轴的正确装配。一般凸轮轴孔的尺寸精度为 IT6～7 级，同轴度要求为 0.03～0.06mm，与曲轴主轴承座孔的平行度要求为 0.05/600～0.10/600mm，表面粗糙度 *Ra* 为 0.8～1.6μm。挺杆孔精度为 IT7～8 级，表面粗糙度 *Ra* 为 1.6～3.2μm。

其余一般为次要的螺栓孔、油孔等。

3. 孔与孔、孔与平面的位置精度

为保证发动机的正常工作，缸体很多主要表面间都有极高位置关系要求，主要包括以下内容。

（1）各缸孔轴线对于曲轴主轴承座孔与凸轮轴孔轴线的垂直度，不得大于 0.05mm。

（2）曲轴主轴承座孔与凸轮轴孔轴线的平行度，不得大于 0.1mm。

（3）前后端面对于曲轴主轴承座孔轴线的垂直度，分别为不得大于 0.15mm、0.10mm。

（4）各缸孔对于安装曲轴的中间主轴承座的止推端面的纵向位置精度为 0.25mm。

7.3.2 缸体的材料及毛坯特点

缸体的受力情况严重且复杂，因此要有一定的强度、刚度及抗震性。此外，缸体的形状很复杂，毛坯制造困难，所以缸体的材料一般选用的是 HT200、HTI250 灰铸铁（如东风汽车有限公司发动机厂生产的 6100 系列缸体材料为 HT200，其 6102、491 和 6105 系列和 dcill 缸体材料均为 HT250）。小型汽车发动机考虑其体积小、重量轻、散热好等因素，一般用铝合金铸件。

灰铸铁缸体中小批量时一般选用的是木模或塑料模砂型铸造，在大批量生产时则采用金属模砂型铸造、机器造型，以提高铸件的精度，降低表面粗糙度及保证生产率。

铸件被浇铸及落砂以后，最好还应进一步用喷丸等方法清理铸件各表面。一方面是可以进一步清理各表面的残砂，另一方面使得铸件表面更加光洁，对弥合铸件表面的微裂纹和改变铸件表面的拉应力为压应力等均有好处。

缸体在机械加工以前，一般经过人工时效，以消除铸件的内应力、改善毛坯的机械加工性能。

有些缸体在铸造车间就进行初次的水套水压试验，水压为 $3\times10^6\sim5\times10^6$ MPa，在 1～3min 内不得有渗漏现象。

7.3.3 缸体机械加工的工艺过程

1. 定位基准的选择

(1) 精基准选择。

大多数缸体加工均是选用底面及底面上的两个工艺孔作为精基准，采用“一面两销”方式定位，符合基准统一原则。其优点如下：

1) 底面轮廓尺寸大，工件安装稳定可靠。

2) 缸体的主要加工表面，大多数都可用它作为精基准，因此，减少了基准转换而引起的定位误差，利于保证这些表面的相互位置精度。例如主轴承座孔、凸轮轴承孔、汽缸孔及主轴承座孔端面等都可用它作为精基准来保证位置精度。

3) 由于大部分工序均采用该统一基准，使较多工序的定位与夹紧方式较为相似，因此其夹具结构也较为相似（或部分相似），由此可减少夹具设计与制造工作量。

(2) 粗基准选择。

粗基准最主要的任务就是加工出符合要求的精基准。由于缸体的形状复杂，铸造误差较大、铸件表面不平整等原因，如果一开始就用粗基准定位加工大平面（精基准用到的底面），则因切削力较大、夹紧力较大、切除余量较大而引起内应力较大等因素，导致缸体产生较大的变形。因此，缸体加工时一般采用面积小分布距离较远的几个工艺凸台作为过渡精基准，即利用底面定位，先加工出这些工艺凸台面，再利用这些凸台面定位加工出底面作为精基准。

在加工工艺凸台时，为使其加工出的精基准能较好的保证缸体各表面的位置关系和加工余量均匀，除用底面定位外，还要考虑用到主轴承座孔、汽缸孔或缸体上的对称平面等作为粗基准。

2. 各表面加工方法选择

(1) 缸体的平面加工。

刨削和铣削是平面加工最重要、最常用的加工方法，另外磨削加工对于加工要求高（尤其是表面粗糙度）或经淬火后的平面也是一种不可缺少的加工方法，拉削平面则是一种更高效率的生产，适应于大批大量生产的工艺。

铣削和刨削比较起来，由于铣削同时参加切削的可以是多齿刀刃且没有空行程，无论从生产效率还是从加工质量来说都比刨削好（狭长平面除外），因此一般缸体的平面加工，都采用铣削加工。

对于底面、顶面和前后端面，由于面积较大，加工精度要求较高，故采用粗铣→精铣的加工方案。其余表面加工要求较低，采用一次铣削即可。

对大批量的缸体生产，较多企业也采用拉削的方式加工平面，且同时拉削较多平面，以充分提高生产率并同时保证加工的平面的位置关系。

(2) 汽缸孔的加工。

汽缸孔的技术要求很高，尺寸较大，且有很高的位置关系。因此，要对其进行多道工序的加工才能达到这些技术要求，而且加工时应多缸孔同时加工，其加工方式主要采用镗削的形式。

缸套底孔采用：粗镗→半精镗→精镗。

压入缸套后再：粗镗→精镗→珩磨。

(3) 曲轴孔和凸轮轴孔的加工。

曲轴孔和凸轮轴孔不仅自身尺寸精度和粗糙度要求高，而且两者之间还有较高的平行度要求和位置尺寸要求。这两组孔还均是同轴线上一系列同尺寸且要求高同轴度的孔（如六缸发动机有 7 个主轴承座孔）。因此，一般多采用同时多次锥削加工的方法来达到其要求。如：

粗镗→半精镗→精镗，压入瓦盖后再同时精镗一次。最后在保证了两组孔的位置关系后，还对凸轮轴孔进行一次铰削，以保证其高的精度和低的粗糙度。

（4）挺杆孔的加工。

挺杆孔也是一组要求尺寸精度的相互位置均较高的孔。一般也是采用对该组孔同时多次加工的方法来达到其精度。

对六缸发动机上的 12 个挺杆孔采用：钻→粗扩→精扩（→精镗）→铰的加工方案。

3. 加工顺序安排

在考虑机械加工顺序时，除按照一般的机械加工顺序安排的 4 个原则“先基面后其他、先主后次、先面后孔、先粗后精”外，还要考虑缸体零件特殊性的一些因素。

（1）应遵循的一般性原则。

1）先基面后其他。应在工艺路线的最开始阶段先加工出精基准面：一面两销。如前面的分析，首先加工出过渡基准，再加工出“一面两销”。加工时，宜先加工较大的平面，再安排两个销孔的加工，而且要尽快地将其提高到一定精度。

2）先主后次。缸体零件比较复杂，在各个表面（或方向上）都有一些主要表面和较多的次要表面，在加工的各个阶段，先考虑主要表面加工，再安排次要表面加工，而次要表面加工可以根据主要表面的加工从加工方便与经济角度出发进行安排。

缸体零件的主要表面还有很高的精度要求，这些高精度表面的加工易出现废品。先主后次可以减少因主要表面加工报废时所造成的损失。

3）先面后孔。先加工出缸体零件上较大的平面，并用其定位加工孔，可以保证定位准确、稳定，且夹具相对较简单。另外，缸体上有若干的水孔、螺纹孔等，其孔口处虽一般为较小的平面，但先加工这些平面，切去表面的硬质层，再加工这些平面上的孔，可避免因表面凸瘤、毛刺及硬质点的作用而引起的“钻偏”和“打刀”等现象，提高孔的加工精度。

4）先粗后精（粗精分开）。先粗后精有利于消除粗加工时产生的热变形和内应力，提高精加工的精度。所以在整个工艺路线的安排上或一些主要表面的加工时均要粗精分开。另外，先粗后精还有利于及时发现废品，避免工时和生产成本浪费。

（2）还应考虑以下一些因素：

1）因缸体是较大型铸造件，所以容易发现内部缺陷的工序应安排在工艺路线较前一些的位置。

2）因缸体上的主轴承座孔为半圆孔，需与轴承盖装配后才能加工，所以还要先将主轴承座孔与轴承盖二者的结合部分加工到正确接合的程度后，装配轴承盖，再安排主轴承座孔的加工。

3）把各深孔加工尽量安排在较前面的工序，以免这些深孔的加工带来较大的内应力，影响以后工序的加工精度的获得与精度的保持。

4）加工时，要考虑一些孔系有较高的位置精度要求，需要同时加工。如主轴承座孔与凸轮轴孔系，除同轴线上的孔有同轴度要求，两组孔系还有较高的相互位置要求。

5）缸体上有较多的次要的螺纹孔和台阶凸面，宜利用专用机床和加工中心对较多的表面同时加工，既容易获得其相互位置精度，又有利于提高生产率。

另外，在机械加工顺序中，还要适当安排检验、清洗等工序。

表 7-3 所示为大批量生产的某六汽缸缸体加工的简要工艺过程。

表 7-3　　缸体加工简要工艺过程

工序号	工序内容	工 序 简 图	设备名称
05	铣定位凸台、发电机支架凸台、机冷器面、工艺导向面	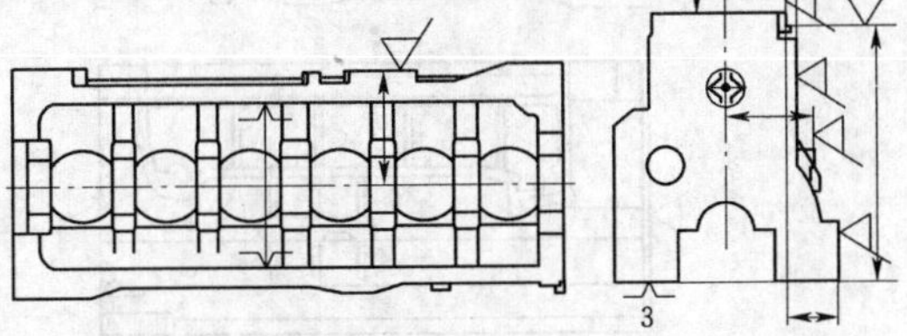 3	卧式数控铣床

续表

工序号	工序内容	工 序 简 图	设备名称
10	粗铣底面、龙门面、对口面、顶平面		双面卧式数控铣床
15	精铣底平面		转盘铣床
20	钻、铰工艺孔	1.6 2－$\phi16^{+0.027}_{0}$	钻铰双工位组合机床
25	镗主轴承孔半圆		组合机床
30	第一次粗镗缸套底孔	6－ϕ	组合机床
35	粗铣前后端面		双面组合铣床

续表

工序号	工序内容	工 序 简 图	设备名称
40	精铣前后端面	同上（工序加工要求不同）	双面组合铣床
45	铣主轴承座两侧面	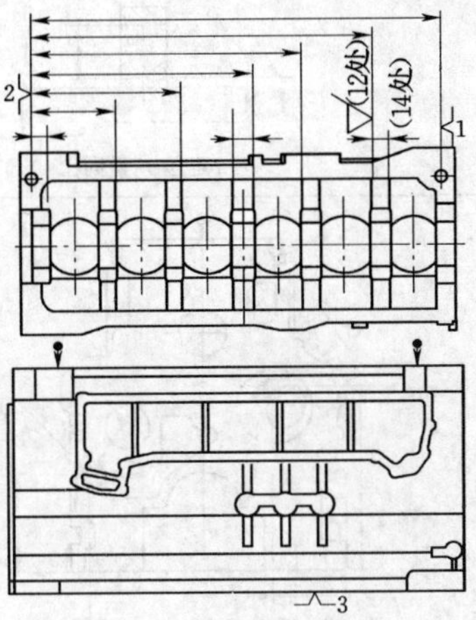 2 (12处) (14处) 1 3	卧式组合机床
50	铣油封凹座	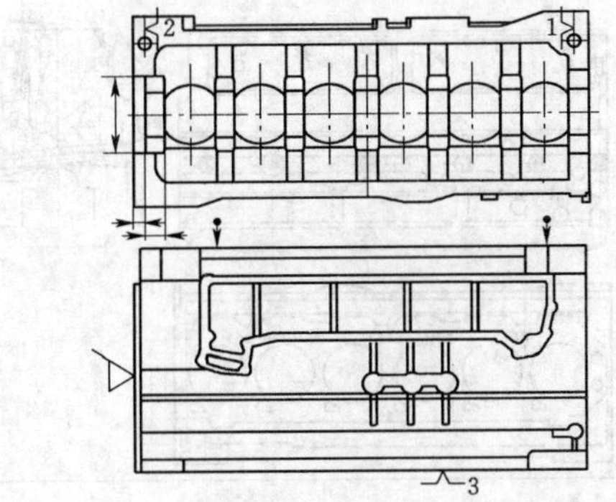 2 1 3	卧式组合机床
55	铣主轴承孔瓦片槽	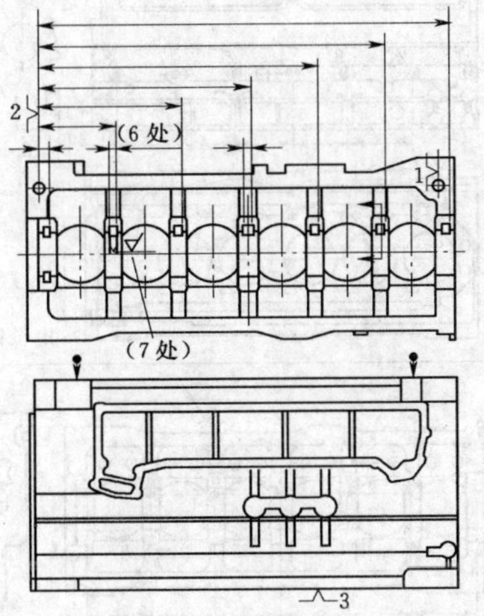 2 (6处) 1 (7处) 3	卧式组合机床
60	扩第1、2、4，5凸轮轴底孔	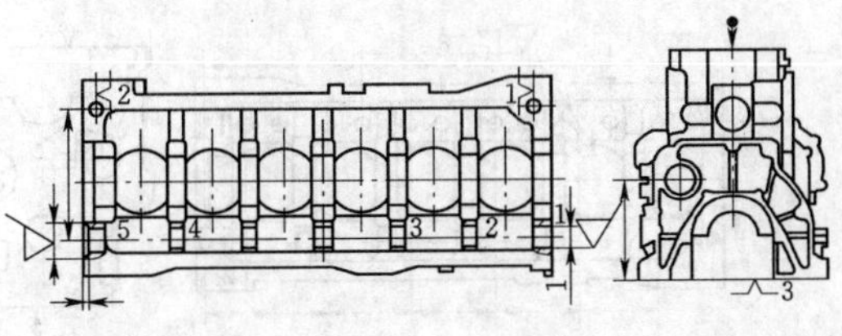 2 1 5 4 3 2 1 3	组合机床自动线

续表

工序号	工序内容	工 序 简 图	设备名称
65	扩第3凸轮轴底孔	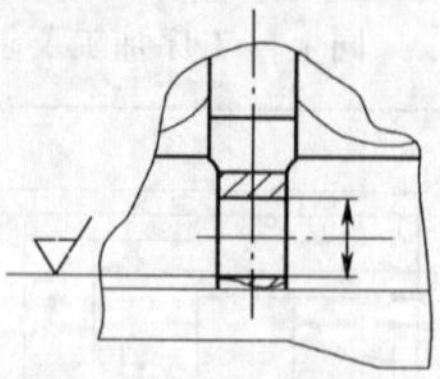 注：定位夹紧同上	组合机床自动线
70	枪钻前后端主油道孔及油泵座内油道孔	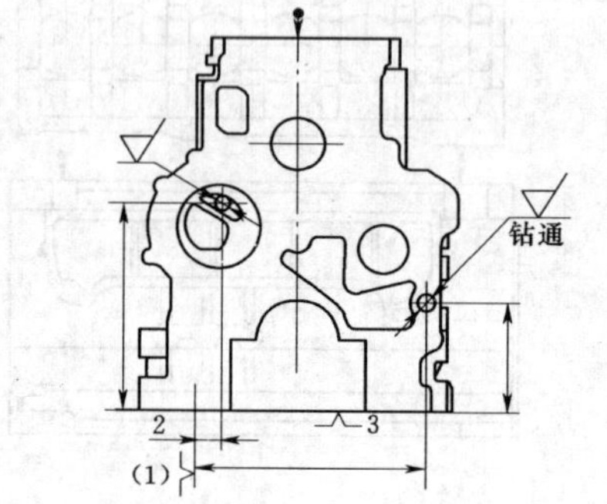 钻通 2 3 (1)	双面卧式枪钻组合机床
75	枪钻两个横油道及75I顶面2个深油孔（1，7）	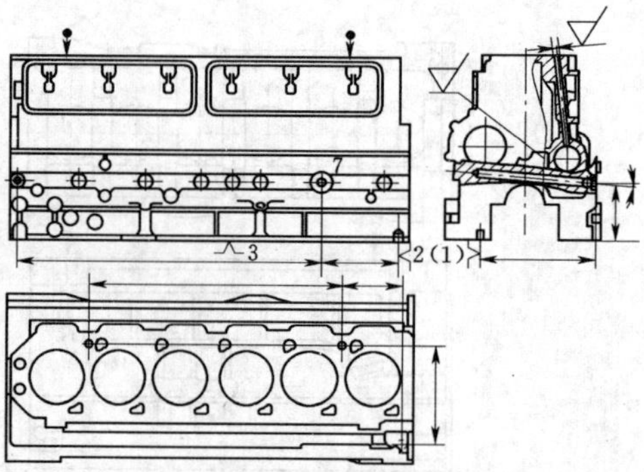 7 3 2 (1)	双面卧式枪钻组合机床
80	钻5个横油道孔及80顶面12个推杆孔（2，3，4，6，8）	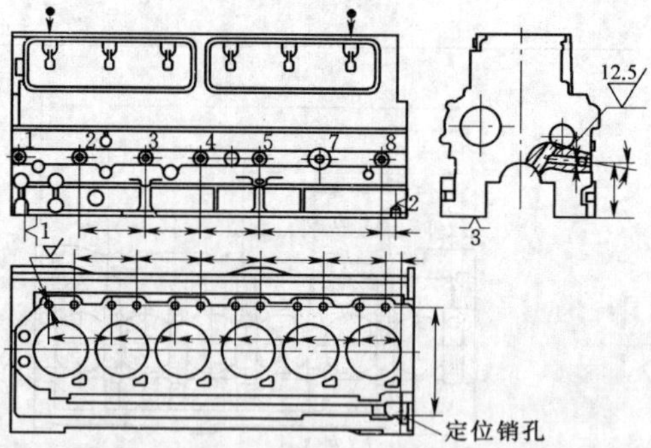 1 2 3 4 5 7 8 2 1 12.5 3 定位销孔	组合机床
85	钻主轴承85孔内7个斜油孔	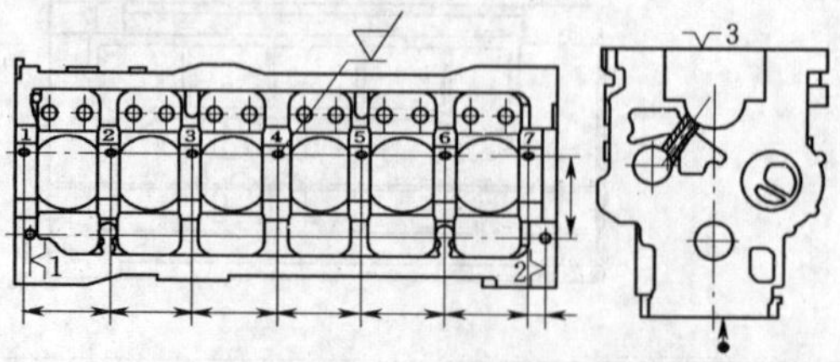 1 2 3 4 5 6 7 1 2 3	组合机床自动线
90	钻12个挺杆孔	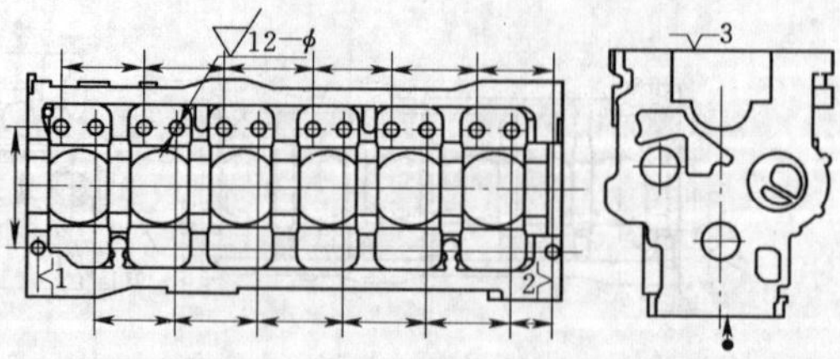 12-φ 1 2 3	组合机床自动线

续表

工序号	工序内容	工 序 简 图	设备名称
95	钻6个回油孔		组合机床自动线
100	粗镗缸套底孔		专用镗床
105	半精镗缸套底孔	同上（工序加工要求不同）	专用镗床
110	镗缸套下止口		专用镗床
115	加工两侧面：凸台面、导向面和孔系		卧式加工中心
120	加工前后面：前销、后环、出砂孔、凸轮轴凹座孔及部分螺孔	距定位销 距底面	卧式加工中心

续表

工序号	工序内容	工序简图	设备名称
125	加工底面销孔内油孔、瓦盖定位环孔，加工顶面2个销孔、9个水孔和26个螺栓孔，加工前面23个螺纹孔和惰轮轴孔	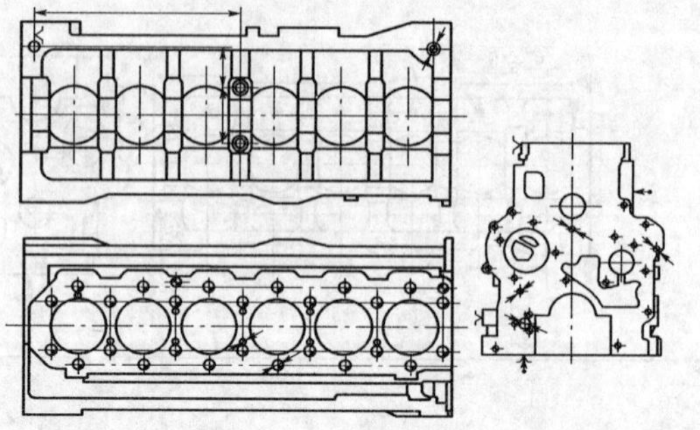	卧式加工中心
130	加工底面：27个油底壳螺纹孔、14个瓦盖螺栓孔、深油孔喷油嘴	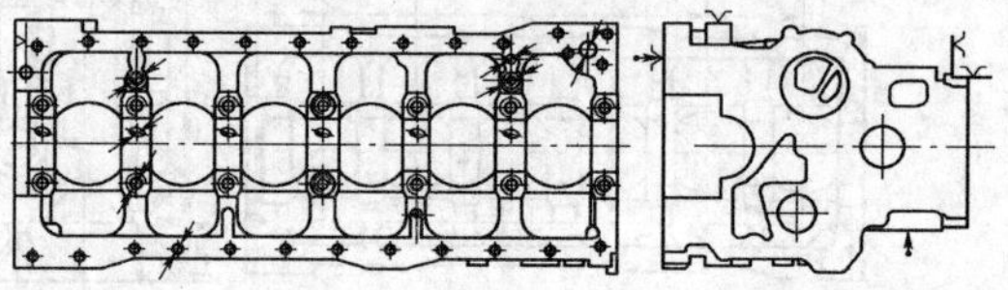	卧式加工中心
135	精镗缸套底孔	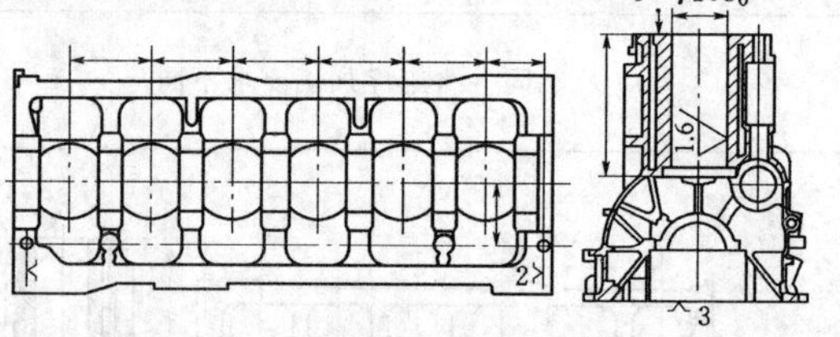 6—$\phi108_{0}^{+0.035}$ 1.6 1 2 3	专用镗床
140	精拉瓦盖结合面	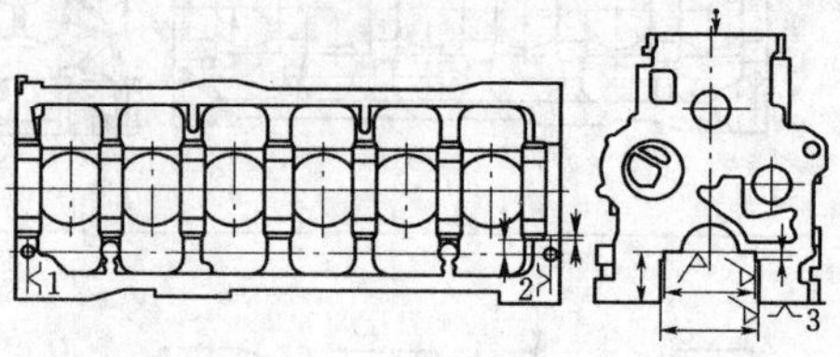 1 2 3	拉床
145	水压试验	注：将缸体浸在试漏液里，将压缩空气通往缸体内试验，应1min内无漏气	水压试验机
150	缸孔分组及压缸套		液压机
155	装瓦盖及瓦盖螺栓		拧紧机
160	粗镗主轴承孔、凸轮轴衬套底孔	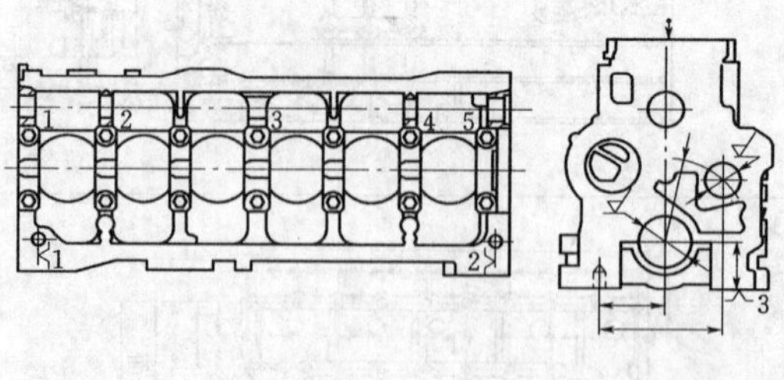 1 2 3 4 5 1 2 3	卧式组合镗床
165	半精镗主轴承孔、精镗凸轮轴衬套底孔		卧式组合镗床
170	铰凸轮轴衬套底孔	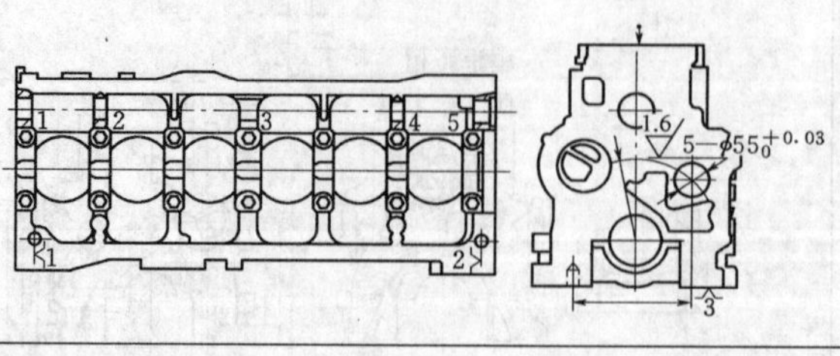 1 2 3 4 5 1.6 5—$\phi55_{0}^{+0.03}$ 1 2 3	组合机床
175	压凸轮轴衬套		液压机

续表

工序号	工序内容	工 序 简 图	设备名称
180	粗车第 4 轴承止推面	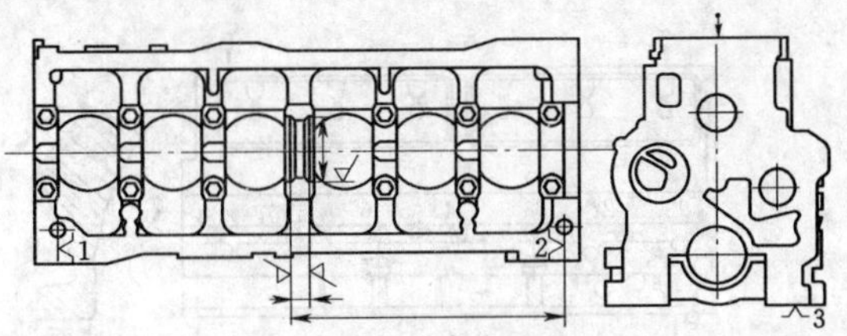	组合机床
185	精镗主凸孔、精刮第 4 止推面，铰惰轮轴孔、2 个前定位销孔、油泵座销孔、2 个后定位环孔	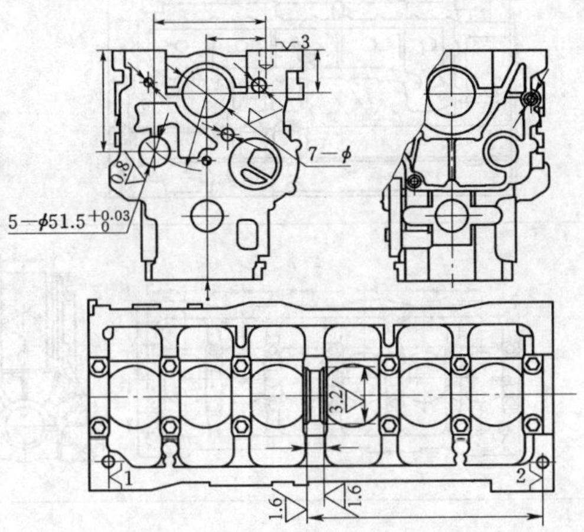 7－φ 5－$\phi51.5^{+0.03}_{0}$	专用镗床
190	铰主轴承孔	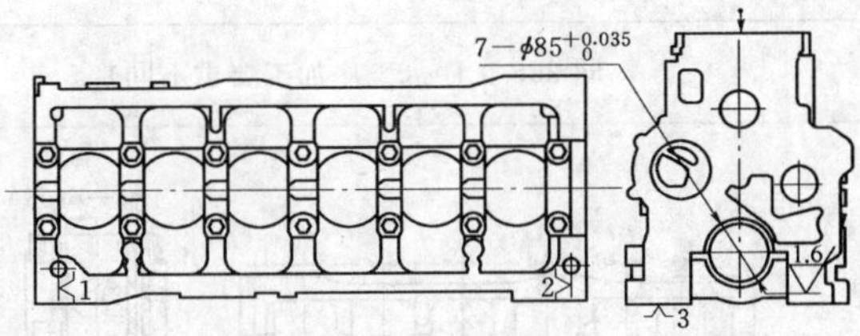 7－$\phi85^{+0.035}_{0}$	组合机床
195	扩挺杆孔	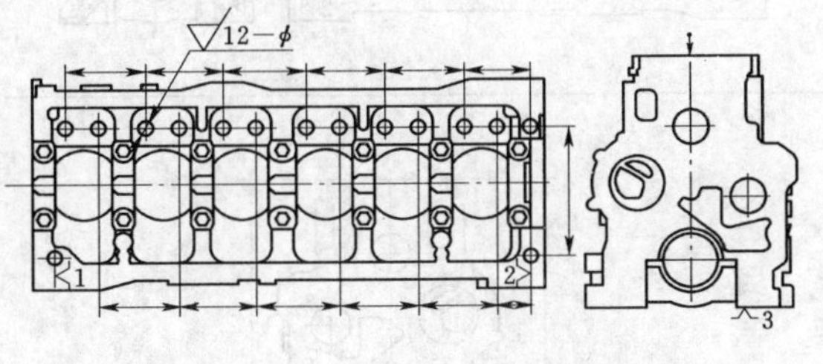 12－φ	组合机床
200	第 2 次扩挺杆孔		组合机床
205	精镗挺杆孔		组合机床
210	铰挺杆孔	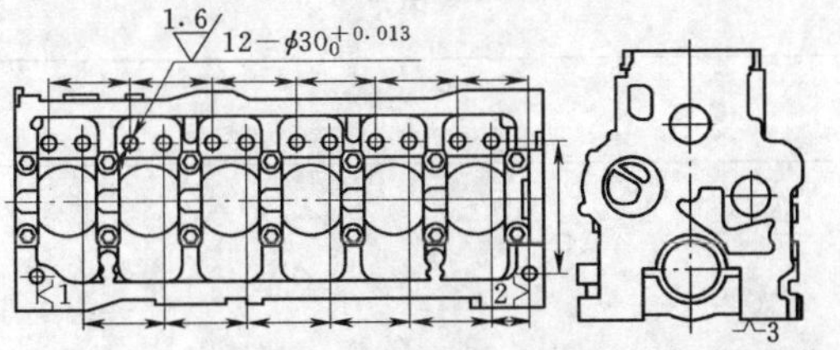 1.6 12－$\phi30^{+0.013}_{0}$	组合机床
215	钻第 5 横油道孔、攻 6 个横油道孔，钻、铰机油标尺孔（2，3，4，5，6，'8）	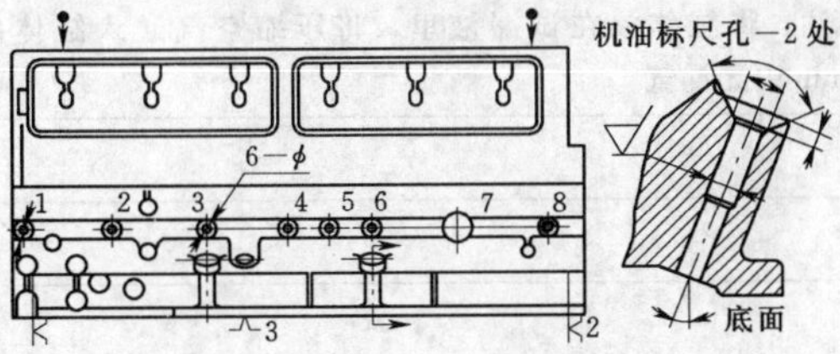 6－φ 机油标尺孔－2 处 底面	摇臂钻床

续表

工序号	工序内容	工 序 简 图	设备名称
220	攻第1，7横油道孔，扩、铰出砂孔，钻、铰增压器回油孔	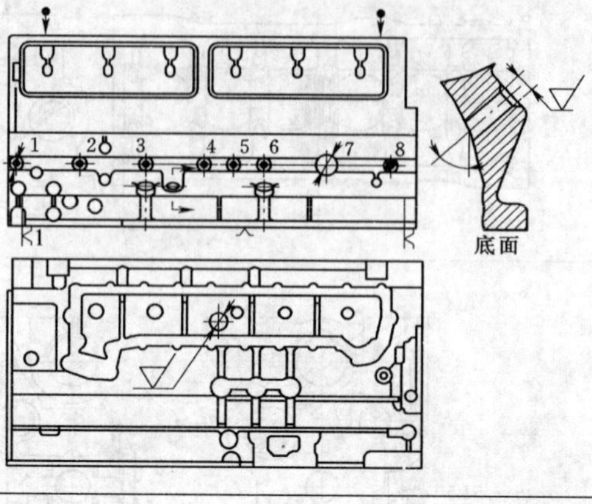 底面	摇臂钻床
225	粗镗缸套孔	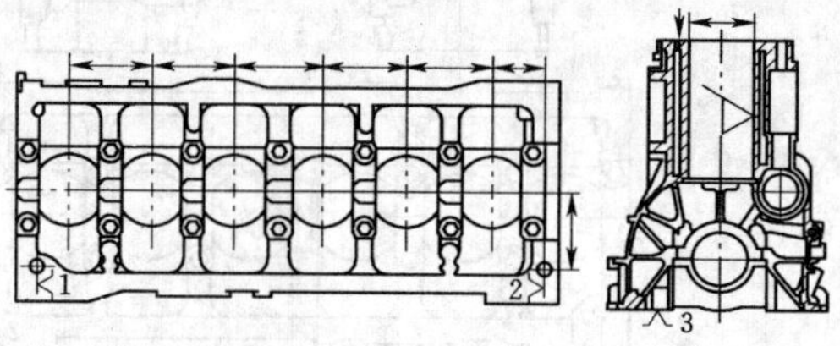	镗床
230	缸孔倒角		组合机床
235	精镗缸套孔	同225工序（工序加工要求不同）	镗床
240	粗、精珩磨缸孔	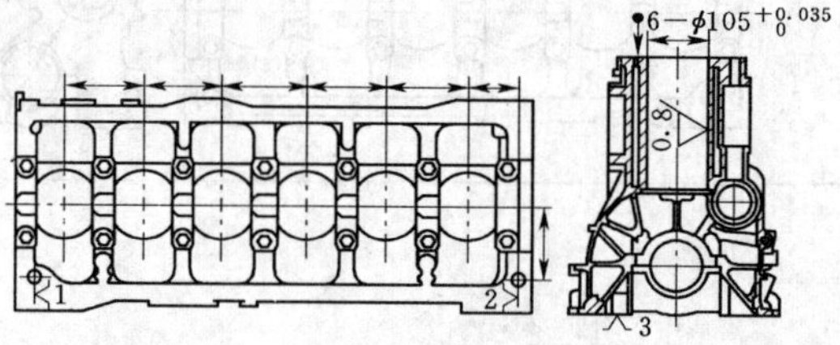 $6-\phi105^{+0.035}_{0}$	珩磨机
245	精铣缸体顶平面	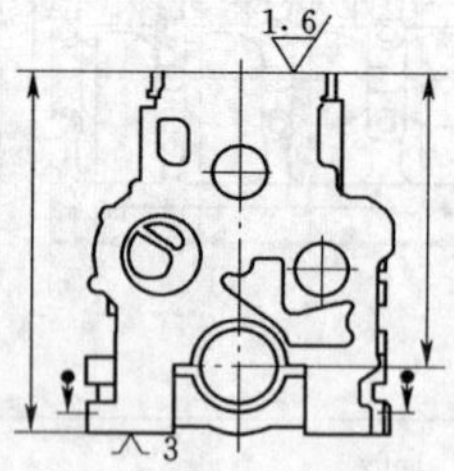 1.6	转盘铣床
250	总成清洗		清洗机
255	压装前后端盖、凸轮轴孔后堵盖、侧面出砂孔碗形塞		压床
260	气压试验	注：将缸体浸在试漏液里，将压缩空气通入缸体内试验，应1min内无漏气	气压试验机
265	装、镗油泵托架		镗床
270	总成检查		
275	清洗、防锈，入库		

4. 主要表面加工分析

(1) 主要平面的加工。

箱体类零件的平面加工，大多采用铣削加工，但东风汽车公司发动机厂在生产 EQ600－1 型汽车发动机缸体时，因其生产批量大，曾采用自主研发的拉床（俗称“大拉床”）在第一道加工工序即对缸体多个表面同时拉削，极大地提高了生产率，其同时加工表面如图 7－29 所示。但该拉床专用性强，适应不了当今变化较快的市场、产品需求，所以在进入 21 世纪后，“大拉床”逐渐退出了历史舞台，取而代之的是适应性较好的数控铣床，当然，原来由“大拉床”一台设备加工的表面，就改由几台数控铣床和拉床来完成其加工了。

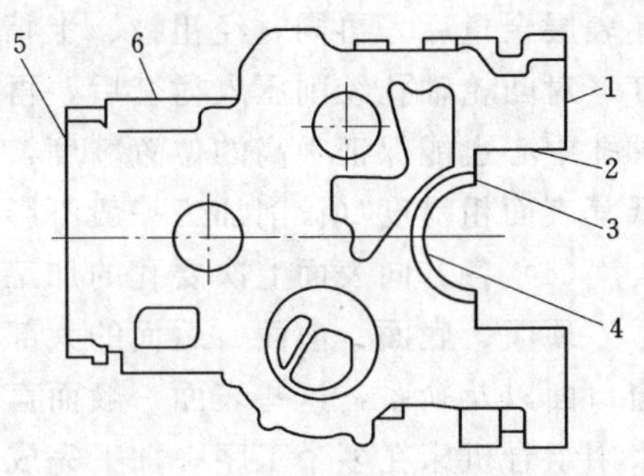

图 7－29 东风发动机厂“大拉床”加工表面示意图

1—底面；2—龙门开挡面；3—瓦盖结合面；4—半圆面；5—顶面；6—窗口面

底平面作为主要精基准，在工艺路线的前部就采用粗、精铣达到较高的精度。前后平面上有较多的孔要加工，所以在精基准加工后，也采用粗、精铣达到其要求的精度。顶面则在工艺路线的较前部分进行粗铣，以便于加工顶面的孔，为保证缸盖安装精度，在工艺路线最后安排了精铣，达到并保证较高的精度。

(2) 缸孔加工。

如前所述，缸孔除自身有较高的尺寸、形状精度外，还有很高的位置精度（如各缸孔相互的中心位置关系、与主轴承座孔轴线的垂直度等）。缸孔的加工还分为缸套底孔与缸套孔两个阶段。

在缸套底孔加工中，在工艺路线前期，以去除毛坯表面余量为目的进行了一次粗镗，缸体主要表面（含较大表面）加工一次后，分别对缸孔进行了粗镗、半精镗，使缸孔达到了一定精度，最后还对缸孔进行了精镗，尺寸精度达到了 7 级、表面粗糙度达到了 Ra 1.6μm。

随着发动机强化程度的不断提高，这样的工艺已不能很好地满足设计要求。对于镶干缸套的汽缸体，由于干缸套不与冷却水直接接触，活塞组的热量要通过缸套外圆与缸孔之间的接触面才能传给冷却水，因此在新的工艺中，一些企业对缸套底孔还进行了珩磨，以提高缸孔的圆度和圆柱度，提高表面粗糙度精度，保证缸套压入后与缸孔紧密贴合，增加接触面积，改善散热条件。

在压入缸套后，对其进行了粗镗、精镗和珩磨，确保形成缸套孔很高的加工质量。

在缸孔的镗削加工中，多采用较粗的刚性镗杆几个缸孔同时镗削。几个缸孔同时加工以充分保证各孔的中心距和平行度等相互位置关系。

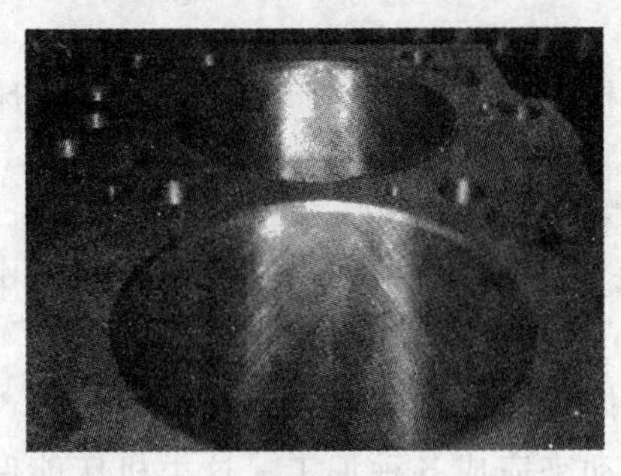
图 7－30 珩磨后缸套孔内的交叉网纹

缸套孔表面粗糙度是影响发动机燃油消耗和寿命的重要因素。一般而言，表面粗糙度小，则燃油消耗低、发动机寿命长。但缸孔表面粗糙度太小，加工不易获得且不经济。试验表明，只要在缸孔表面形成合适的加工纹理及表面状况，则表面粗糙度不太小也能保证缸壁良好的使用性能。所以，在汽缸体的加工中对缸套孔的最终加工普遍采用珩磨方式。除获得精确的圆柱孔（珩磨后的缸孔圆度和圆柱度很高）外，更重要的是利用珩磨头的运动（主轴的旋转运动、主轴的往复运动）在缸套孔内形成交叉网纹的切削纹理，如图 7－30 所示。交叉网纹有利于贮油润滑。实行平顶珩磨，去除网纹的顶尖，可获得较好的相对运动摩擦副，获得较理想的表面质量。

(3) 主轴承座孔和凸轮轴孔加工。

首先，主轴承座孔和凸轮轴孔自身的尺寸精度、同轴度要求均高，而且还有较高的相互位置精度，特别是两组孔系之间的中心距与平行度都有很高的要求。其次，在结构上主轴承座孔是由缸体上的主轴承座半圆孔与轴承盖相配形成圆孔的；而凸轮轴孔则在获得高的底孔精度的基础上，压入衬套后还要再保证很高的尺寸、形状和相互精度。

因此加工这两组孔系，利用专用机床采用了多次同时镗削的方式，既要使同轴线上的孔系同时镗削加工（采用同一根镗杆上装多个镗刀片），又要同时镗削这两组孔系。两组孔系先各自去除自身毛坯表层余量后，再同时经粗镗、半精镗加工以获得一定的尺寸精度、形状精度和较高的相互位置精度，对凸轮轴孔绞削压入衬套后，再与主轴承孔同时精镗，以保证主轴承座孔与安装了衬套后的凸轮轴孔中心也能保证很高的位置精度，最后，对凸轮轴衬套孔还进行一次精铰，以提高其尺寸精度和降低其表面粗糙度（铰削加工一般不影响位置精度）。

（4）各方向表面上次要孔的加工。

顶面、底面、前面、后面的大部分孔系（主轴承座孔和凸轮轴孔除外），两侧面的大部分凸台面、窗口面以及孔系，这些表面一般而言，量大、尺寸精度不高，但有一定的相互位置精度要求，以前多采用组合机床在多个工序中加工完成，但东风汽车公司发动机厂近年来引进大量的加工中心，利用4台加工中心的4道工序几乎完成其全部加工。而且充分利用加工中心的性能，在保证生产率的同时，很好地保证了相互位置精度。如对缸体前端面孔系进行加工时，采用一面两销定位，对主轴孔进行测量，并建立加工孔系的坐标系，然后再对前端面孔系进行加工。实践证明这种方式可以有效地、稳定地提高孔系的位置精度。

7.3.4 缸体机械加工的主要工装分析

7.3.4.1 生产线及加工设备

由于发动机的生产一般属于大量生产类型，缸体结构又十分复杂，加工表面繁多，因此缸体生产线通常主要由流水线（或自动线或在流水线中含少量自动线）构成。生产线上大部分为多工位的组合机床，现在也有不少的加工中心和数控机床加入生产线，甚至整条生产线全部由加工中心构成。

组合机床是由已经系列化、标准化的通用部件为基础，配以少量专用部件组合而成的一种高效专用机床。它常用多刀、多面、多工位同时加工，是一种工序高度集中的加工方法，其生产率和自动化程度高，加工精度稳定。

组合机床的通用部件，已由国家制订了完整的系列和标准，并由专业厂家预先设计制造好。设计制造专用的组合机床时，可根据具体的工件和工艺要求，选用相应的通用部件组合而成。

组合机床与一般专用机床相比，具有以下特点：

（1）设计和制造组合机床，只限于少量专用部件，故不仅设计和制造周期短，而且便于使用和维修。

（2）通用部件经过了长期生产实践考验，且由专业厂家集中成批制造，质量易于保证，因而机床加工精度稳定，工作可靠，制造成本也较低。

（3）当加工对象改变时，通用零件、部件可以重复使用，故有利于企业产品的更新换代。

（4）生产率高，因为工序集中，可多面、多工位、多刀同时加工。加工精度稳定，因为常与专用夹具配套，且自动循环工作。

组合机床的配置形式主要有单工位组合机床和多工位组合机床两大类。

单工位组合机床加工过程中工件位置固定不变，由动力部件移动来完成各种加工。这类机床能保证较高的相互位置精度，它特别适合于大、中型箱体类零件的加工。

多工位组合机床工并在加工过程中，按预定的工作循环作周期移动或转动，以便顺次地在各个工位上，对同一加工部位进行多工步加工，或者对不同部位顺序地进行加工，从而完成一个或数个面的比较复杂的加工工序。这类机床的生产率比单工位组合机床高，但由于存在转位所引起的定位误差，所以加工精度不如单工位机床。且结构复杂，造价较高，多用于大批大量生产中比较复杂的中小型零件的加工。

如图7－31（a）所示为移动工作台式组合机床，其工作台带动夹具和工件可先后在2～3个工位上，从单面或双面对工件进行加工。这种机床运用于加工孔间距较小的工件。图 7－31（b）所示为中央立柱式组合机床，这类机床的动力部件安装在工作台四周和中央立柱上，夹具和工件装在回转工作台上，工作台绕中央立柱转位，依次进行加工。这类机床的工位数很多，工序集中程度高，但结构复杂。

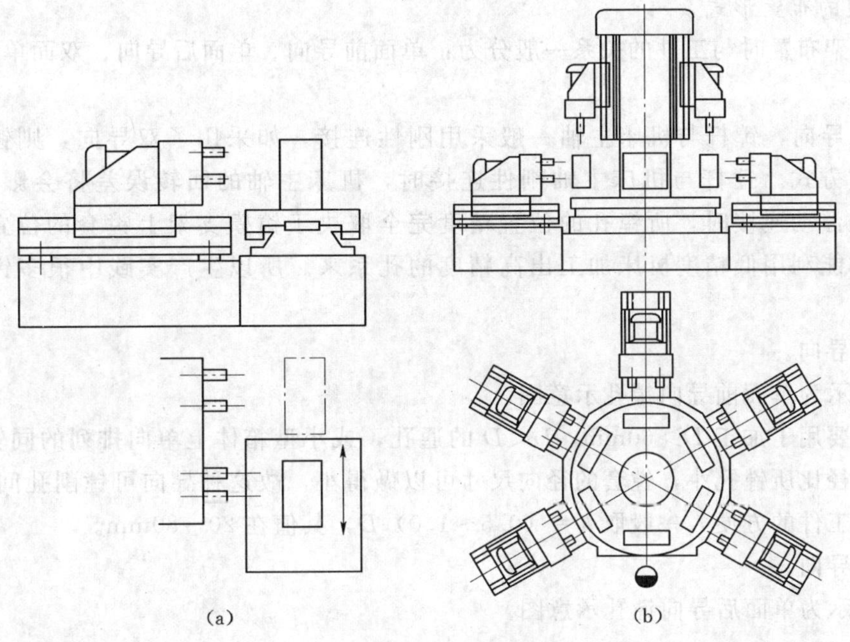

图 7－31　组合机床的配置型式

尽管组合机床能够重新组合重复使用，但其重新组合需重新配置通用部件、设计少量专用机构，传统的组合机床快速适应不同规格产品的共线生产仍有一定的难度。因此，一些企业在设计与制造组合机床时，对不同规格产品尽量设置一些快速调整部分（或部分换置），形成具有一定通用性的专机。如图 7－32 所示为东风汽车有限公司发动机厂的柔性专机，可适应多规格品种加工。

图 7－32　适应多品种加工的柔性专机

在数控机床、加工中心逐渐普及的现代企业里，在生产线上，还增设一些数控机床和加工中心，对较为复杂的表面和繁多的表面进行加工。甚至在一些企业，几乎全由数控机床和加工中心形成生产线来完成产品的主要零件的生产。如东风汽车有限公司发动机厂的缸体加工生产线就安排了几台加工中心，充分利用加工中心的功能对若干平面及孔在几个工序中全部加工完成，如前述工艺路线中的工序 115、120、125、130 均由加工中心对缸体各个表面上较小的平面和相对次要的若干孔进行加工，有利于这些平面、孔之间的相互位置精度的保证。

东风汽车有限公司发动机厂的 DCI11 大马力发动机的主要零件的生产线基本上全由加工中心构成生产线，既有一定的柔性，又能很好地保证加工质量，但生产率稍显不够，所以当产品产量太大时，即使同一工序也需几台加工中心来完成其加工。

7.3.4.2　镗床夹具与主凸孔镗削加工夹具分析

缸体加工中，生产线上广泛使用了专用机床夹具，由于缸体零件大，各工序加工表面较多，因此这些夹具在满足一般的要求外，还应该具有良好的刚性。

在缸孔、主轴承座孔和凸轮轴孔的加工中，使用了镗床夹具。这两组镗床夹具较为充分地体现了镗床夹具的设计与结构特点。

镗床夹具又称为镗模。它除具有夹具的一般机构（或元件）外，一般要采用刀具引导装置（主要由镗模支架与锥套组成）。

1. 镗模支架的布置形式

根据镗模支架布置时与工件的关系一般分为：单面前导向、单面后导向、双面单导向、单面双导向 4 种基本形式。

如系单支承导向，镗杆与机床主轴一般采用刚性连接，如采用了双导向，则锤杆与机床主轴应采用浮动连接方式。镗杆与机床主轴刚性连接时，机床主轴的回转误差将会影响镗孔的精度；镗杆与机床主轴浮动连接时，所镗孔的位置精度完全取决于镗模支架上镗套的位置精度，而与机床主轴无关，故能利用低精度机床加工出高精度的孔系来。所以生产实践中很多镗床夹具采用了双支承导向。

（1）单面前导向。

图 7-33 所示为单面前导向镗孔示意图。

这种方式主要用于加工 $D>60$mm，$L<D$ 的通孔，或小型箱体上单向排列的同轴线通孔。因镗杆上的导向柱直径比所镗孔小，镗套的径向尺寸可以做得小，故这种导向可镗削孔间距很小的孔系。为了排屑和装卸工件的方便，一般取 $h=(0.5\sim1.0)D$，其值在 20～80mm。

（2）单面后导向。

图 7-34 所示为单面后导向镗孔示意图。

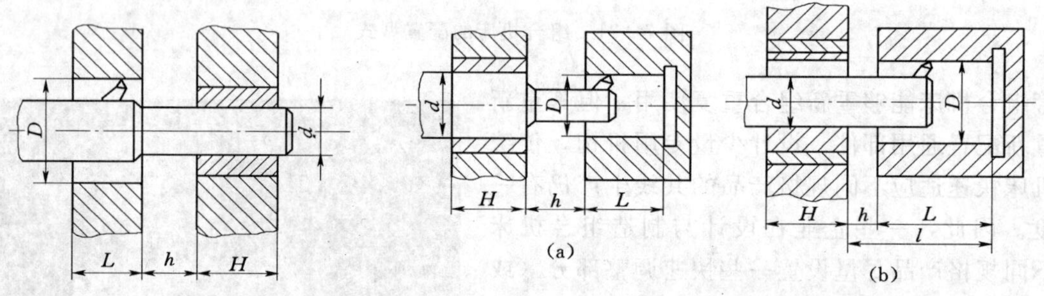

图 7-33　单面前导向镗孔　　　图 7-34　单面后导向镗孔

这种布置形式，根据 L/D 的比值大小，其结构一般有两种类型。一种类型是：当 $L<D$ 时（即镗削短孔）时，则采用导向柱直径大于所镗孔径的结构形式，如图 7-34（a）所示。其特点是：刀具悬伸长度短，故镗杆刚性好，加工精度高。另一种类型是：当 $D<L$（即镗削长孔）时，则采用导向柱直径小于所镗孔径的结构形式，如图 7-34（b）所示。其特点是：因镗杆可以进入所加工孔内，故可减少镗杆的悬伸量和利于缩短镗杆长度。

（3）双面单导向。

在工件两侧分别设置一个导向支架。图 7-35 所示为双面单导向镗孔示意图。

这种方式在生产企业中应用最为广泛，主要用于加工 $L/D>1.5$ 的孔，或加工排列在同一轴线上的一组通孔，而且孔自身精度和各孔的同轴度精度要求均较高的场合。由于镗杆较长、刚度低，当 $L>10d$时，应设置中间引导支承。

发动机缸体上的主轴承座孔和凸轮轴孔镗削加工时一般均采用这种方式。

（4）单面双导向。

在工件一侧设置两个导向支架。图 7-36 所示为后引导的双支承导向镗孔示意图。

在某些情况下，因条件限制，不能采用前后引导的双支承导向时，可采用后引导的双支承导向方式。其优点是：装卸工件方便，装卸刀具容易，加工过程中便于观察、测量。

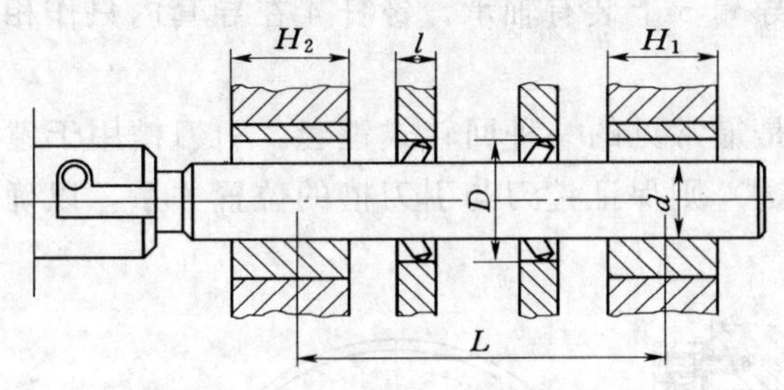

图 7-35 双面单导向镗孔

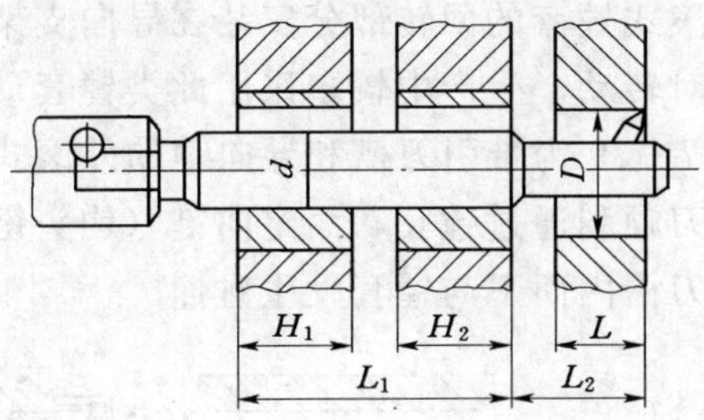

图 7-36 单面双导向镗孔

2. 镗套

根据镗套运动形式的不同，镗套结构有固定式和回转式两种，而回转式又有内滚式镗套和外滚式镗套两种形式。

(1) 固定式镗套。

在镗孔过程中不随镗杆转动的镗套，称为固定式镗套。如图 7-37 所示，镗套固定在镗模支架上，镗杆在镗套中有相对转动（速度较高）和轴向移动，因而存在较严重的磨损，不利于长期保持精度，只适于低速情况下工作。图 7-37（a）无衬套，不带油杯，需在锥杆上滴油润滑。图 7-37（b）有衬套，并自带注油装置，镗套或镗杆上必须开有螺旋形槽或杯形油槽。

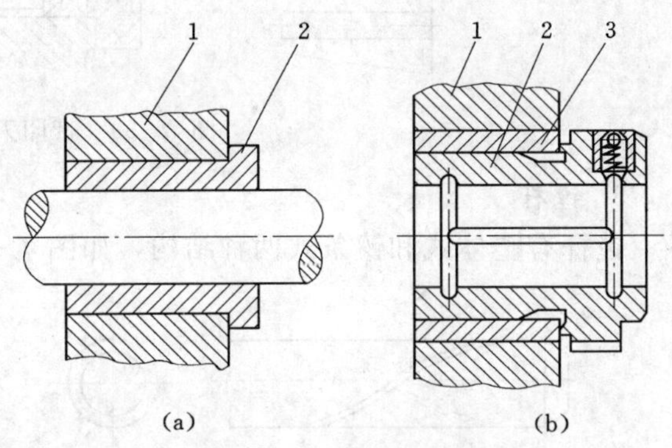

图 7-37 固定式镗套

1—夹具体；2—固定镗套；3—衬套

这类镗套具有结构紧凑，外形尺寸小、中心位置准确（易达到较高的孔系位置精度）且制造简单的优点，但也有容易磨损，当切削落入镗杆与键套之间时，易发热甚至咬死等缺点。

(2) 回转式镗套。

当采用高速镗孔，或镗杆直径较大，导致键杆与镗套摩擦表面线速度超过 24m/min 时，一般应采用回转式镗套。

回转镗套的特点是，刀杆本身在镗套内只有相对移动而无相对转动，因而这种镗套与刀杆之间的磨损很小，避免了镗套与镗杆之间因摩擦发热而产生“卡死”的现象，但应充分保证对回转部分的润滑。回转式镗套的回转部分可为滑动轴承或滚动轴承。

根据回转部分安装的位置不同，可分为内滚式回转镗套和外滚式回转镗套。图 7-38 所示是在同一根镗杆上采用两种回转式镗套的结构。图中的后导向（左部）采用的是内滚式镗套，前导向（右部）采用的是外滚式镗套。

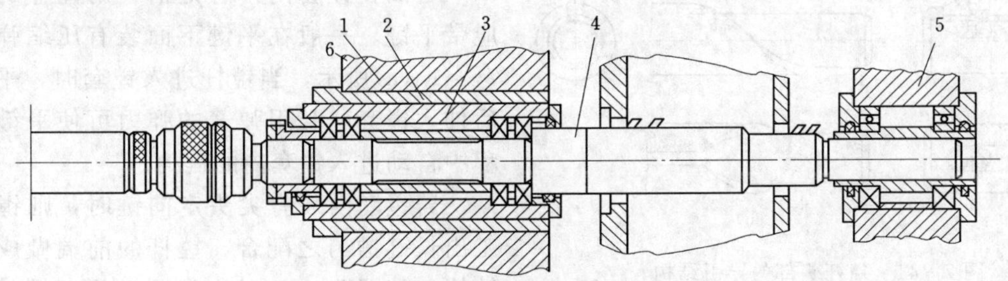

图 7-38 两种回转式镗套结构图

1、6—镗模支架；2、5—导套；3—导向滑动套；4—镗杆

内滚式镗套是把回转部分安装在镗杆上，并且成为整个镗杆的一部分，安装在夹具导向支架上的导套 2 固定不动，它与导向滑动套只有相对移动，没有相对转动，镗杆和轴承的内环一起转动。

外滚式镗套的回转部分安装在导向支架上。在导套5上装有轴承，镗杆4在导套内只作相对移动而无相对转动。生产中较多采用此类镗套形式。

图7-39为带引刀槽和导向键的外滚式镗套，是最常见的一种回转式镗套。引刀槽用于镗杆上安装的镗刀顺利通过镗套，而定向键（钩头键或尖头键）则保证镗刀与引刀槽的位置关系，以确保键刀进入引刀槽内而不与镗套发生碰撞。

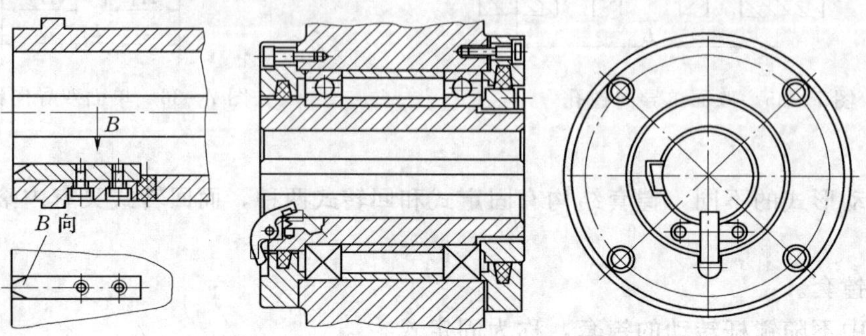

图7-39　带印刀槽、定向键的外滚式镗套

3. 镗杆

镗杆有整体式和镶条式两种结构，如图7-40所示。

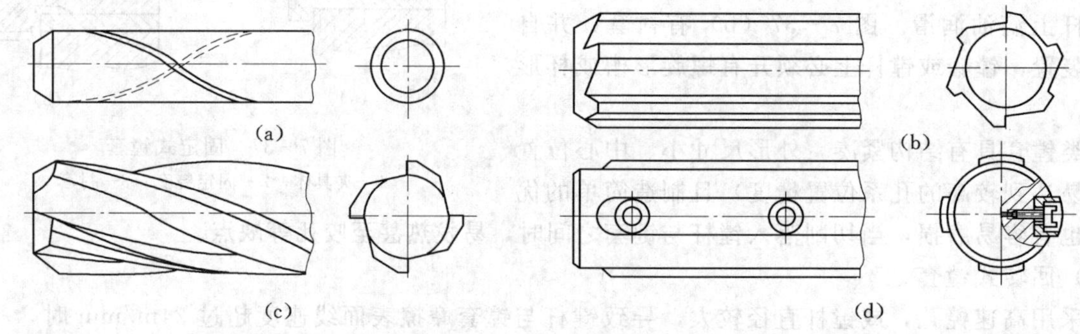

图7-40　镗杆导向部分结构

镗杆直径小于50mm时适于做成整体式。整体式镗杆在外圆柱表面上开出油槽［见图7-40(a)］、直槽［见图7-40(b)］或螺旋槽［见图7-40(c)］，以利于减少锥杆与镗套的接触面积、储存油润滑。这种结构的镗杆，摩擦面的线速度不宜超过20m/min。

为了提高切削速度，便于磨损后修理，可采用在导向部分装镶条的结构［见图7-40(d)］。镶条数量为4～6条，一般用铜制造，磨损后，可在镶条下面加垫片，再修磨外圆，以保持原来直径。

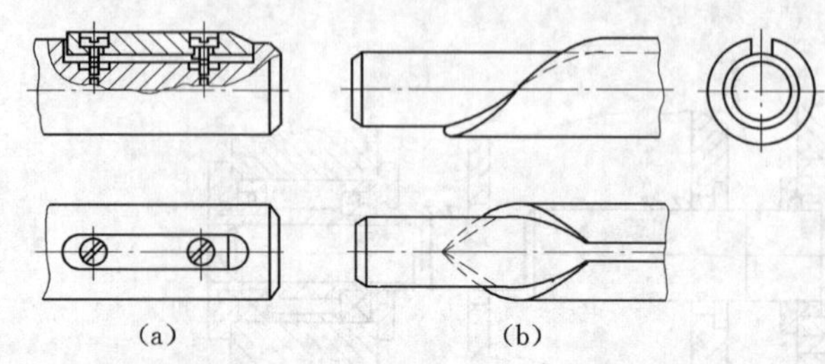

图7-41　镗杆头部的导引结构

若回转镗套内开有键槽，则镗杆的导向部分应带平键。一般在平键下面装有压缩弹簧，如图7-41(a)所示，当镗杆进入镗套时，平键被压缩后伸入镗套，利用弹簧的弹力可使平键在回转过程中自动进入镗套内的键槽。

若镗套内装有尖头定向键时，则镗杆上应加工出长键槽与之配合，镗杆的前端做成螺旋导引结构，如图7-41(b)所示，便于镗杆进入镗套后让尖头键顺螺旋导引面自动地进入键槽内。

4. 镗主轴承座孔和凸轮轴孔夹具分析

由于缸孔直径较大且缸孔长径比不太大，镗缸孔的夹具一般采用刚性镗杆，不用刀具引导装置。而由于主轴承座孔和凸轮轴孔孔径不太大而长径比大，故通常需要刀具引导装置。

如图 7 - 42 所示为东风汽车有限公司发动机厂的缸体加工生产线上的镗削主轴承座孔和凸轮轴孔的夹具。

由于主轴孔与凸轮轴孔自身轴线上各孔有很高的同轴度要求，而两组孔的轴线又有严格的中心距和平行度要求，故通常在一道工序中同时对这两组孔进行加工。

该套夹具工件采用“一面两销”定位，用气动夹紧工件。在刀具引导方面有如下特点：

图 7 - 42　镗削主轴承座孔和凸轮轴孔的夹具

(1) 由于镗杆长径比大，为了提高镗杆刚性，保证加工精度，镗杆除采用双面单导向之外，主轴承座镗杆还需采用数量不同的中间支承。而锥杆与组合镗床镗削头的主轴连接则相应采用“浮动”式连接。

(2) 为适应较高的镗削速度，采用滚动式镗套，为使镗杆上的刀具能穿过锤套，在镗套上开有引刀槽，并装有尖头键确定镗杆与镗套的相对角度位置。

(3) 为镗杆上的镗刀片加工前穿过工件上的毛坯孔（或前工序加工的孔）到达本工序预定的加工位置，需设置“让刀机构”。由电机控制保证镗杆有准确的角度定位，镗刀头准确定位在最高位置，安装工件时，将缸体抬高一个位置（稍大于本工序加工余量）让镗杆穿过待加工孔到达预定位置后，工件再落下并完成定位和夹紧。加工结束后，镗杆停止转动并自动将镗刀头定位在最高位置（准备下次加工的“让刀”）并退出完成工作循环。

(4) 由于镗模支架较大，为提高其刚性，采用了箱形结构，其在镗模底座上的定位采用了类似工件定位的“一面两销”，但此处的“两销”为两颗内螺纹圆锥销，装配镗模时调试好镗模支架位置后再配作销孔并压入锥销。

7.4　汽缸盖加工

汽缸盖是内燃机零件中结构较为复杂的箱体零件，装在缸体上部，其作用是密封汽缸并与汽缸和活塞顶部组成燃烧室。汽缸盖与内燃机的配气和点火等主要性能密切相关，精度要求高，加工工艺较复杂，其加工质量的好坏直接影响发动机整机性能。

内燃机工作时，汽缸盖承受较大的周期性交变机械应力和热应力，因此，汽缸盖应有足够的强度和刚度。汽缸盖内部有冷却水套，其底面的冷却水孔与汽缸体冷却水孔相通，以利用合理的循环水流来冷却燃烧室的高温。

7.4.1　缸盖的结构特点及技术要求

如图 7 - 43 所示为某四缸柴油机缸盖结构外形图。柴油机缸盖上装有喷油器，进、排气门，进、排气管和摇臂轴总成等。汽油机缸盖与柴油机缸盖的主要区别在于其上没有喷油器而装有火花塞，火花塞头部伸入燃烧室。汽油机的燃烧室大多直接做在汽缸盖上。

汽缸盖与汽缸垫的结合面应具有良好的密封性，其内部的进排气通道应使气体通过时流动阻力最小，还应冷却可靠，并保证安装在其上的零部件可靠地工作。

汽缸盖一般为六面体形状，系多孔薄壁零件。在其 6 个面上有大量需要加工的部位。其中顶面、底面和进排气管结合面的精度要求较高、面积较大，是重要的加工平面；汽缸盖上的气门座孔、导管孔等都是要求较高的孔系，其尺寸精度、位置精度和表面粗糙度要求极为严格，这些高精度孔系的加工工序是缸盖工艺中的核心工序。除此之外，还有很多螺纹孔、油孔及柴油机的喷油器孔或汽油机的火花塞孔等次要孔，缸体内部有许多水腔和进排气通道。

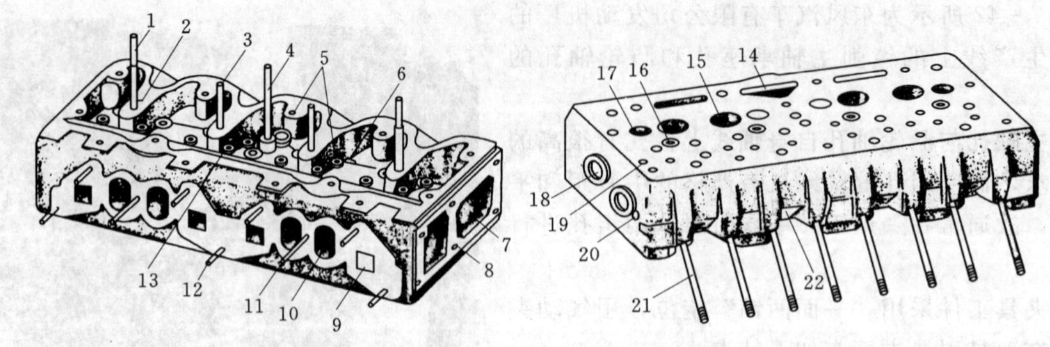

图 7-43　汽缸盖

1—汽缸盖罩及摇臂座固定螺栓；2、19—机油孔；3—摇臂固定螺栓；4—汽缸盖罩固定螺栓；5—螺栓孔；6—推杆孔；7—飞水套；8—螺孔；9—排气道；10—进气道；11—进气管固定螺栓；12—排气管固定螺栓；13—气门导管；14—进气门座；15—燃烧室；16、18、20—堵头；17—排气门座；21—喷油器固定螺栓；22—装喷油器的孔

如图 7-44 为某六缸发动机汽缸盖零件简图。缸盖的加工表面较多，为保证发动机良好的使用性能，其主要加工表面及技术要求如下。

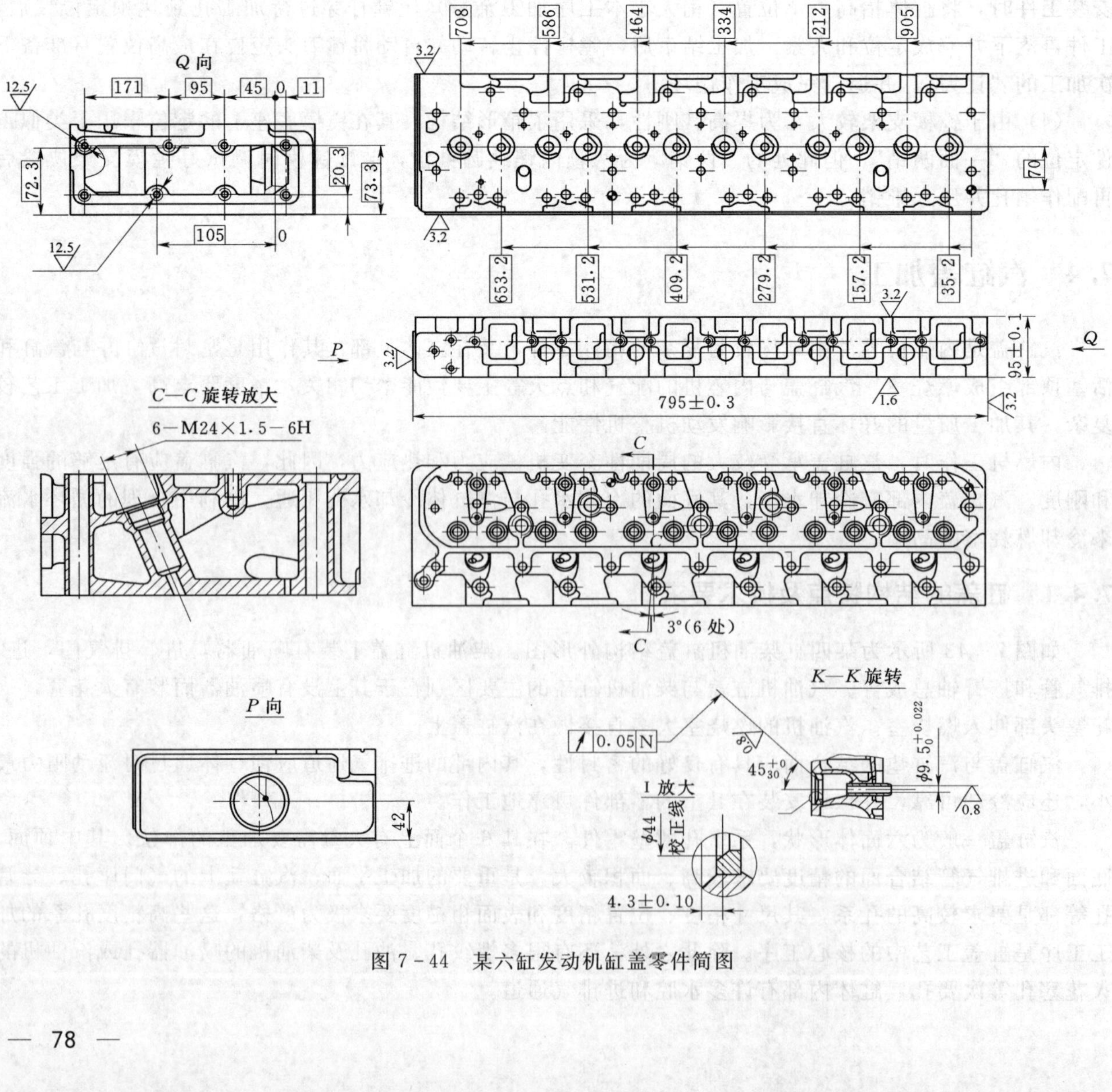

图 7-44　某六缸发动机缸盖零件简图

1. 主要平面

缸盖顶面是与缸体的结合面，此面上有燃烧室。汽缸的容积与燃烧室容积的比值称为压缩比，是发动机的重要性能参数。另外，此面对发动机燃烧室的密封性关系重大，因此，顶面应平整、光洁。底面除与凸轮罩壳配合以起防尘气防噪作用外，还是缸盖加工中的主要精基准面，所以对其也有较高的精度和低的表面粗糙度要求。进、排气管平面分别与进、排气管相配合，前、后端面主要安装一些控制棒、罩壳等装置，这些平面要求不高。

一般顶面的平面度误差为：0.15mm，0.15/100mm，表面粗糙度 Ra 为 3.2μm。底面的平面度误差为：0.15mm，0.05/100mm，表面粗糙度 Ra 为 1.6μm。进、排气管平面的平面度误差为：0.20mm，0.05/100mm，对底面的垂直度 0.1mm，表面粗糙度 Ra 为 3.2μm。前、后端面表面粗糙度 Ra 为 3.2μm。

2. 主要孔

发动机的工作行程是：进气、压缩、做功及排气。缸盖一个重要功能就是给发动机配气，配气机构的工作过程是凸轮轴通过驱动挺杆进而驱动进排气门开启，进排气得以实现。在压缩和做功的 2 个行程中，进排气门通过挺杆内的弹簧等作用而关闭。阀座与导管位置关系必须保证气门在导管孔内往复运动，同时，气门头必须要与阀座的密封锥面保证良好的配合。因此，阀座和导管孔的精度要求非常严，否则会出现燃烧室漏气等严重影响发动机性能的问题。气门与阀座密封带宽度为 1.5～2mm，阀座密封锥面对导管的径向跳动不大于 0.05mm 导管底孔、进排气阀座底孔的精度为 IT7 级，表面粗糙度 Ra 为 3.2μm。气门导管压入后加工，其直线度为 ϕ0.01/100mm，轴线与缸盖底面的垂直度不大于 0.05mm，表面粗糙度 Ra 为 0.8μm。进、排气阀座须经液态氮冷缩后压入缸盖，阀座锥角的表面粗糙度 Ra 为 0.8μm，在 300kPa 压力下对缸盖进行密封性试验，不得有渗漏现象。

喷油器孔、螺栓孔、螺纹孔、水孔及油孔和其他部件之间没有太紧密的联系，位置要求不高。

7.4.2 缸盖的材料及毛坯特点

缸盖所用材料多采用灰铸铁，灰铸铁具有较好的耐磨性、耐热性、减震性，良好的铸造性、加工性和较高的强度，且价格便宜。目前，也有部分厂家采用铜合金蠕虫状石墨铸铁或合金铸铁，在小型汽车发动机上亦有采用铝合金铸件的。铝合金导热性能比铸铁好，有利于提高压缩比，但铝合金缸盖有刚度差、使用中易变形等缺点。

气门阀座材料一般用耐热合金铸铁，气门导管一般用铸铁。

缸盖毛坯制造采用铸造，其铸造方法取决于生产规模和缸盖结构形状的复杂程度。对于单件小批量生产多采用木模手工造型。在大批量生产时，采用金属模机器造型，并实现了机械化流水线生产。经铸造清理后的缸盖毛坯常有很大的铸造内应力，影响缸盖机械加工的质量，因此，加工前应采用时效方法消除内应力，但在大批量生产中采用人工时效和自然时效都有困难。经生产实践证明，在缸盖浇注后，在 400℃左右开箱，利用铸造余热进行自然冷却，可减小铸造内应力。

对缸盖毛坯的技术要求是：缸盖的显微组织应为小颗粒状的珠光体基体，在基体上有少量分布均匀的细片状和中等片状石墨。毛坯不应有裂纹、冷隔、缩松、浇不足、表面疏松、气孔、砂眼等缺陷。在缸盖不加工表面上不允许有个别最大测量尺寸大于 5mm、深度大于 1.5mm 的气孔，尺寸未超过上述规定的单独气孔和凹坑的数量也不允许多于 5 个。在已加工的重要表面上不允许有数量多于 5 个的单独气孔。定位基面（粗基准）和夹紧表面应光滑平整。

7.4.3 缸盖机械加工的工艺过程

对于内燃机汽缸盖制造，其制造系统虽然不同，但对于加工工艺及工艺设计中所采用的工艺技术仍有其许多共同之处。根据上节对缸盖结构及技术要求的分析可以看出：缸盖的外形基本上是较规则的六面体，在其六面上有大量要加工的部位，其工序包括切削加工工序和非切削加工工序。这些工序大致可分为：平面加工，一般孔加工，高精度孔加工，质量检验，简单装配，密封性试验和清洗、防锈等。

7.4.3.1　定位基准的选择

1. 精基准选择

缸盖加工的精基准大多选用底面及底面上的两个工艺孔，即采用“一面两销”定位方式，符合基准统一原则。同时，在顶面和底面的加工中采用了互为基准原则，即先以铸造质量好的底面为粗基准加工顶面，再以加工过的顶面为基准加工底面，最后再以底面为基准精铣顶面，从而保证顶、底面的平面度和平行度的要求。

2. 粗基准选择

为了保证缸盖燃烧室的容积（一般燃烧室表面不加工），选用底面为定位基准加工缸盖的顶平面，再以顶平面定位加工缸盖底平面。这样燃烧室高度变动量最小。另外，粗基准的选择，将影响到加工余量分布的均匀性、非加工面的偏移等。最常见的情况是汽缸盖座圈底孔余量不均匀、气道位置形状发生变化等。因此，必须选择主要孔系（面），或在铸造过程中重点保证孔系（面）作为粗基准，以保证关键孔系（面）加工余量均匀，位置准确。另外，由于在自动线加工过程中，无人为因素，因此，还必须注意选择表面质量较好，位置度较高的表面为粗基准，确保零件定位可靠。

在汽缸盖生产线中，一般采用顶面、进气座圈底孔和进气道方孔为粗基准，加工定位销孔或加工出过渡基准后加工定位销孔，保证座圈底孔和气道质量。如果铸造采用了整体气道芯，可选择以底面（已精铣）、进气座圈底孔作为粗基准，加工工艺定位销孔，以较好地保证座圈底孔和气道质量。

7.4.3.2　加工方法选择

1. 平面加工

缸盖的平面加工主要铣削加工方法。其中底面加工精度要求及表面粗糙度要求较高，采用粗铣→半精铣→精铣的加工方案。顶面和进、排气管平面也有较高要求，故采用粗铣→精铣的加工方案。其余表面加工要求较低，采用一次铣削即可。

2. 孔加工

在汽缸盖的切削加工中，孔加工的工作量最大，加工时间最长，工艺涉及范围最广。根据汽缸盖上各孔的精度等级和技术要求，可将其孔分为一般孔和重要孔两大类。

一般孔的加工。汽缸盖上有很多的螺栓紧固孔、油孔、堵头孔等。这些孔的精度要求不高，其加工一般采用传统的钻、扩、锺、铰、攻丝等工艺方法。随着技术的进步和发展，近几年来，国内已开始采用涂层刀具及超硬刀具等先进刀具，并采用了大流量冷却系统，大大提高了切削速度，提高了生产率。

重要孔的加工。汽缸盖上的气门座孔和导管孔的加工工序是汽缸盖加工中的核心工序，尺寸精度和位置精度要求很严格，其工艺方法涉及钻、扩、锪、镗、铰等，是一种非常复杂的孔加工技术。

气门座孔和气门导管乱的全部工艺过程包括以下 3 个部分。

（1）气门座底孔和导管底孔加工。

（2）压装气门座和气门导管。

（3）气门座孔和气门导管孔的加工。

气门座底孔和导管底孔的直线度、同轴度误差将直接影响气门座孔和导管孔的最后加工精度。所以这 2 个孔的粗加工、半精加工和精加工多数采用复合刀具。另外，通过对座圈孔和导管孔复合扩刀几何角度的改进，把常规的扩刀变为镗扩刀、镗铰刀，也可收到很好的效果。

目前，加工气门座圈锥面多采用车削工艺。而采用锪锥面的加工工艺，具有刀具结构和运动简单、生产效率高的特点。其缺点是在锥面上会复映锪刀切削刃的各种缺陷，另外，由于切削力较大，要求刀体的刚性好。

另外，由于座圈材料的不同，也会影响加工方式的选择。一般地，当座圈硬度在 HRC40 以上时，只能采用车削锥面；当座圈硬度低于 HRC40 时，既可采用车削锥面，也可采用锪锥面工艺。

气门座和导管压装完成之后是气门座孔、气门座45°锥面和导管孔的加工。为保证气门座90°锥面对导管孔轴线的径向跳动要求，应采用复合刀具加工。即先锪气门座90°锥面，然后精铰导管孔，即锪一绞复合工艺。由于传统铰孔工艺所用的普通机绞刀为多刃刀具，加工时进给量较大，切削速度低，因此切削能力较差，只能提高导管孔的尺寸精度、形状精度，而无力修正导管孔的位置误差，很难达到气门座与导管孔的位置精度要求，已逐渐被淘汰。目前在生产中被广泛采用的是枪铰工艺。由于枪铰刀切削速度高，进给量小，自导性好（有两个导向条），因此切削能力强，加工孔的精度高，粗糙度低，尤其是枪铰修正导管孔位置误差的能力强，应用越来越广。另外，在枪绞刀基础上发展起来一种枪镗刀，与枪铰刀十分类似，它采用三个导向条，这样，在镗刀切入工件后，其中一导向条立即起支撑作用，提高了镗刀的刚性。通过锪一铰复合工艺，将阀座刀具与导管刀具复合，不必换刀可实现二者同时加工，从而消除了机床重复定位误差，更稳定地保证了跳动精度。

7.4.3.3 加工顺序安排

安排加工顺序时总的原则是先面后孔，先粗后精，先主后次，先基准后其他。大致过程是顶底面加工、定位孔加工、侧面加工、一般孔加工、主要孔粗加工、主要孔精加工。

编制工艺过程中的注意事项如下：

（1）当缸盖尺寸较大时，由于内应力重新分布而产生变形，会严重影响加工精度，因此，其工艺过程一般是先粗、半精加工顶面、底面、侧面，加工次要的孔，粗加工主要孔，再精加工底面、侧面，再精加工主要孔。当缸盖尺寸较小时，内应力的影响不严重，也可粗、精加工连续进行。

（2）为避免底平面划伤，影响缸盖的密封性和保证导管底孔、气门座底孔的加工精度，在导管底孔和气门座底孔精加工阶段之前将底平面精铣一次。

（3）加工过程中水腔渗漏试验，一般安排一次；如果毛坯气孔、砂眼等缺陷严重则需安排两次。密封性试验安排在与水腔有关的加工部位都加工完之后进行。

（4）震动清理内腔铁屑杂物工序，应安排在与水腔有关加工工序以后为宜。免得震动清理后，再加工与水腔有关部位，又有铁（切）屑掉进去，以后还须进行清洗。

另外，在机械加工顺序中，还要适当安排检验、清洗等工序。

表7-4所示为大批量生产的某六位缸盖加工的简要加工工艺过程。

表7-4　　缸盖加工简要加工工艺过程

工序号	工 序 名 称	定位基准	设　备
05	粗铣顶面	底面	转盘铣床
10	粗铣底面	顶面	转盘铣床
15	精铣顶面	底面	转盘铣床
20	半精铣底面	顶面	转盘铣床
25	钻、铰工艺孔	顶面、进气座圈底孔	钻铰双工位组合机床
30	粗、精铣进、排气管平面	底面及两定位销孔	组合机床
35	铣前、后端面	底面及两定位销孔	组合机床
40	钻进气管面螺纹底孔	底面及两定位销孔	组合机床
45	钻顶面各孔	底面及两定位销孔	双面组合机床
50	钻排气管面螺纹底孔	底面及两定位销孔	组合机床
55	钻、扩、铰进气面堵头孔	底面及两定位销孔	摇臂钻床
60	钻摇臂支座螺纹底孔及顶面出砂孔	底面及两定位销孔	摇臂钻床
65	钻底面水套孔	底面及两定位销孔	摇臂钻床
70	摇臂支座螺纹孔攻丝	底面及两定位销孔	摇臂钻床
75	进气管面螺纹孔攻丝	底面及两定位销孔	摇臂钻床
80	扩、铰后端面堵头孔	底面及两定位销孔	摇臂钻床

续表

工序号	工 序 名 称	定位基准	设 备
85	钻顶面斜油孔	底面及两定位销孔	摇臂钻床
90	钻导管底孔并倒角	底面及两定位销孔	立式加工中心
95	钻前端面螺纹孔并攻丝	底面及两定位销孔	摇臂钻床
100	排气管面螺纹孔攻丝	底面及两定位销孔	摇臂钻床
105	铕、排气阀座及排气导管底孔	底面及两定位销孔	组合机床
110	锪进气阀座及进气导管底孔		组合机床
115	清除切屑		振动除屑机
120	精铣底面	顶面	精密数控铣床
125	粗扩进气阀座底孔并倒角	底面及两定位销孔	组合机床
130	粗扩排气阀座底孔并倒角	底面及两定位销孔	组合机床
135	喷油器安装平面	底面及两定位销孔	立式钻床
140	加工喷油器孔系	底面及两定位销孔	加工中心
145	半精镗、精镗进、排气阀座及导管底孔	底面及两定位销孔	加工中心
150	清洗		清洗机
160	装各面堵头		
165	水压试验（注：将缸盖浸泡在含防锈剂的试漏液里，将压缩空气送入水套内腔进行密封试验，3min 内无漏气。）		水压试验机
170	压入进、排气阀座（注：液氮冷缩进、排气阀座）		压床
175	压气门导管		压床
180	锪进、排气阀座锥面，枪铰进、排气导管孔	底面及两定位销孔	组合机床
185	打标记		
190	总成清洗		清洗机
195	终检		
200	清洗、防锈，入库		

7.5 凸轮轴加工

凸轮轴是发动机配气机构的主要组成零件，它通过传动件（挺杆、推杆、摇臂等）对各汽缸进、排气门的开启和关闭按一定时间进行准确控制，保证发动机按一定规律进行换气。

凸轮轴工作时，凸轮外表面与杆间呈线接触而不是面接触，同时还有受到传动机件冲击力的作用，接触应力大，因此要求凸轮轴具有足够的韧性和刚度，能承受冲击载荷，受力后变形小，且凸轮表面有较高的耐磨性。

7.5.1 凸轮轴的结构特点及技术要求

各种发动机凸轮轴的结构基本差不多，主要差别只是凸轮的数量、形状和位置不同，其中以四缸、六缸、八缸发动机的凸轮轴用得最多。就其结构来说，一般都包括支承轴颈，若干个进、排气凸轮，偏心轮，驱动发动机辅助装置的齿轮和正时齿轮轴颈等部分，通常做成一个整体轴。就凸轮轴的结构特点来说，形状复杂、长径比大、工件刚性差。

如图 7-45 所示为某六缸发动机凸轮轴结构外形图。为减少凸轮轴的弯曲变形，多缸凸轮轴常采用多轴颈支承；为使凸轮轴安装时能直接从轴承孔中穿过去，凸轮轴上轴颈直径必须大于凸轮外廓最大尺寸；为保证发动机准确的配气时间，凸轮轴上装有正时齿轮，曲轴和凸轮轴在装配时必须将正时齿轮上的正时标记对准；为防止凸轮轴产生轴向窜动，在凸轮轴一端设有推力轴承以实现凸轮轴轴向定位。

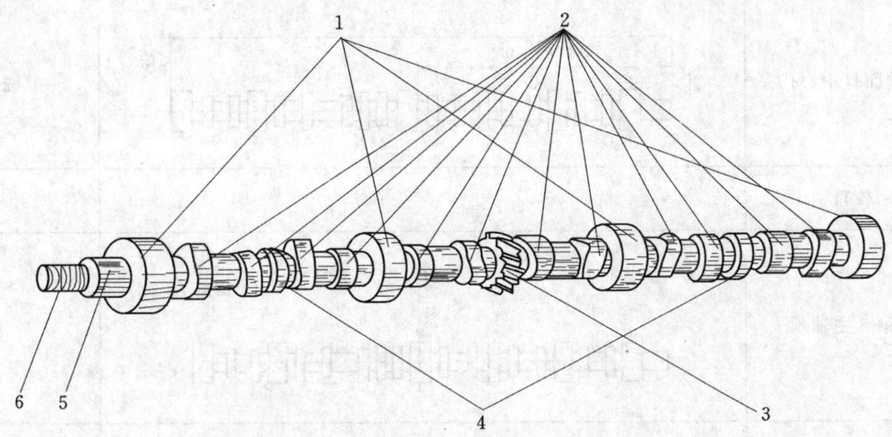

图 7-45 凸轮轴

1—支承轴颈；2—进、排气凸轮；3—驱动分电器齿轮；4—驱动汽油泵偏心轮；
5—安装正时齿轮用键槽；6—安装凸轮轴轴向定位装置锁紧螺母用螺纹

以某六缸发动机凸轮轴为例，其各部分的主要技术如下。

1. 支承轴颈

4 个支承轴颈的精度为 IT6～7 级，表面粗糙度 Ra 为 0.4μm。第 1 支承轴颈端面相对于过第 1、4 支承轴颈的基准轴线的端面跳动 0.02mm，第 2、3 支承轴颈相对于过第 1、4 支承轴颈的基准轴线的径向跳动 0.02mm。

2. 凸轮

凸轮基圆的精度为 IT7 级，表面粗糙度 Ra 为 0.4μm。各凸轮基圆相对于过第 1、4 支承轴颈的基准轴线的径向跳动 0.04mm，各凸轮曲线的升程偏差为±（0.05～0.025）。

3. 偏心轮

偏心轮外圆的精度为 IT7 级，表面粗糙度 Ra 为 0.8μm。

4. 正时齿轮轴颈

正时齿轮轴颈的精度为 IT7 级，表面粗糙度 Ra 为 0.8μm。正时齿轮轴颈外圆相对于过第 1、4 支承轴颈的基准轴线的径向跳动 0.02mm。

其余一般为次要平面，可经简单加工满足其要求。

7.5.2 凸轮轴的材料及毛坯特点

由于发动机工作时凸轮承受气门开启的周期性冲击载荷，因此，要求凸轮和支承轴颈表面应耐磨，凸轮轴本身应具有足够的韧性和刚度。为此，凸轮轴的材料目前国内外一般采用铸铁（冷硬铸铁、热硬的低合金铸铁、球墨铸铁等）、优质碳钢或合金钢。为了提高耐磨性，轴颈和凸轮表面需渗碳淬火或高频感应加热淬火。

对于钢凸轮轴，一般选用中碳钢或渗碳钢经热模锻制坯。一般模锻的主要工序是加热—模锻—热切边—磨残余飞刺等，经检查合格后，进行消除锻造应力的热处理并校直。

7.5.3 凸轮轴机械加工的工艺过程

目前国内外汽车制造业发展迅速，发动机的种类繁多，凸轮轴的结构形状各异。但就凸轮轴的基本结构而言相差不大。表 7-5 所示为大批量生产的某六缸发动机凸轮轴加工的简要加工工艺过程。

表 7-5　凸轮轴加工简要加工工艺过程

工序号	工序内容	工序简图	设备名称
05	铣端面打中心孔	823.7±0.5 417.50±0.5 6.3　6.3	铣钻组合机床
10	校直		压床
15	车第 3 主轴颈	加工面 Ra12.5 $\phi52.78^{0}_{-0.3}$	数控车床
20	车第 1、2 主轴颈及齿轮轴颈	775.50±0.25 加工面 Ra12.5 2.5×45° $18.5^{0}_{-1.5}$ 1.8×45° $\phi49.95^{0}_{-1.5}$ $\phi52.7^{0}_{-1.5}$ $\phi31.2^{0}_{-1.5}$ $\phi30.5^{0}_{-1.5}$	多刀车床
25	车第 4、5 主轴颈	$\phi52.7^{0}_{-0.3}$ ϕ30±1 加工面 Ra12.5 1.5×45° 729.7±0.5 32±1	多刀车床
30	车第 2、4 主轴颈两侧开挡	ϕ30±1 28±1 加工面 Ra12.5 16±1 111.7±0.4 153.2±0.4 607.7±0.4 649.2±0.4 678.7±0.4	多刀车床
35	车齿轮轴颈及第 3 主轴颈两侧开挡	ϕ30±1 17±1 32±1 16±1 加工面 Ra12.5 60.7±0.4 233.7±0.4 269.70±0.35 355.7±0.4 403.2±0.4 556.7±0.4	多刀车床
40	车偏心轮两侧及其余部分开挡	ϕ30±1 $\phi30^{0}_{-1.0}$ 13±1 加工面 Ra12.5 16±1 32.2±0.4 434.7±0.4 458.7±0.4	多刀车床
45	车油槽	634.70±0.35 138.70±0.35	油槽车床

续表

工序号	工序内容	工序简图	设备名称
50	钻油孔	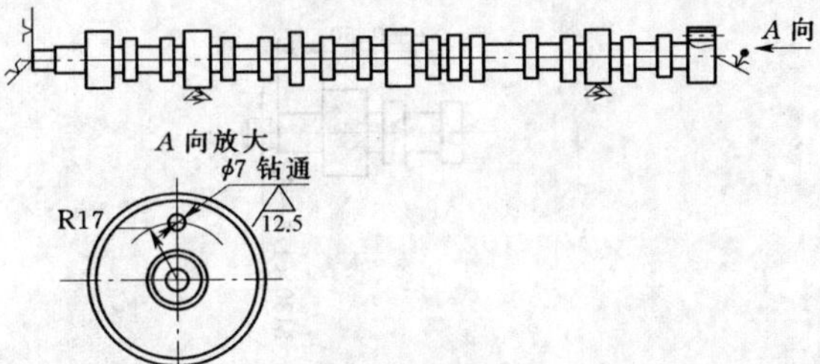 A向；A向放大；ϕ7 钻通；R17；12.5	专用机床
55	粗磨齿轮轴颈及端面	776.1±0.5；$\phi 30.55_{-0.05}^{0}$	外圆端面磨床
60	粗磨齿轮及螺纹轴颈	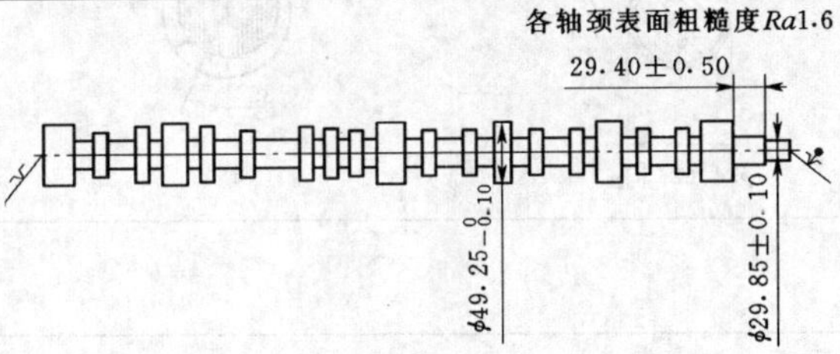 各轴颈表面粗糙度 *Ra*1.6；29.40±0.50；$\phi 49.25_{-0.10}^{0}$；ϕ29.85±0.10	外圆磨床
65	粗磨主轴颈	*Ra*1.6；$\phi 51.91_{-0.05}^{0}$	外圆磨床
70	滚齿	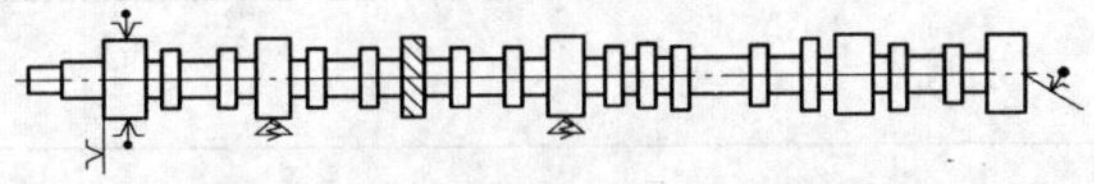	滚齿机
75	去齿轮两侧毛刺		去毛刺机
80	铣键槽	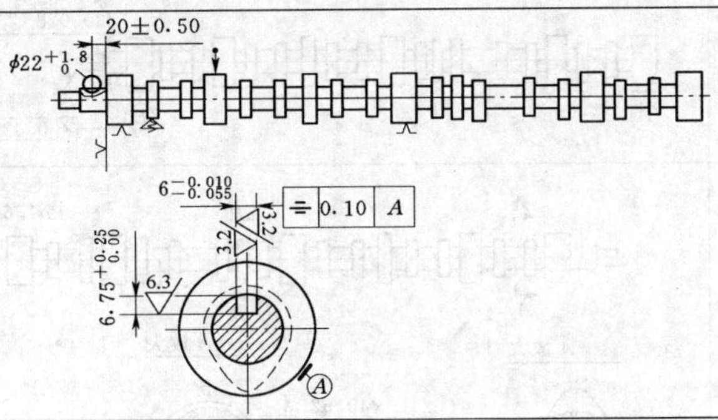 20±0.50；$\phi 22_{0}^{+1.8}$；$6_{-0.055}^{-0.010}$；= 0.10 A；3.2；3.2；$6.75_{0.00}^{+0.25}$；6.3；A	键槽铣床
85	车全部凸轮及偏心轮	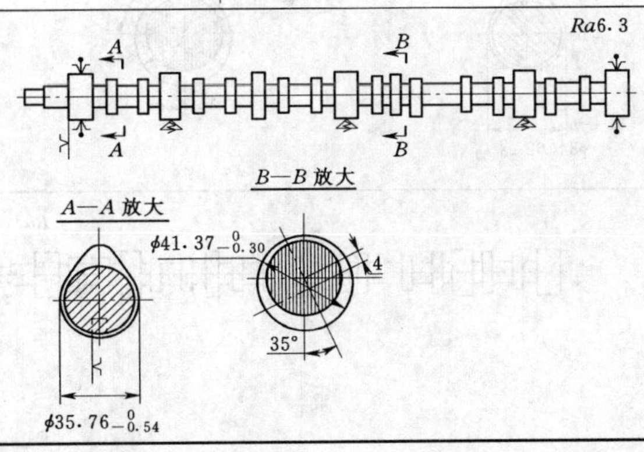 *Ra*6.3；A；A；B；B；A—A 放大；B—B 放大；$\phi 41.37_{-0.30}^{0}$；4；35°；$\phi 35.76_{-0.54}^{0}$	凸轮车床

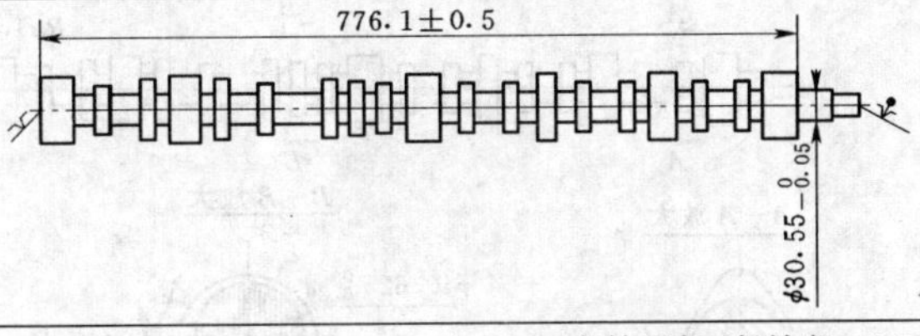

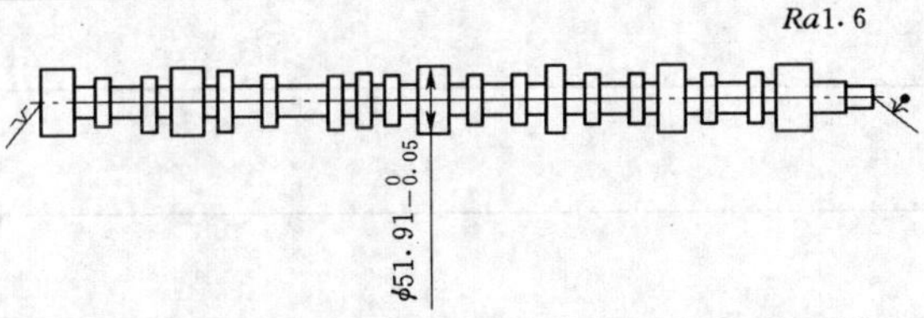

续表

工序号	工序内容	工序简图	设备名称
90	铣螺纹	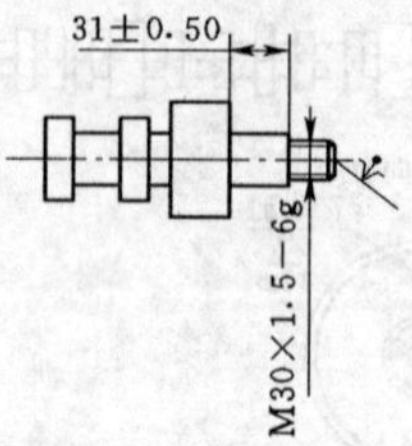 31±0.50 M30×1.5−6g	螺纹铣床
95	粗磨凸轮及偏心轮	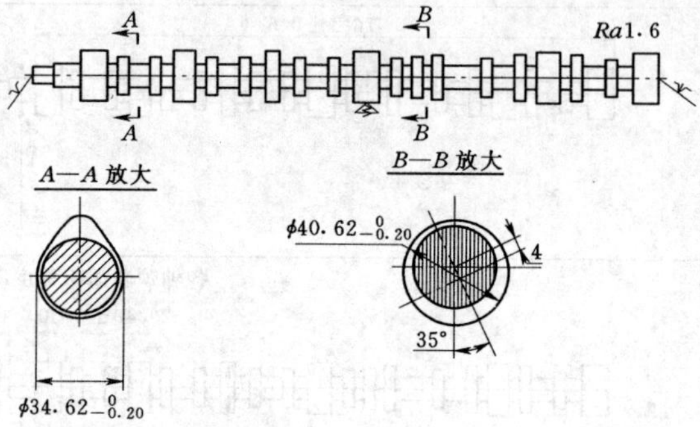 A A B B Ra1.6 A—A 放大 $\phi34.62_{-0.20}^{0}$ B—B 放大 $\phi40.62_{-0.20}^{0}$ 4 35°	凸轮磨床
100	去毛刺、清洗		
105	中间检查		
110	主轴颈、凸轮、偏心轮表面淬火		淬火机
115	修中心孔		立式钻床
120	校直		压床
125	精磨正时齿轮轴颈及端面	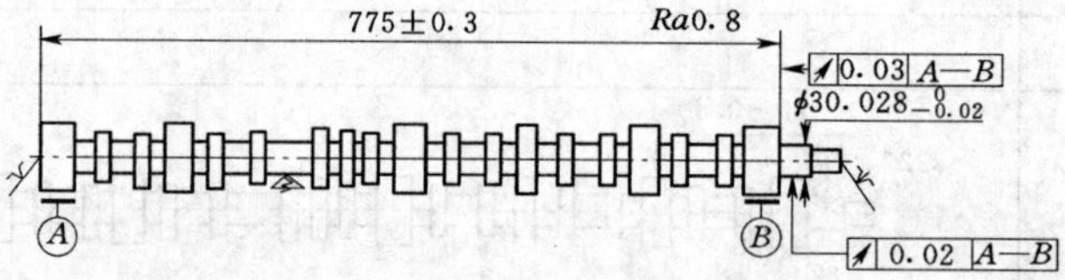 775±0.3 Ra0.8 0.03 A—B $\phi30.028_{-0.02}^{0}$ A B 0.02 A—B	端面外圆磨床
130	半精磨凸轮及偏心轮	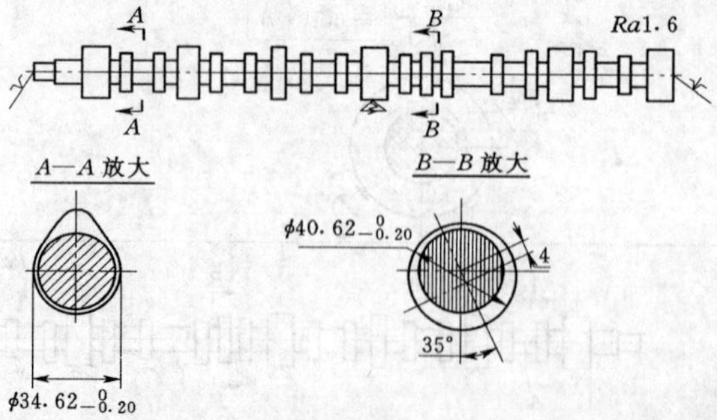 A A B B Ra1.6 A—A 放大 $\phi34.62_{-0.20}^{0}$ B—B 放大 $\phi40.62_{-0.20}^{0}$ 4 35°	凸轮磨床
135	精磨主轴颈	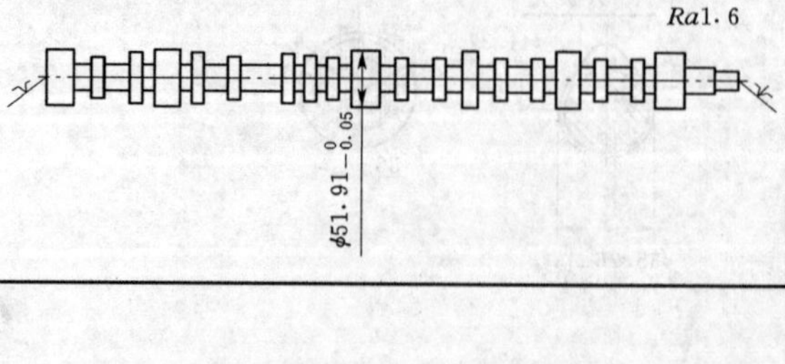 Ra1.6 $\phi51.91_{-0.05}^{0}$	主轴颈磨床

续表

工序号	工序内容	工　序　简　图	设备名称
140	精磨凸轮及偏心轮	A A B B Ra1.6 A—A 放大 B—B 放大 $\phi 40.62_{-0.20}^{0}$ 4 35° $\phi 34.62_{-0.20}^{0}$	凸轮磨床
145	修整螺纹，去毛刺		
150	抛光主轴颈和凸轮	Ra0.4	抛光机
155	校直		压床
160	清洗		
165	终检		

7.6　齿轮加工

齿轮是传递运动和动力的重要零件，齿轮传动可以用来传递空间任意两轴间的运动，具有传动比准确、结构紧凑、传动功率大、效率高等特点，广泛应用于汽车、拖拉机、机床、精密仪器及通用机械上。由于齿轮生产在机械制造业中占有极为重要的地位，长期以来，各国竞相在提高齿轮制造精度、生产效率和减低成本等方面发展。同时，随着生产和科学技术的发展，要求机械产品的工作精度越来越高、传递的功率越来越大，转速也越来越高，因此，对齿轮及其加工技术提出了更高的要求。

7.6.1　齿轮的结构特点及技术要求

齿轮形状根据使用要求不同有不同的结构形式。从机械加工的角度来看，齿轮是由齿圈和轮体构成。按照齿圈的几何形状，齿轮可分为圆柱齿轮（直齿、斜齿和人字齿）、锥齿轮（直齿、斜齿和螺旋齿）和准双曲面齿轮。按轮体的外形特点，齿轮可分为盘形齿轮、套筒齿轮、轴齿轮和齿条等。其中，标准直齿圆柱齿轮最为常见。

齿轮的技术要求主要包括以下 4 个方面：

（1）齿轮精度和齿侧间隙。

（2）齿坯主要表面（包括定位基面、度量基面、装配基面等）的尺寸精度和相互位置精度。

（3）表面粗糙度。

（4）热处理方面的要求。

齿轮精度包括：传递运动的准确性；传动的平稳性；载荷分布的均匀性；传动副的侧隙。按GB/T10095—2001 渐开线圆柱齿轮精度标准的规定，齿轮及齿轮副分为 12 个精度等级，精度由高到低依次为 1，2，3，…，12 级。通常认为 2～5 级为高精度级，6～8 级为中等精度级，9～12 级为低精度级。按中国汽车工业总公司发布的汽车变速器、分动器及取力器齿轮的技术条件：轿车变速器齿轮精度取 6～8 级精度；货车、越野车变速器、分动器、取力器齿轮精度取为 7～9 级。

在齿轮加工和装配过程中，必须控制齿轮内孔、顶圆和端面的加工。内孔是齿轮的设计基准、定位基准和装配基准，加工精度一般不得低于IT9级；齿顶圆是齿形的测量基准和加工时的调整基准，其直径公差和径向跳动量应控制在一定范围内。

齿面粗糙度 Ra 一般为 0.63～10μm；基面的粗糙度 Ra 一般为 0.63～2.5μm，且与齿形精度相适应。

7.6.2 齿轮的材料、毛坯及热处理

1. 齿轮的材料

齿轮材料直接影响到齿轮的工作寿命，也影响到齿轮的加工性能。

速度较高的齿轮传动，齿面易产生疲劳点蚀，应选用齿面硬度较高且硬层较厚的材料；有冲击载荷的齿轮传动，轮齿易折断，应选用韧性好的材料；低速重载的齿轮传动，齿易折断，齿面易磨损，应选用机械强度大、齿面硬度高的材料。根据齿轮的工作条件（速度、载荷等）和失效形式（点蚀、折断、剥落等），齿轮常用以下材料制造：

（1）优质中碳结构钢，多采用45钢等进行调质或表面淬火，热处理后，综合力学性能较好，但切削性能较差，齿面粗糙度值较大，适于制造低速、载荷不大的齿轮。

（2）中碳合金结构钢，多采用40Cr进行调质或表面淬火，热处理后，综合力学性能优于45钢，热处理变形小，用于制造速度、精度较高，载荷较大的齿轮。

（3）渗碳钢，多采用38CrMnTi等材料进行渗碳或碳氮共渗，渗碳淬火后齿面硬度可达到58～63HRC，心部有较高韧性，既耐磨损，又耐冲击，适于制造高速、中等载荷或承受冲击载荷的齿轮。渗碳处理后的齿轮变形较大，需进行磨齿加以纠正，成本较高。碳氮共渗处理变形较小，由于渗层较薄，承载能力不如渗碳处理。

（4）渗氮钢，多采用38CrMoAl进行渗氮处理，变形较小，可不再磨齿，齿面耐磨性较高，适合制造高速齿轮。

2. 齿轮毛坯

齿轮毛坯一般根据齿轮材料、结构现状、尺寸大小、使用条件以及生产批量等因素来确定。要求强度高、耐磨、耐冲击的齿轮，其毛坯多用锻件，生产批量较小或尺寸较大的齿轮采用自由锻造；生产批量较大的中小齿轮采用模锻。

当齿轮直径较大、结构复杂时，锻造毛坯较困难，可采用铸钢毛坯。对锻造和铸钢毛坯，机械性能较差，加工性能不好，加工前应进行正火处理，以消除内应力，改善晶粒组织和切削性能。

一些结构简单、对强度要求不高、不重要的齿轮，可直接采用棒料做毛坯。

3. 齿轮的热处理

（1）齿坯的热处理。

齿坯的热处理常采用正火或调质，其目的是改善材料的加工性能，减少锻造引起的内应力，防止淬火时出现较大变形。

正火是将齿坯加热到相变临界点以上30～50℃，保温后从炉中取出，在空气中冷却至室温的热处理过程。正火可细化晶粒，经过正火的齿轮，淬火后变形较大，但加工性能较好，拉孔和切齿时刀具磨损较轻，加工表面粗糙度较小。齿轮正火一般安排在粗加工之前。

调质是将齿坯淬透后高温（500～600℃）回火的热处理过程，同样可细化晶粒，而且可提高韧性，但会使切削性能略有减低。调质则多安排在齿坯粗加工之后。

（2）轮齿的热处理。

轮齿的齿形加工后，为提高齿面的硬度及耐磨性，常安排渗碳或表面加热淬火等热处理工序。渗碳采用高频淬火（适于小模数齿轮），超音频感应加热淬火（适于模数为3～6mm的齿轮）和中频感应加热淬火（适于大模数齿轮）。由于加热时间极短，表面加热淬火齿轮的齿形变形较小，内孔直径通常要缩小0.01～0.05mm，淬火后应予以修正。

渗碳是将齿轮放在渗碳介质中，在 900～950℃高温下保温，使碳原子渗入到低碳钢的表层，使表层含碳量增高。从而使齿轮在淬火后，齿轮表面具有高硬度的耐磨表层，而心部组织成分并未改变，以保持一定的强度和较高的韧性。

在齿轮生产中，热处理质量对齿轮加工精度和表面粗糙度影响较大。往往因为热处理质量不稳定，导致齿轮定位基面和齿面变形过大或粗糙度值过大而报废。

7.6.3 齿轮的机械加工工艺过程

齿轮加工的工艺过程是根据其材料、毛坯类型、热处理要求、齿轮结构、精度要求、生产规模和现有生产条件等综合指定的。一般齿轮（钢件）加工可归纳为如下工艺路线。

毛坯制造—齿坯热处理—齿坯加工—齿形粗加工—轮齿热处理—齿轮主要表面精加工—齿形精整加工。

概括起来可分为 4 个主要阶段：齿坯加工阶段、齿形加工阶段、热处理阶段和齿形精加工阶段。在实际生产中，由于齿轮结构尺寸、技术条件、加工精度要求、生产规模、设备条件不同，上述工艺路线中各阶段的工艺方案并不相同，但追求高质量、高效益的目标是一致的。

7.6.3.1 齿轮齿形加工方法

齿形加工是整个齿轮加工的核心和关键。目前齿形加工的方法很多，按其在加工中有无切屑而区分为：无屑加工和有屑加工两大类。按形成齿形的原理可分为：成形法和展成法两大类。目前铸造、辗压（热轧、冷轧）等方法的加工精度还不够高，精密齿轮主要靠切削法制造。

1. 铣齿

铣齿是在万能铣床上用成形铣刀以成形法加工齿轮齿形的方法，如图 7-46 所示。图 7-46（a）所示为用盘形铣刀加工直齿圆柱齿轮，图 7-46（b）所示为用指状铣刀加工直齿圆柱齿轮。加工时，工件安装在分度头上，对齿轮的齿槽进行铣削，加工完一个齿槽后，进行分度，再铣下一个齿槽。

2. 滚齿

滚齿加工是按照展成法的原理来加工齿轮。用滚刀来加工齿轮相当于一对交错的螺旋齿轮啃合，其中一个齿轮的齿数很少（只有一个或几个），且螺旋角很大，就变成了一个蜗杆，再将其开槽并铲背，就成为齿轮滚刀。在齿轮滚刀螺旋线法向剖面内各刀齿面成了一根齿条，当滚刀连续转动时就相当于一根无限长的齿条沿刀具轴向连续移动。因此滚齿时滚刀与工件按齿轮齿条啃合关系传动，在齿坯上切出齿槽，形成渐开线齿面，如图 7-47（a）所示。在滚切过程中，分布在滚刀螺旋线的各刀齿相继切出齿槽中一薄层金属，每个齿槽在滚刀旋转中由几个刀齿依次切出，渐开线齿廓则由切削刃一系列瞬时位置包络而成，如图 7-47（b）所示。滚齿是加工直齿和斜齿渐开线圆柱齿轮最常见的加工方法。

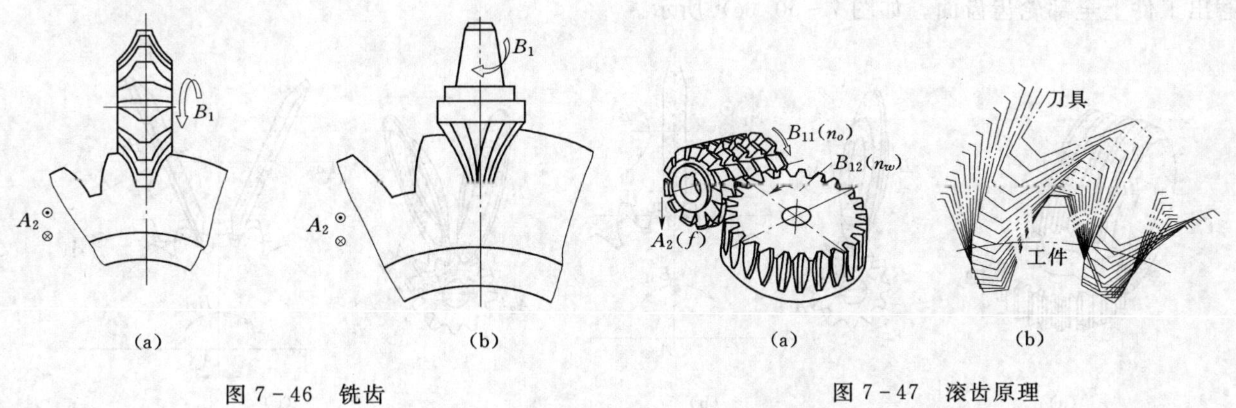

图 7-46 铣齿

图 7-47 滚齿原理

3. 插齿

插齿也是按展成法原理来加工齿形。插齿刀实质上是一个端面磨有前角，齿顶及齿侧均磨有后角的齿轮，如图 7－48 所示，其模数和压力角与被加工齿轮相同。插齿时，插齿刀沿工件轴向作直线往复运动以完成切削运动，在刀具与工件轮坯作无间隙啃合运动的过程中，在轮坯上逐渐地切出全部齿廓。刀具每往复一次，仅切出工件齿槽的一小部分，齿廓曲线渐开线是在插齿刀刃多次相继切削中由刀刃各瞬时位置的包络线所形成的。

4. 磨齿

磨齿是用磨削方法对洋硬齿轮的齿面进行精加工。通过磨齿可以消除预加工的各项误差，能消除淬火后的变形，加工精度较高。磨齿按加工原理的不同可分为两大类：成形法磨齿和展成法磨齿。成形法磨齿机应用较少，多数磨齿机为展成法。

（1）成形法磨齿。

图 7－49 所示是成形法磨齿的工作原理。将砂轮的截面形状修整成工件轮齿间的齿廓状。

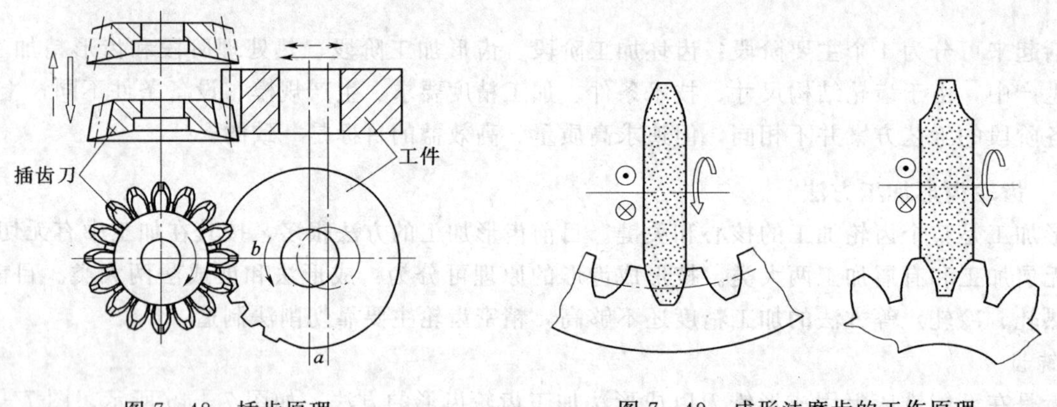

图 7－48　插齿原理　　　　图 7－49　成形法磨齿的工作原理

成形法磨齿时，砂轮高速旋转并沿工件轴线方向作往复运动，一个齿磨完后，工件需分度一次，再磨第二个齿。砂轮对工件的切入进给运动，由安装工件的工作台作径向进给运动得到。

（2）展成法磨齿。

展成法磨齿机有连续磨齿和分度磨齿两大类，如图 7－50 所示。可用直径很大的修整成蜗杆形的砂轮磨削齿轮，其工作原理与滚齿机相似，如图 7－50（a）所示。可用按照齿条的齿廓修整的锥形砂轮利用齿条和齿轮啃合原理来磨削齿轮，当砂轮按切削速度旋转，并沿工件导线方向作直线往复运动时，砂轮两侧锥面的母线就形成了假想齿条的一个齿廓，如图 7－50（b）所示。也可用两个碟形砂轮的端平面（实际是宽度约为 0.5mm 的工作棱边所构成的环形平面）来形成假想齿条的不同轮齿两侧面，同时磨削齿槽的左右齿面，加工时，被磨削齿轮在假想齿条上滚动，当被磨削齿轮转动一个齿的同时，其轴心线移动一个齿距的距离，便可磨出工件上一个轮齿一侧的齿面。经多次分度，才能磨出工件上全部轮齿齿面，如图 7－50（c）所示。

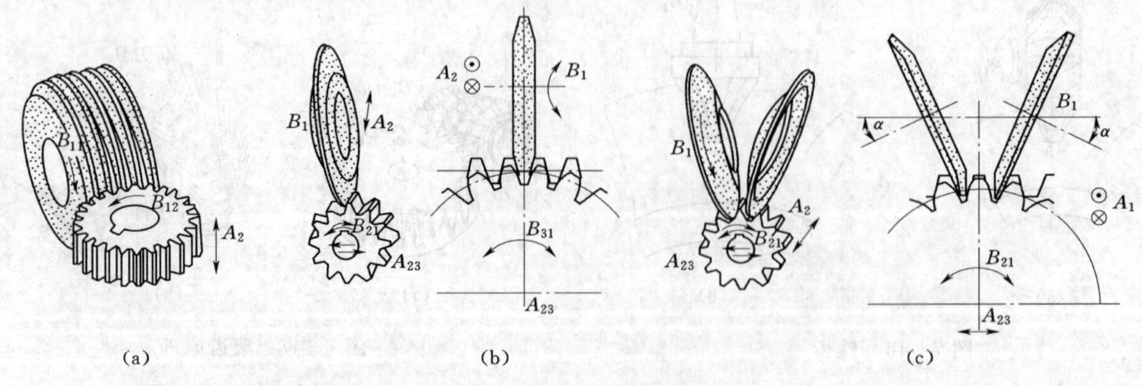

图 7－50　展成法磨齿的工作原理

5. 剃齿

剃齿在原理上属展成法加工，所用刀具称为剃齿刀，它的外形很像一个斜齿圆柱齿轮，齿形做得非常准确，并在齿画上开出许多小沟槽，以形成切削刃（见图 7-51）。在与被加工齿轮啮合运转过程中，剃齿刀齿面上众多的切削刃，从工件齿面上剃下细丝状的切屑，从而提高了齿形精度，减小了齿面粗糙度。

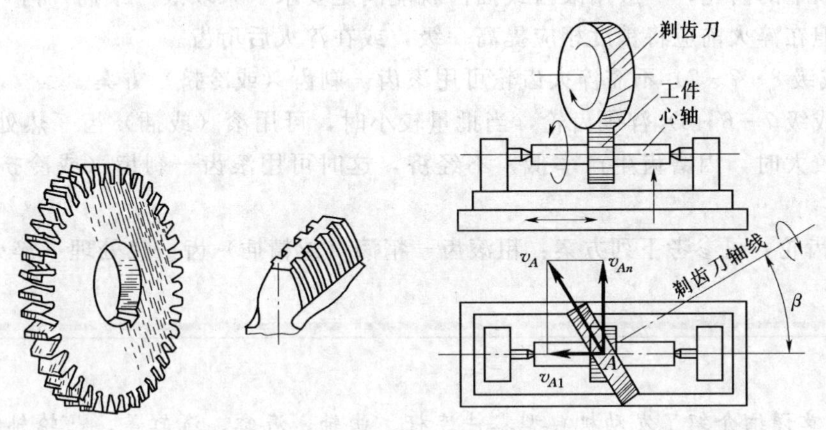

图 7-51 剃齿原理

6. 珩齿

珩齿与剃齿的原理完全相同，只不过不用剃齿刀，而用珩磨轮。珩磨轮是用磨料与环氧树脂等浇铸或热压而成的、具有很高齿形精度的斜齿圆柱齿轮。当它以很高的速度带动工件旋转时，就能在工件齿面上切除一层很薄的金属，使齿面粗糙度 Ra 值减小到 0.4μm 以下。珩齿对齿形精度改善不大，主要是减小热处理后齿面的粗糙度。

珩齿在珩齿机上进行，珩齿机与剃齿机的工作原理近似，但转速高得多。图 7-52 所示为珩磨轮与珩磨原理。

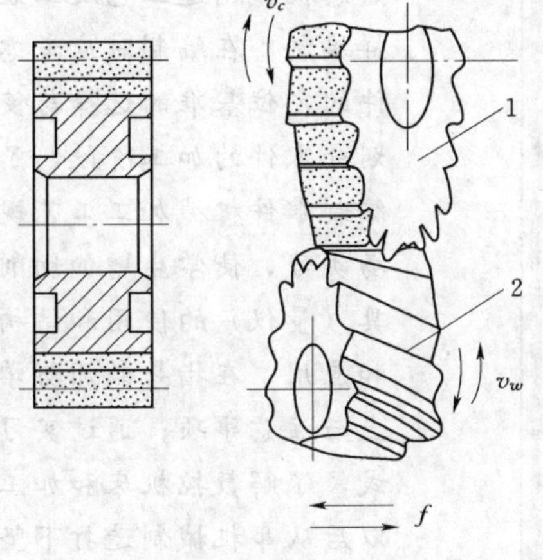

图 7-52 珩磨原理

7.6.3.2 齿轮加工定位基准选择

确定齿轮加工的定位基准，对齿轮制造精度有重要的影响。

齿轮加工时的定位基准选择主要遵循“互为基准”、“自为基准”的原则。齿形加工时，应尽可能选择装配基准、测量基准为定位基准，以避免由于基准不重合而产生的基准不重合误差，即应遵循“基准重合”原则。而且在齿轮加工的全过程中保持“基准统一”。

对于小直径轴齿轮，通常采用两端中心孔定位或在轴心内孔钻出后，用中心斜面定位。中心孔定位的准确度较高，能做到基准重合。对于大直径的轴齿轮，可采用轴颈外圆定位，并以一个较大的端面作支承。作为定位基准的中心孔应具有一定的精度要求，在热处理后，需对中心孔进行修复加工。

对于带孔齿轮，在加工齿形时通常采用两种安装方式。

（1）内孔和端面定位。以齿坯内孔与夹具心轴之间的配合决定中心位置，再以端面作为定位支撑面，并对端面夹紧。这样选择的定位基准符合基准重合原则。但是，孔和端面两者应以哪一个作为主要的定位基准，要从定位的稳定性来决定。内孔和端面定位的特点是：定位、测量和装配的基准重合；定位精度高，不需要找正，生产率高，适于成批生产。

（2）外圆和端面定位。将齿轮毛坯套在夹具，心轴上，内孔和心轴有较大的配合间隙，用千分表找正外圆以决定中心位置，再以端面作为定位基准，并对端面夹紧。这种方法与内孔定位相反，其特点是：要找正，生产效率低；对齿坯的内、外圆同轴度要求高；但无需心轴，对夹具精度要求不高，故适于单件小批生产。

7.6.3.3 齿轮齿形加工方案选择

齿形加工在齿轮加工工艺过程中是作为独立的工序进行的。齿形加工方案的选择，对齿轮的加工顺序并无影响，主要视精度要求而异。

对8级精度以下的齿轮，一般用滚齿或插齿就能满足要求。采取滚（或插）齿—热处理—校正内孔的加工方案。但在淬火前应将精度相应提高一级，或在淬火后珩齿。

7级精度（或级8-7-7）不需淬火齿轮可用滚齿—剃齿（或冷挤）方案。

对于7级（或级7-6-6）淬硬齿轮，当批量较小时，可用滚（或插）齿—热处理（淬火）—磨齿方案；当批量较大时，因磨齿生产率低，不经济，这时可用滚齿—剃齿（或冷挤）—热处理（淬火）—珩齿方案。

5～6级淬硬齿轮，可参考下列方案：粗滚齿—精滚（或精插）齿—热处理（淬火）—磨齿。

本章小结

本章详细介绍了发动机典型零件连杆、曲轴、汽缸、汽缸盖、凸轮轴以及齿轮的加工工艺，这是生产实习的重要内容之一，也是实习的难点内容之一，要求同学们必须熟练掌握。

本章的主要内容包括发动机的五大件（曲轴、连杆、缸体、缸盖、凸轮轴）等典型零件的加工，还包括齿轮加工。所选零件结构复杂、精度要求高，基本覆盖了箱体类、轴类、杂件类等机械零件类型。

通过这部分内容的生产现场的实习，使学生全面印证教材上的知识，了解和熟悉机械制造工艺及工装，使学生知道零件是怎样加工出来的，其工艺规程应怎样编制，在编制时应考虑的主要问题；通过现场的观察与分析，熟悉不同类型零件的定位基准的选择与使用，能合理选择各表面的加工方法和加工方案，能合理划分零件的加工阶段，了解工序集中与工序分散原则的选择与实现方法，最终使编制零件机械加工工艺规程的能力得到大幅度的提高。通过这部分内容的生产现场实习，使学生增加切削用量选择的感性知识；了解与熟悉各类刀具、辅具和量具（量仪）的使用和结构设计要点；特别是熟悉各类机床专用夹具的组成、特点和应用，在指导教师与学生互动的基础上使学生掌握各类专用机床夹具设计的要点与注意事项；通过实习，使学生了解各类专用机床的构成、组合机床的配置形式，了解数控机床和加工中心在生产中的应用。通过本章的实习，为毕业设计和以后从事机械制造打下坚实的基础。

本章的实习是生产实习的重点，因此，每个典型零件加工均列有思考题，引导学生深入实习。实习时，指导教师宜首先让学生了解整个零件的生产线，自己去发现问题、解决问题；然后再进一步督促和启发学生深入进去，让学生分析整个工艺规程，还要指定几套专用夹具让学生分析其原理与结构，这样就容易达到实习目的，获得良好的实习效果。

思考题

1. 连杆零件的结构有何特点？有哪些主要技术要求？分析连杆的结构特点和主要技术要求，对拟定其加工工艺规程起什么作用？

2. 连杆类零件一般刚性较差，加工时应采取什么措施解决受力变形问题？

3. 连杆加工中，第一道工序的定位和夹紧方法选择时，应注意哪些问题？

4. 连杆大、小头孔的精度在加工中应采取哪些工艺措施加以保证？

5. 连杆应进行哪些主要项目检验？怎样进行检验？

6. 连杆大头孔最终工序为什么安排珩磨？

7. 精镗连杆小头孔为什么遵循“自为基准”的原则？

8. 连杆两端面为什么要首先安排加工？

9. 连杆为什么安排去重工序？

10. 连杆为什么要进行分组？

11. 分析曲轴加工的工艺特点。

12. 掌握曲轴的功能结构以及毛坯的制造要求。

13. 具体划分曲轴加工阶段，分析加工阶段划分符合的原则。

14. 分析曲轴主轴颈的加工方案，为什么？

15. 分析曲轴连杆轴颈的加工方案，为什么？

16. 画出一套夹具的结构示意图、传动原理简图，并指出其对自由度的限制情况。

17. 曲轴的热处理工序有哪些？曲轴热处理表面后的组织有哪些？

18. 在斜面上钻孔时，怎样确定钻套相对于定位元件的位置？

19. 为什么选择中心孔作曲轴加工统一的精基准？

20. 为什么选择中间主轴颈的轴肩作轴向定位基准？

21. 分析缸盖的结构特点和主要技术要求。

22. 分析缸盖的粗、精基准的选择符合基准选择的什么原则？

23. 分析缸盖主要孔系的加工方案，写出精度保障措施及所用的加工设备、刀具和夹具。

24. 画出粗锐底面、加工工艺孔及气门座孔、导管孔各工序的工序简图。

25. 缸盖加工中，在组合机床上钻、铰孔、攻螺纹时，刀具与机床主轴的连接方式和导向方式如何？

26. 分析缸体的结构特点和主要技术要求。

27. 缸体加工精基准选择的什么表面，符合基准选择的什么原则？有何优点？

28. 缸体加工为何首先不直接加工出定位用的底面？

29. 划分缸体加工的加工阶段。

30. 缸体加工工艺路线采用的是工序集中还是工序分散原则？为什么？

31. 写出汽缸孔的加工方案，所用的加工设备、刀具和夹具。

32. 写出主轴承座孔和凸轮轴孔的加工方案，所用的加工设备、刀具和夹具。

33. 为何主轴承座孔和凸轮轴孔大部分加工均在同一工序中进行？

34. 画出镗主轴承座孔和凸轮轴孔夹具结构草图，并对其结构特点进行分析。

35. 画出一套铣床夹具结构草图，并对其结构特点进行分析。

36. 画出一套钻床夹具结构草图，并对其结构特点进行分析。

37. 镗缸孔夹具与镗主轴承座孔和凸轮轴孔夹具在刀具引导上有何不同？为什么？

38. 镗缸孔与镗主轴承座孔和凸轮轴孔时镗杆与机床主轴连接方式有何不同？为什么？

39. 专用夹具上有的部件需在夹具体上定位，如钻模的钻模板和镗模的镗模支架。试分析其定位方式和常用定位元件的结构。

40. 缸体在夹具上定位采用的“一面两销”与夹具部件在夹具体上定位采用的“一面两销”有何异同？为什么？

41. 钻、扩、铰挺杆孔时所用刀具有何不同？各有何特点？

42. 在缸体生产线占所用设备有哪些类型？各有何特点？用简图表示不同的组合机床的配置

形式。

43. 写出凸轮轴各主要加工表面的加工方案。

44. 说明凸轮轴各主要加工工序中定位基准的选择及定位、夹紧方式。

45. 针对凸轮轴的结构和工艺特点，说明采取了哪些措施来保证设计要求？

46. 在实习现场，凸轮轴的凸轮加工方式有哪些？试分析机床的运动。

第8章　汽车车身制造工艺

8.1　车身结构与材料

8.1.1　车身概述

随着科学的发展和社会的进步，我国汽车工业从无到有，从小到大，发展成为一个完整的工业体系。从20世纪50年代初到80年代中期，主要生产卡车，到20世纪80年代末才开始生产轿车，轿车工业的真正发展只有20多年的时间，因此车身制造技术一直是我国汽车工业中的最薄弱的环节。为提高我国汽车工业的水平和满足日益增长的人们物质生活需要，应重视车身技术的研究和发展。

汽车由三大总成组成，包括发动机、车身、底盘。其中车身既重要又特殊，其特点如下。

(1) 制造成本较高，经济效益较好。车身制造成本约占整车成本的50%；除具有使用价值外，车身还具有艺术价值，经验表明，造型美观的车身能使整车总价值提高10%～40%，车身的经济效益远远高于其他两大总成。

(2) 车身设计涉及多门类学科专业知识。理工学科方面，涉及流体力学、材料学、机械原理、人体工程学等；艺术学科方面，涉及艺术造型、美学知识等。

(3) 车身制造工艺复杂多样。车身的制造工艺有冲压、焊装、涂装。至今，总装、涂装工艺中部分工序还难以实现机械化，需人工完成。

(4) 车身质量较大。乘用车车身的质量约占整车的30%～40%，商用车车身的质量约占整车的16%～30%。

(5) 车身工程相对底盘、发动机发展较晚，但已成为发展最迅速的分支。轿车的发展主要在车身技术。

8.1.2　车身结构

车身结构是车身技术中的一个重要问题，所有的车身制造技术都是围绕车身结构的实现而发展的。

8.1.2.1　车身组成

车身是指卡车驾驶室和轿车车身。未涂漆的车身称为白车身，白车身由车身骨架和覆盖件总成两部分组成。

1. 车身骨架

轿车车身骨架见图8-1，由发动机舱总成、空气盒总成、顶盖、地板总成、侧围总成、行李箱隔板、后围等总成组成。

2. 车身覆盖件

车身覆盖件是指覆盖车身骨架结构的表面板件，包括车门、发动机罩、前翼子板、行李箱盖板、顶棚等（图8-2）。

3. 车身结构分类

汽车的品种很多，车身造型各异，按车身是否承受载荷来分，有非承载式车身和承载式车身。

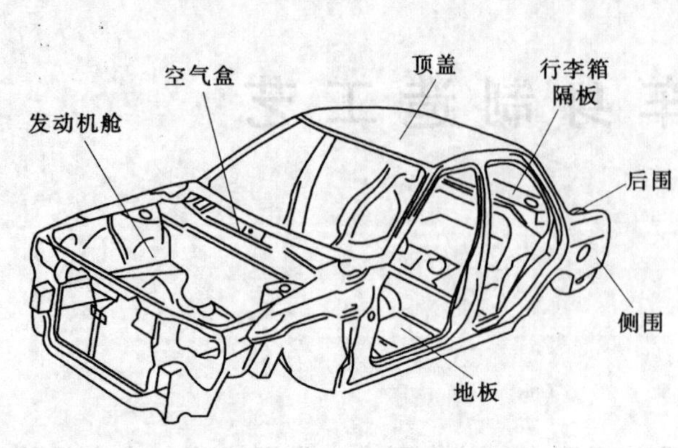

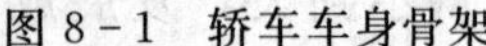

图 8-1　轿车车身骨架

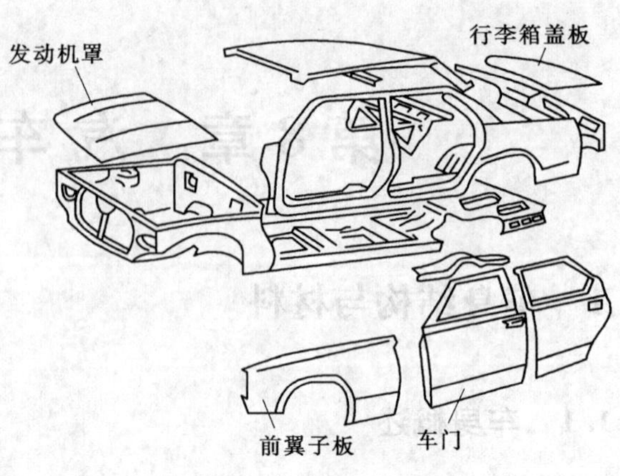

图 8-2　轿车白车身覆盖件

8.1.2.2　非承载式车身

非承载式车身由车架与车身组成，车架与车身由螺栓连接，两者之间有橡胶垫。车身内部的载荷作用在车架上，车身本身不受力，主要起"罩子"的作用。车架是非承载式车身的一个重要部件。

车架是架装在汽车前、后轴上的梁式结构。车架是汽车各个部件装配的基体，任何部件都直接或间接安装在车架上，它承受着各个方向的力和力矩，因此必须具有足够的强度、刚性和韧性。车架是单独制造的，制造工艺比车身简单。卡车车身和早期轿车均采用非承载式车身结构。

车架结构有三种形式：框式、脊梁式、综合式。

1. 双梁式车架

双梁式车架结构是框式结构表现形式之一（图 8-3），便于安装车身等总成，可满足改装车和发展多品种的需要，所以被广泛应用于卡车、专用汽车、大客车以及早期轿车上。三段双梁式车架（图 8-4）前后两段窄中间宽，前后两段与中段由抗扭盒连接，在力的作用下，三段双梁相互间可发生小角度相对转动，吸收冲击、降噪，整车稳定性好，但结构复杂，成本高，适用于中高档轿车。

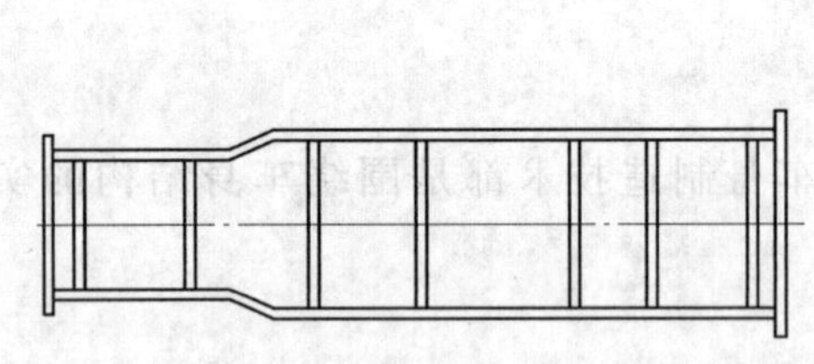

图 8-3　双梁式车架

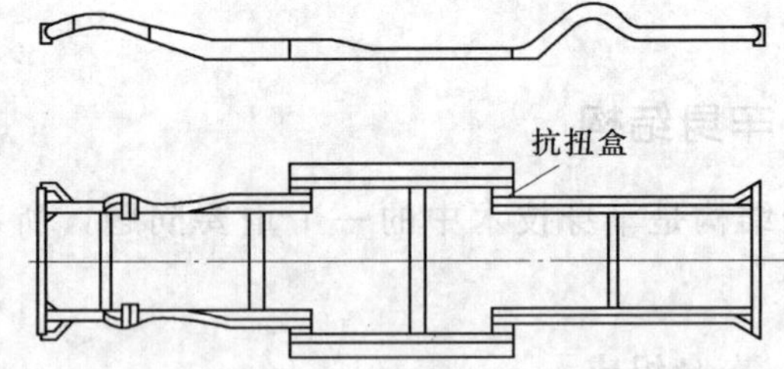

图 8-4　三段双梁式车架

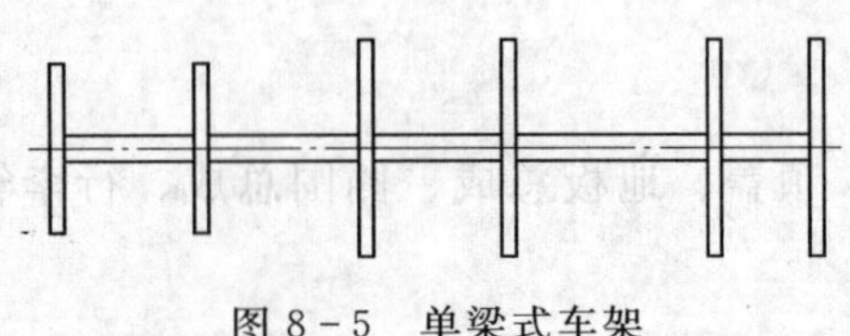

图 8-5　单梁式车架

2. 单梁式车架

单梁式车架是脊梁式结构常见形式之一，由一根位于车身对称中心上的粗大钢管和若干根横向悬伸托架所组成（图 8-5），其特点是有很好的扭转柔度，结构上容许车轮有较大的垂直跳动，便于安装独立悬架，因此被应用于某些高越野性车上。

3. 单双组合式车架

它是综合上述两种车架结构特点而成（图 8-6），多用于早期轿车上。车架的前、后均近似于双梁式车架，前、后端便于分别安装发动机和后桥。中部为一短脊梁，有很好的扭转柔度。

非承载式车身的车架与车身之间有橡胶垫，可以起到缓冲、吸收车架扭转变形和降低噪声的作用。由于有车架作为整车基础，所以改变车身可制成各种改装车，如客车等。发生撞车事故时，车架可以保护车身。车架单独制造，工艺简单。

车架增加了整车高度，也增加了整车风阻系数。车架要求具有足够的强度和刚度，因此应采用厚钢板材料，这将导致整车重量增加，另外车架加工成本也较高。

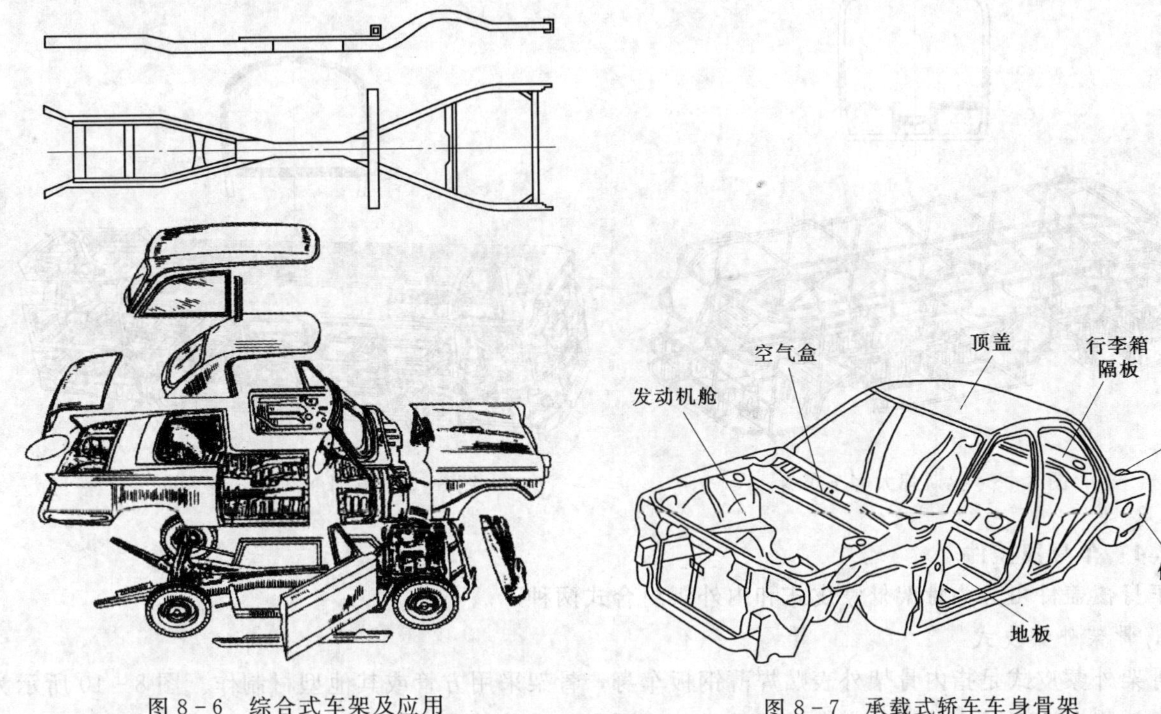

图 8-6 综合式车架及应用

图 8-7 承载式轿车车身骨架

8.1.2.3 承载式车身

1. 承载式轿车车身

考虑到非承载式车身整车较高的缺点，承载式车身的设计思路是将整个车身与车架融为一体，即将车架隐藏在侧围下方，以降低车身，降低高度，降低风阻系数，降低重量，扩大车内使用空间。

图 8-7 所示为蓝鸟轿车承载式车身，车身由两侧围、地板、顶盖、前散热器架、空气盒、后围等装焊而成，形成一个稳固的整体，体现了现代轿车车身结构特点。整车采用薄钢板材料，使重量明显减少。由于底盘与车身之间没有车架，明显降低了整车高度，风阻系数明显减小，适应现代流线型车身的制造特点。

各分总成均为封闭的圈梁结构，目的是增加刚度。从总体看，轿车车身前、后门的前、后柱及门中立柱组成六立柱结构，顶棚圈梁和底板圈梁组成二圈结构。这种六立柱、二圈梁结构，有效提高了车身的刚度。

但承载式车身增加了制造成本。由于没有车架，来自传动系统和悬架的振动和噪声将直接传递给车身，而车厢本身又是易形成空腔共鸣的共振箱，因此降低了乘坐舒适性，为此，必须采用大量的隔振材料，从而增加成本。另外改型较困难，抗扭性较差，不适宜小批量生产。

2. 承载式大客车车身

承载式大客车结构可分为底座承载式和整体承载式。

底座承载式结构是将车身腰围线以下到地板部分作为车身承力骨架，其他部分采用薄板材制作。如 20 世纪 50 年代苏联产拉斯牌大客车车身（图 8-8）就是承载式车身结构，其地板为格栅式结构。

图 8-9 为英国 National 牌大客车，其特点是顶盖上的弧形横梁与两侧的力柱和地板下的槽形横

梁构成较强的封闭环，然后利用顶盖纵梁、顶盖侧纵梁、腰梁和地圈梁等将这些封闭环连接起来，从而构成一刚性很强的空间框架结构。该车身结构能确保翻车时乘员的安全，而且使用寿命长。其缺点是窗立柱太粗、柱距过小，视野较差。

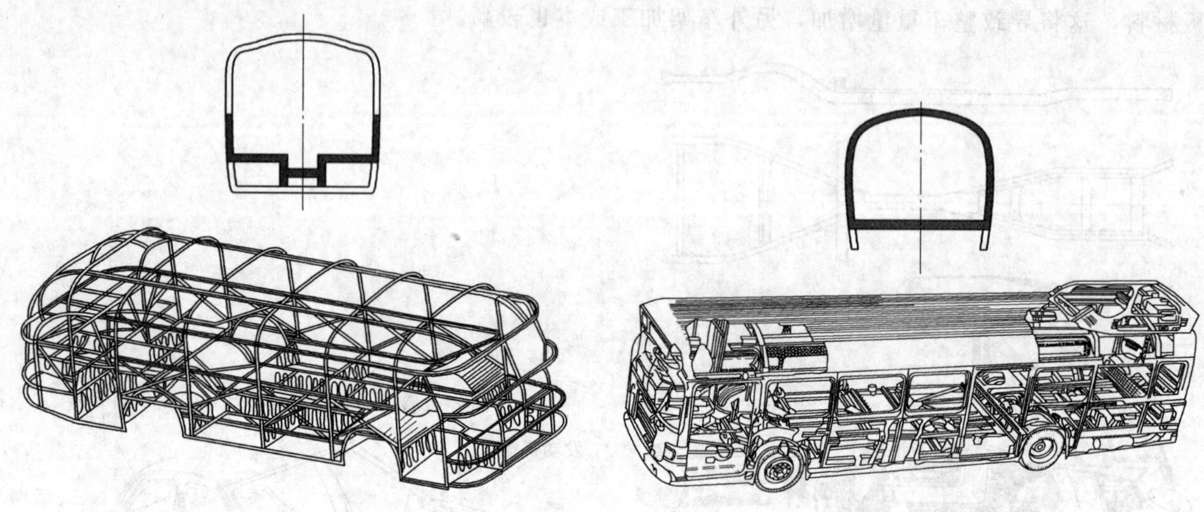

图 8-8　拉斯牌大客车车身　　　　图 8-9　英国 National 牌大客车

8.1.2.4　车身覆盖件

车身覆盖件可分为骨架外蒙皮式和内外板组合式两种。

1. 骨架外蒙皮式

骨架外蒙皮式是指内骨架外表贴焊薄钢板车身，骨架采用方管或其他型材制作。图 8-10 所示为国产解放牌卡车驾驶室结构，它由骨架总成、后围板、顶盖总成、前围总成组成。

因骨架材料一般较大，外蒙皮的钢板也较厚，所以车身重量较大，但生产工艺较简单、投资少，适于小规模生产。由于有骨架，对车身造型和改型有限制，所以此类结构不适于造型复杂的轿车，多适用于外形简单的卡车和中巴车。

2. 内外板组合式

内外板组合式车身由双层钢板组成，外侧的钢板称为外板，另一钢板为内板。因内外板中部为空心，边缘点焊连接，所以刚度较大，如图 8-11 所示。

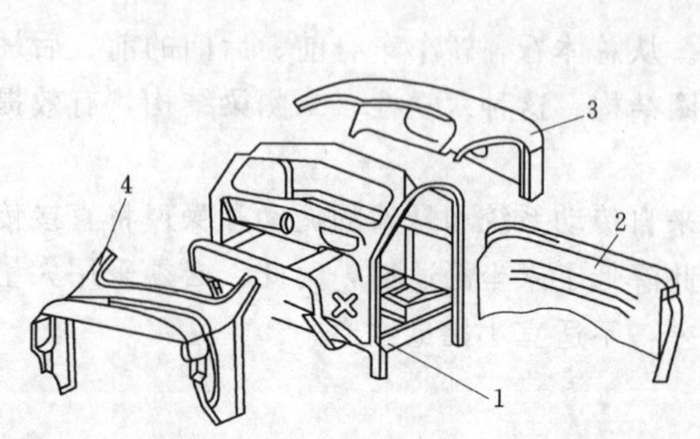

图 8-10　国产解放牌卡车驾驶室结构

1—骨架总成；2—后围板；3—顶盖总成；4—前围总成

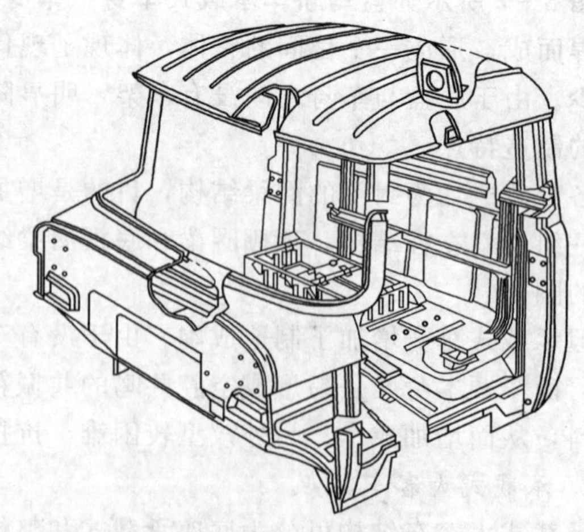

图 8-11　内外板组合式苏联吉尔牌卡车驾驶室

内外板组合式车身对拉深加工工艺要求较高，成本较高，但适用各种复杂造型，且重量轻。内外板组合式车身适于大规模生产，现代轿车基本都采用内外板组合式结构。

覆盖件外板采用拉延工艺制作，易形成空心结构，提高构件的抗弯刚度，使外观圆角化，拉延件发生冷作硬化可提高强度。

8.1.3 车身材料

8.1.3.1 车身对材料的要求

汽车车身材料除了要保证足够的强度和刚性以满足车身的使用性能外，还要求满足冲压、焊装和涂装三大工艺的要求，但重点要满足冲压工艺的要求，因为冲压工艺对材料的要求较全面且较高。焊装工艺要求材料为低碳钢、容易焊接，涂装工艺要求材料表面平整。

实践表明，材料质量、板料力学性能、化学成分和金相组织等均会对冲压工艺性能产生影响。冲压性能好的板料应是便于加工、容易得到高质量的冲压件，生产效率高，一次冲压工序的极限变形程度和总极限变形程度大，模具磨损小等。

冲压件有两类：一类是形状复杂但受力不大的冲压件，如汽车驾驶室覆盖件和一些机器的外壳，要求钢板有良好的冲压性能和表面质量，多采用冷轧低碳薄钢；另一类是形状比较复杂而且受力较大的冲压件，例如汽车车架，要求钢板既有良好的冲压性能、又有一定的强度，多选用冲压性能好的热轧低合金或碳素厚钢板。

冲压用材料的质量是冲压工艺中一个非常重要的因素，它影响冲压工艺过程设计、冲压件的质量、产品的使用寿命和冲压件的成本，包括厚度尺寸公差、表面质量、深冲性能。

分析各种因素对工艺性能产生的影响可以趋利避害，由此根据零件形状复杂程度和受力大小选择适应工艺性能的钢材。

轿车车身各覆盖件总成及骨架均由内外薄钢板组成，覆盖件外板采用表面质量好的材料，内板次之，内外板接触处为搭接，在搭接处采用点焊将两者固连。内外板之间为空腔结构，其目的是提高焊件刚度，同时节省材料和减轻重量。一辆载货汽车车身有1000多个焊点，轿车车身的焊点达4000～5000个、累计焊缝长达40m以上，了解焊缝结构对加深理解整车结构有很大帮助。

8.1.3.2 汽车材料的发展趋势

车身材料主要是低碳金属薄钢板，一般厚度在0.6～2.0mm。随着现代车身技术的发展，车身材料要求既有相当的强度，也要求重量轻。

1. 薄钢板发展趋势

(1) 化学成分。为保证冲压和焊接性能，含碳量要控制在0.05%～0.15%，含硅量要控制在0.37%以下，低碳钢板具有良好的塑性。

由于采用先进的脱硫、脱气、炉外精炼、真空处理等工艺技术，薄钢板的化学成分稳定性有所提高，钢中的有害元素含量明显下降，这对提高薄钢板的成形性能起到了很大的作用。对低碳薄钢板而言，有的钢厂已经能根据零件的用途、形状的复杂程度来调整同一牌号钢种的化学成分，以保证零件成形的合格率。

(2) 力学性能。板料的力学性能发展趋势是屈服强度不够，降低及强度变动范围窄，这样的屈服强度可保证材料具有良好的冲压性能。统计表明，采用屈服强度122～120MPa钢板生产的废品率为0.3%，而采用屈服强度130～165MPa钢板生产的废品率为5%。

(3) 表面质量。在冲压过程中，材料表面缺陷部位可能因应力集中而破裂。随着汽车用户对车身外观质量、油漆效果的要求越来越严，对涂漆质量有较大影响的钢板表面粗糙度也引起高度重视。粗糙度指标已列入钢板生产标准进行控制。经验表明，当载货汽车的表面粗糙度 $Ra \leqslant 1.3\mu m$ 时涂漆效果较好。

目前中高档轿车白车身一般使用镀锌板，但是钢厂生产的汽车钢板在轧制过程中的表面粗糙度和清洁度将直接影响镀锈的钵层附着力。

钢板的板厚精度控制也将影响现代化汽车生产线的工作准确性，因为现代化的汽车生产线是用机器人点焊，板厚误差大会增加焊接电阻、导致虚焊，影响点焊质量。所以，现代化的汽车制造对钢板的要求是十分严格的，例如对宽105m、长3000m、厚0.8mm的钢板，厚度公差不能超出20μm。

(4) 防腐性能。为提高车身使用寿命，车身材料不但要有足够的强度，还要有一定的防腐性能。金属材料的防锈具有极大的经济价值。试验表明，镀层钢板具有良好的防锈蚀性能、成形性和涂漆性以及优良的装饰性。镀层钢板主要有镀钵钢板、镀铝钢板、有机涂层板和复合涂层板等。1972年美国汽车行业开始大量采用镀铸钢板。镀辞钢板的镀辞层厚度为7.5～10μm。双面镀锌板制作的车身，使用寿命可达12年。

(5) 不同性能钢板拼焊。拼焊钢板是将不同厚度和不同性能的钢板剪裁后拼焊起来的一种钢板。使用拼焊钢板可以在汽车外表部位使用涂镀层钢板，便于更好地发挥其耐蚀性，在承力或易磨损部位则使用较厚的高强度钢板。汽车构件上采用“拼焊”的部件常有侧面框架、车门内板、车身底板、侧面横挡、挡风玻璃窗框、中立柱、挡泥板、纵梁等。

拼焊钢板的应用，简化了生产工艺，降低了模具和焊装夹具的制造成本，改善了零件性能的稳定性。

2. 采用轻量化材料

减轻汽车自重是节约能源和提高燃料经济性的最根本途径之一，据统计，汽车每减轻重量10%，油耗可降低6%～8%。所以，塑料，铝、镁合金，金属泡沫材料等轻量化材料在汽车车身上的应用具有重要意义。

(1) 塑料。塑料是一种高分子材料，用它代替各种昂贵的有色金属和合金材料，不但可以提高汽车造型的美观度与设计的灵活性，还可以降低汽车的能耗。此外，塑料有抗腐蚀、耐磨、隔热、消声、减振等优点。近年来，塑料在汽车上的应用越来越多，目前已由内外装饰件向车身覆盖件和结构件方面发展。近年来塑料在轿车上的使用量约占车身重量的10%～30%。

尼龙具有耐热性和良好的力学性能，其用量越来越大，最适于机罩下部件和内饰件、外部部件，如手动刹车杆、踏板和镜架以及机罩下的摇臂罩、空气吸入系统、冷电路系统。

聚丙烯可以回收再利用，因此汽车工业对聚丙烯的市场需求持续增长。据报道，现在每辆汽车可以用100kg含有聚丙烯的塑料替代200～300kg其他材料，相应地在15万km的平均寿命里程中可以减少燃料消耗750L。它与钢材相比，使用含有聚丙烯的材料，可使汽车保险杠轻10.2kg、发动机罩轻2.2kg、燃料箱轻5kg。

(2) 铝、镁合金。车身材料使用铝合金，可以大大降低车重，每使用1kg的铝，可降低汽车重量2.25kg。研究表明，一般汽车每减轻1kg的重量，1L汽油可使汽车多行驶0.1km。这对油耗、性能以及操控性等具有重要的意义。铝合金具有高强度和吸能性好的优点，配合合理的结构设计，可以获得非常高强度的车身。铝由于表面易氧化形成致密而稳定的Al_2O_3氧化膜，所以耐蚀性好。

用泡沫铝材制造的汽车零件重量只有原钢件重量的1/2，其刚度却为钢件的10倍。其保温绝热性能比铝高95%；对频率大于800Hz的噪声有很强的消声能力。有实验表明，两辆各自总重量为2000kg、行驶速度为20km/h的轿车相碰撞，只需3块15cm×15cm×10cm的泡沫铝材就能将碰撞能量吸收掉。

镁的相对密度只有1.7，是铝的2/3、钢的1/4，使用镁合金可降低更多重量。如果每辆汽车能使用70kg镁，CO_2的年排放量就能减少30%以上。其强度高于铝合金和钢，其刚度接近铝合金和钢，能够承受一定的负荷；有良好的铸造性和尺寸稳定性，易加工，废品率低，从而降低生产成本；有良好的阻尼系数，减振量大于铝合金和铸铁，用于壳体可以降低噪声，用于座椅、轮圈可以减少振动，提高汽车的安全性和舒适性。

8.2 车身冲压工艺

8.2.1 冲压工艺与压力机

冲压工艺是一种先进的金属板成形方法，在汽车制造业中占有重要地位，是车身制造的三大基本工艺之一，也是车身制造的第一道工艺。据统计，汽车上有60%～70%的零件是冲压件，因此冲压技术对汽车的产品质量、生产效率和生产成本有重要影响。

8.2.1.1 冲压工艺特点及分类

1. 冲压工艺特点

冲压是在常温下，利用冲压设备上模具对板料施加压力，使板料在模具内产生分离或变形，成为一定形状、尺寸和性能零件的金属加工方法。

冲压加工方法与其他加工方法如金属切削加工等相比，具有下述优点。

(1) 工艺设备操作简便，生产率高，便于实现机械化与自动化。

(2) 冲压可以获得其他加工方法不能制造或难以制造的形状复杂的零件。

(3) 废料较少，用料经济，表面质量好，可以获得强度高、刚度大、重量轻的零件，在大批量生产中能显著降低成本。

(4) 由于模具多为单件生产，精度要求高，制造周期长，因此模具制造费用高，不宜用于单件小批量的零件生产。

因此，冲压生产是一种优质、高产、低消耗和低成本的加工方法。

材料、模具和冲压设备是冲压工艺的三大要素。为了获得质优价廉的冲压件，必须具备优质的板料、先进的模具和性能优良的冲压设备。此外，还应根据板料的成形特点和变形规律，制定合理的工艺程序并适时对模具或冲压设备进行技术改进。

冲压工艺在汽车车身制造工艺中占有重要的地位。轿车所有覆盖件、骨架，卡车的驾驶室、货箱板车架等都是采用冲压方法制作的。汽车车身的大型覆盖件形状复杂，结构尺寸大，表面质量要求高，用冲压加工方法来制作这些零件是用其他加工方法不能比拟的。

目前世界各国都在不断研制各种冲压性能良好的板料，研制出高效率、高精度和高寿命的大型复杂模具，使冲压生产与模具工业进入了一个崭新阶段。在先进的工业国家，冲压生产与模具工业受到了高度的重视，例如美国和日本，模具工业的年产值已超过机床行业，成为重要的产业部门。

2. 冲压工序分类

冲压加工的零件形状、尺寸、精度要求、原材料性能等不同，其冲压工序多种多样。下面介绍冲压工序分类。

(1) 冲压基本工序。冲压基本工序有三种：冲裁、弯曲、拉深。

1) 冲裁工序：使板料实现分离的冲压工序。

2) 弯曲工序：将板料沿弯曲线弯成一定的角度和形状的冲压工序。

3) 拉深工序：将平面板料变成各种开口空心零件，或把空心件的形状、尺寸作进一步改变的冲压工序。

此外用基本工序综合产生的局部变形来改变毛坯或冲压件形状的冲压工序称为局部成形工序，包括翻边、胀形、校平和整形等。

(2) 分离工序和成形工序。按加工后板料分离与否，冲压工序可以分为分离工序和成形工序。分离工序是将冲压件与毛坯在冲压过程中沿设定的几何线分离。成形工序是在板料不分离的前提下使毛坯发生塑性变形，获得所需形状及尺寸的零件。

冲压常用的分离工序见表8-1，冲压常用的成形工序见表8-2。

表 8-1　　冲压常用的分离工序

工序号	工序名称	工序简图	工序内容
001	落料	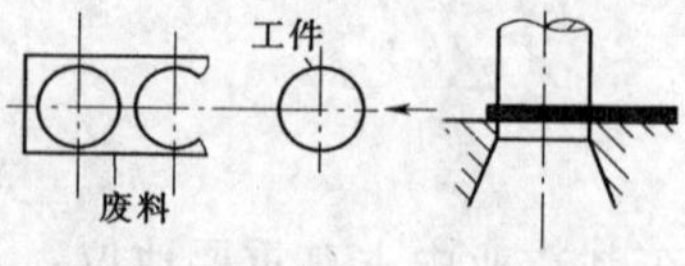 工件 废料	用落料沿封闭轮廓曲线冲切，冲下部分是零件
005	冲孔	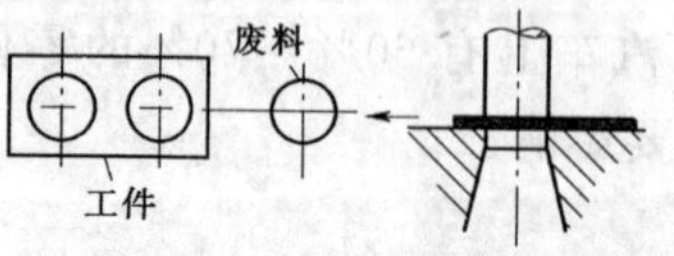 废料 工件	用冲孔模沿封闭轮廓曲线冲切，冲下部分是废料
010	剪切	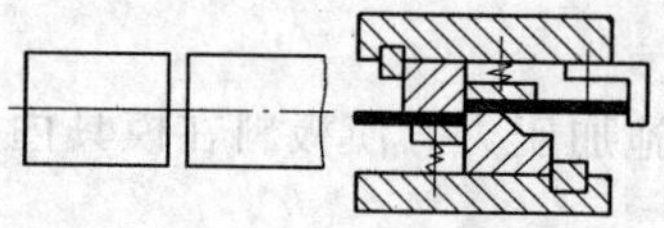	用剪刀或模具切断板料，切断线不封闭
015	切开	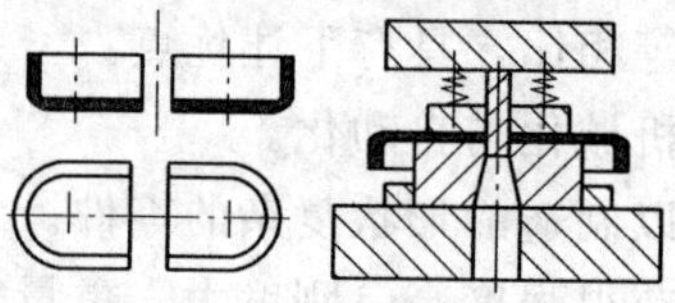	将半成品切开成两个或几个工件，常用于成双冲压
020	切舌	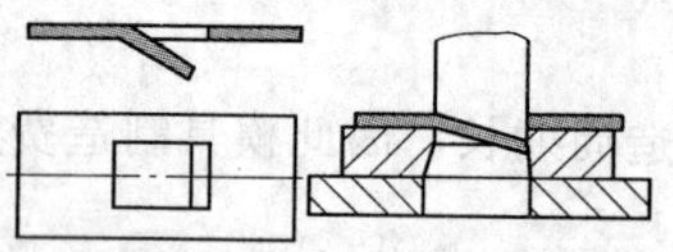	在坯料上将板材 U 形切开，切口部分发生弯曲
025	修边	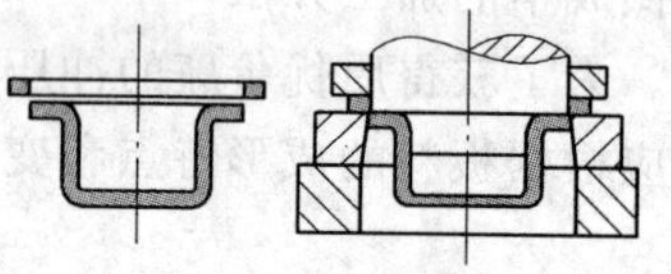	将拉深或成形后的半成品边缘部分的多余材料切掉

表 8-2　　冲压常用的成形工序

工序号	工序名称	工序简图	工序内容
001	弯曲	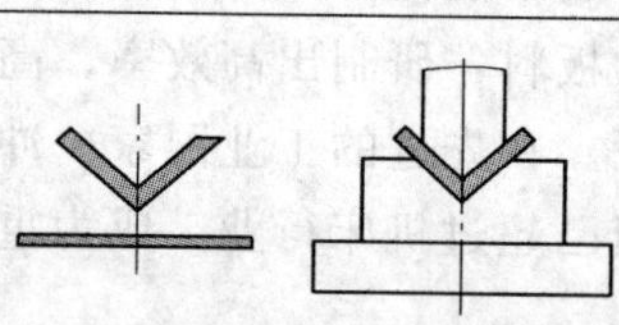	把板料沿直线弯成各种形状
005	拉深	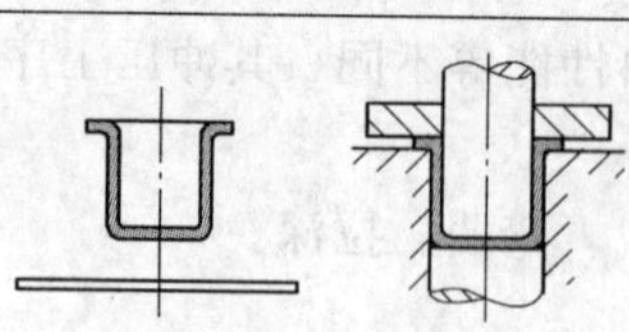	将板料压制成开口空心零件
010	内孔翻边	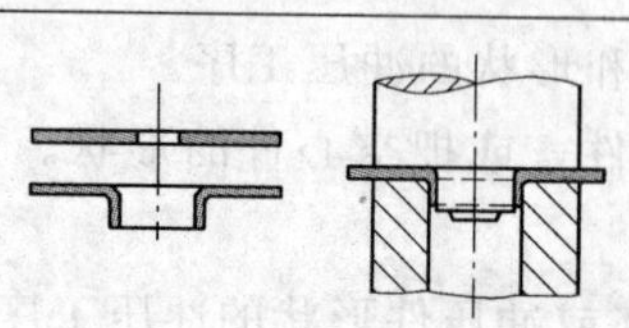	将板料上的孔的边缘翻成竖立边缘
015	外缘翻边	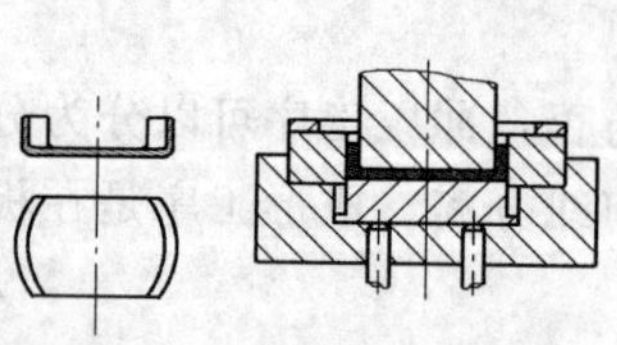	将工件的外缘翻成圆弧或曲线的竖立边缘

续表

工序号	工序名称	工 序 简 图	工 序 内 容
020	胀形		在板料或工件上压出筋条、花纹或文字
025	整形		把形状不太准确的工件校正成形

8.2.1.2 冲压件的两种变形类型

冲压工序件的类型虽然很多，但从板料的变形角度看，可以概括为两种基本类型：

（1）压缩型压应变的绝对值最大，板料压缩，厚度增厚。当作用在板料变形区的压应力的绝对值最大时，在这个方向上的变形一定是压缩变形，板料的成形主要是靠压缩变形和厚度实现的。压应力成分愈多，数值愈大，材料的缩短与厚度的增加越严重。压缩类变形的极限是材料在压应力作用下的失稳起皱，如拉深时凸缘起皱就属于压缩型。

（2）伸长型拉应变的绝对值最大，板料伸长，厚度减薄。工件上某点叠加拉应力分力愈多，数值愈大，材料的伸长和减薄也愈严重。这类变形称为伸长类变形，如翻孔、胀形、内凹外缘翻边。伸长类变形的极限是材料在拉应力作用下失稳破裂，如拉深时筒壁破裂。

8.2.2 压力机的选择

压力机的类型很多，按驱动力分，有机械压力机和液压机。机械压力机有曲柄压力机和摩擦压力机，最常用的是曲柄压力机。

压力机类型的选择，主要是根据制件的几何形状、尺寸及精度要求、冲压工艺的性质、生产批量大小以及安全操作等因素来确定的。

1. 制件复杂程度

复杂的大型拉深件，最好选用双动拉深压力机，以保证压边的可靠性。

大、中型冲压件，多采用闭式曲柄压力机，这类压力机刚度好、精度高，但只能两个方向操作，不如开式的方便。

中、小型冲压件，主要选用开式曲柄压力机。这种压力机虽然刚度差，降低了模具寿命和制件质量，但是它成本低且三个方向都可操作，简单方便，容易安装机械化装置，适宜于精度要求不太高的冲压件生产。

2. 工艺性质

校平、整形、弯曲、成形和温、热挤压等工序，可选用摩擦压力机。这类压力机结构简单、造价低，不易发生超负荷损坏。薄板料的冲裁工序，最好选用导向准确的精密压力机。

3. 生产批量

大批量生产，应选用高速压力机或多工位自动压力机。

小批量大型厚板件的成形工艺，多选用液压机，此类设备压力大，没有固定的行程，不会因板材的厚度超差而过载。全行程中压力恒定，这对于工作行程较大的冲压工艺具有明显的优点。但是液压机的速度低，生产效率低，制件尺寸精度因受操作的影响不太稳定。液压机一般不适于冲裁工艺。

8.2.3 弯曲成形工艺

将板料、棒料、管材弯成具有一定曲率、一定角度和形状的冲压成形工序称为弯曲。弯曲工艺在

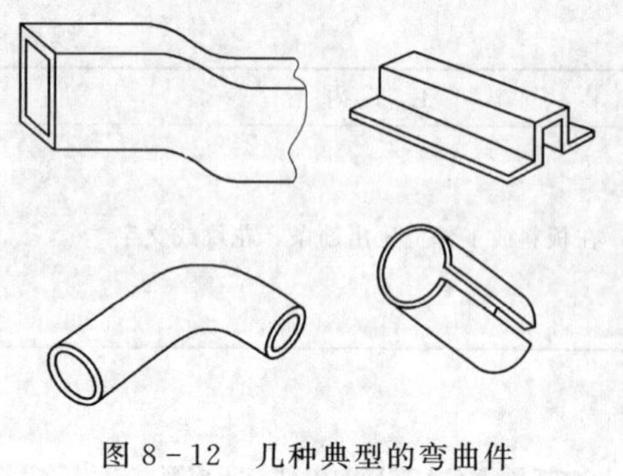

图 8-12　几种典型的弯曲件

制造中应用很广（见图 8-12），如组成客车车身骨架的各种形状的梁就是型材弯曲成形的。

在实际冲压生产中，弯曲成形因采用不同的设备而形成不同的弯曲方法（见图 8-13），如在普通压力机上使用弯曲模的压弯；在折弯机上进行折弯；滚弯机上进行滚弯；以及在拉弯设备上进行拉弯。各种弯曲方法虽然不同，但其变形及其特点有些共同规律。板料压弯成形有两种方式：无底凹模的自由弯曲和有底凹模的自由弯曲。

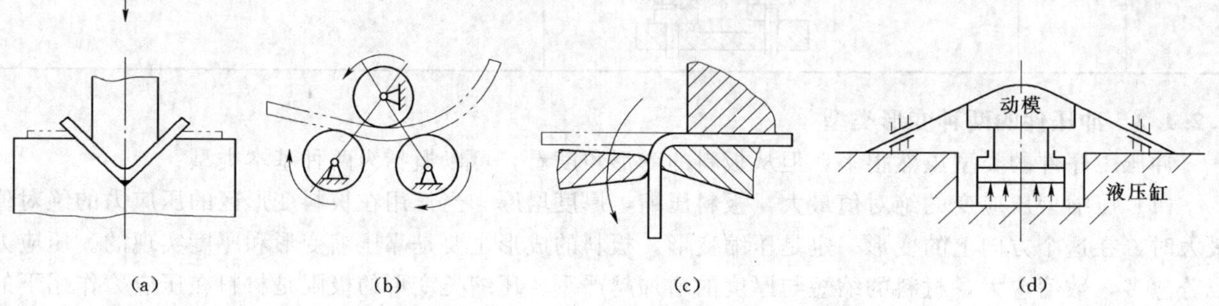

图 8-13　弯曲件的加工形式

(a) 模具压弯；(b) 滚弯；(c) 折弯；(d) 拉弯

8.2.4　拉深成形工艺

用拉深模将平面毛坯压制成各种形状的开口空心零件，或将已压制的开口空心毛坯进一步压制成其他形状、尺寸的开口空心零件的冲压成形工序称为拉深，拉深又称拉延或压延。拉深工艺是汽车覆盖件成形的主要方法。

拉伸工艺的主要特征是拉深时金属有较大的流动，为了减少金属的流动阻力，要求凸、凹模刃口有较大的圆角及两者间隙大于厚板。因此，拉深时所用的模具与冲裁不同，其凸、凹模没有锋利的刃口。

用拉深工艺可以压制成圆筒形、阶梯形、球形、锥形以及其他不规则形状的开口空心零件。如果与其他成形工艺配合，还可制成形状极其复杂的零件。拉伸件的尺寸范围很大，小至几毫米，大至几米；拉深件的精度也较高，可达到 IT10。

拉深件种类很多，形状各异，各种零件的变形位置、受力情况、变形特点等也不相同，因此确定工艺参数、工序顺序及设计模具的结构也不同。为了便于工艺分析，可按拉深的变形力学特点，将其分为三种类型：轴对称旋转体零件、轴对称盒形件、不对称复杂件（见图 8-14）。

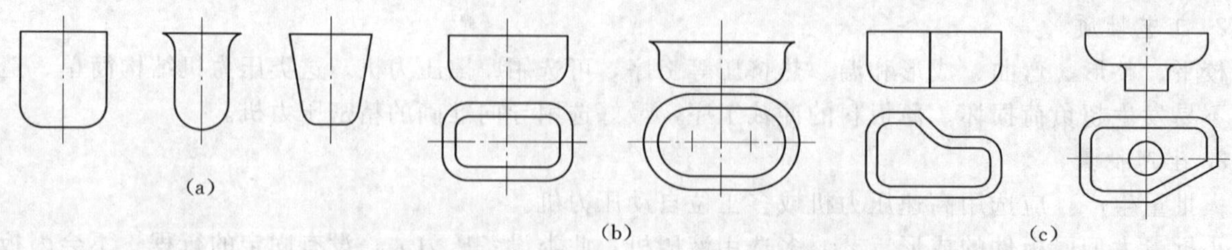

图 8-14　拉深成形的各种零件

(a) 轴对称旋转体零件；(b) 轴对称盒形件；(c) 不对称复杂件

表 8-3 为拉深件的类型及特点。由于每类零件都有各自的变形特点，因而可用相应的方法去研究、分析零件的拉伸成型问题并解决所出现的质量问题。

表 8-3　　拉深件的类型及特点

拉深件类型		变形特点
轴对称旋转体零件	圆筒形件 带凸缘圆筒形件 锥形件 抛物线形件 阶梯圆筒形件	凸缘部分圆环区域为变形区，筒壁部位为传力区，变形区毛坯径向受拉、切向受压，其变形是拉深变形凹模口内悬空部分为拉深区；凸模顶端至变形过渡环间是胀形变形区，其变形是拉深与胀形变形的复合
轴对称盒形件		圆角部分接近拉深变形，直边部分基本上是弯曲变形，其变形是拉深与弯曲变形的复合，毛坯周边变形不均匀，变形大的部分与变形小的部分互相制约与影响
不规则形状件		外缘是拉深变形，内部大多数为胀形变形，周边变形不均

8.2.5　车身覆盖件冲压工艺

车身由车身骨架、覆盖件组成。覆盖件通常由 0.6～1.2mm 的 08 系列冷轧薄钢板制成，根据覆盖件形状复杂程度、拉伸塑性变形程度确定拉深性能等级。

覆盖件是冲压加工难度最大的零件。与一般的冲压件相比较，覆盖件具有材料薄、形状复杂、结构尺寸大、表面质量好等特点，因此覆盖件的冲压工艺编制、冲模制造要求较高。

1. 覆盖件的冲压工序

车身覆盖件的形状复杂、尺寸大，因此一般不可能在一道冲压工序中直接获得，有的需要十几道工序才能获得，最少的也要三道工序。覆盖件冲压的基本工序有落料、拉深、修边、翻边和冲孔，见表 8-4。根据需要和可能，可以将一些工序合并，如修边翻边等。

表 8-4　　侧围冲压的基本工序

工序	图例	工序内容及举例
落料	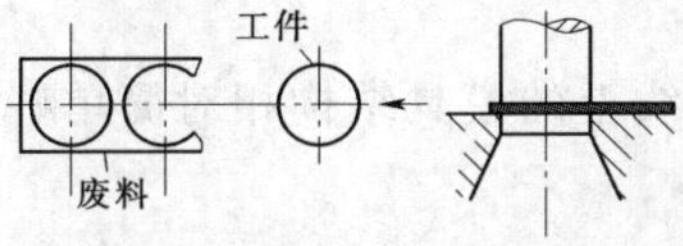 工件 废料	用落料沿封闭轮廓曲线冲切。冲下部分是零件 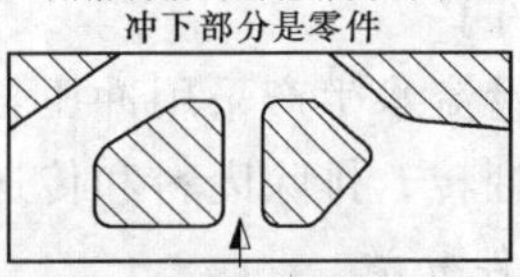
拉深	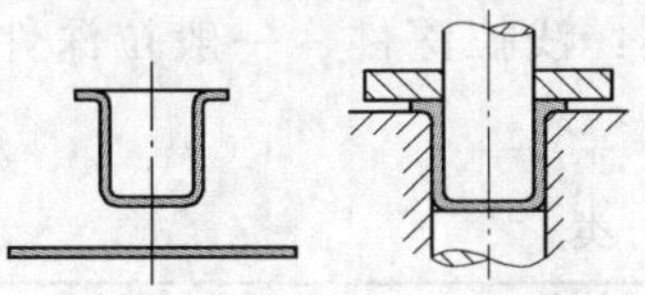	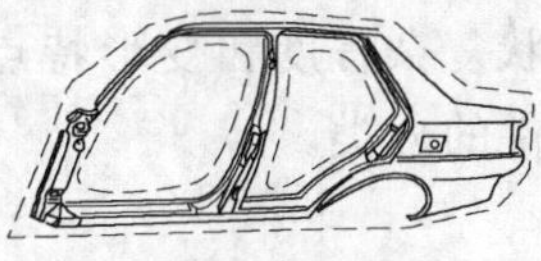 将板料压制成开口空心零件
修边	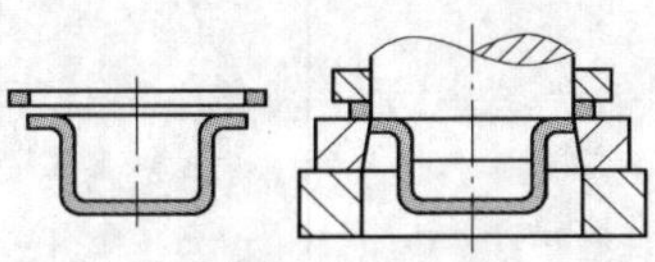	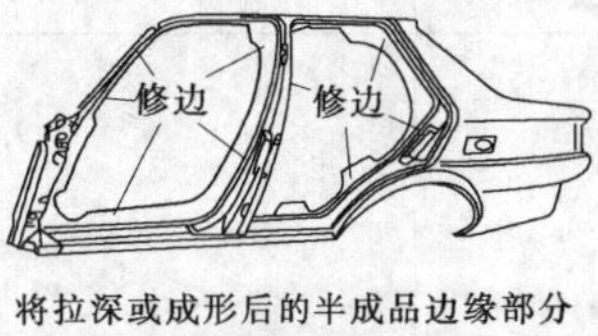 修边　修边 将拉深或成形后的半成品边缘部分的多余材料切掉
内孔翻边	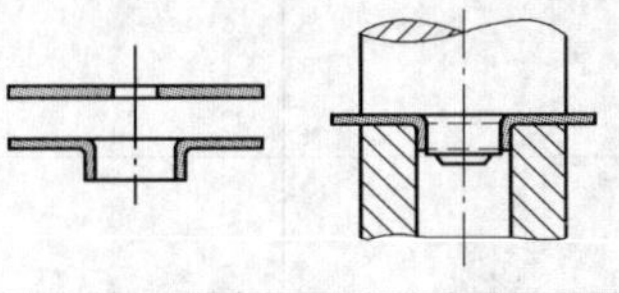	将板料上的孔的边缘翻成竖立边缘 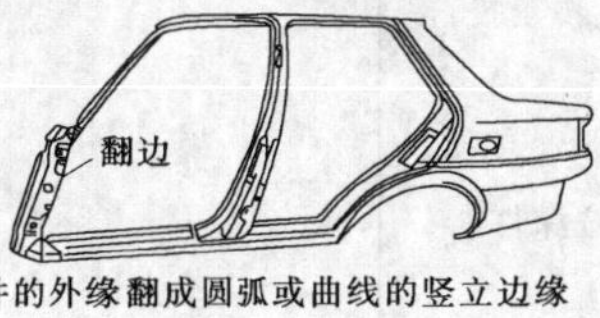
外缘翻边	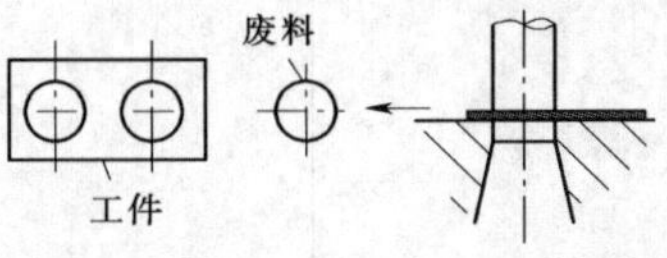 废料 工件	翻边 将工件的外缘翻成圆弧或曲线的竖立边缘

续表

工序	图　例	工序内容及举例
冲孔	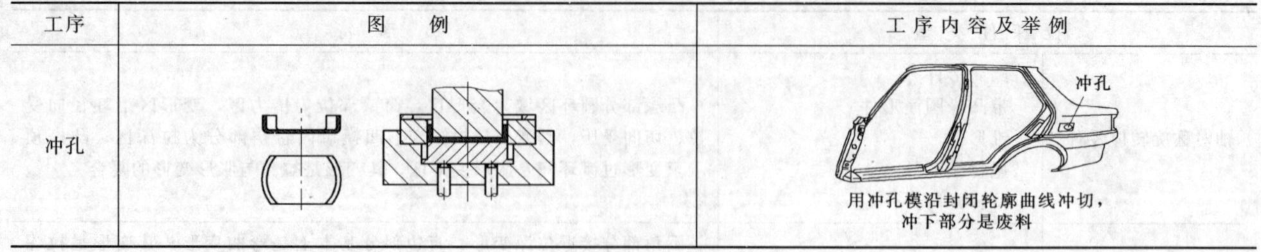	用冲孔模沿封闭轮廓曲线冲切，冲下部分是废料

落料工序是为了获得拉深工序所需的毛坯外形。拉深工序是关键工序，覆盖件的形状是由拉深工序成形的。

修边工序是覆盖件为了切除拉深件的工艺补足部分。这些工艺补足只是拉深工序的需要，因此拉深后切掉。

翻边工序位于修边工序之后，它使覆盖件边缘的竖边成形。冲孔工序是加工覆盖件上的孔洞。冲孔工序一般在拉深工序之后，以免孔洞破坏拉深时的均匀应力状态，避免孔洞在拉深时变形。

2. 生产规模与装备

选用冲压工艺装备应考虑产品的质量、生产效率和装备成本平摊等因素，覆盖件冲压工艺装备因冲压生产规模而异。

(1) 单件生产车身覆盖件的生产以钣金为主，使用少量模具、胎具，配备少量的拉伸和成形模具。

(2) 小批量生产拉伸和成形采用模具，而落料、拉深后的修边是在一些通用设备上进行，翻边使用胎具在覆盖件上的用钻孔方法加工。拉深模一般用低熔点合金模、锌基合金模。

(3) 中批量生产对于关键性的覆盖件和较大的覆盖件，部分工序采用冲压模具，而一般的覆盖件冲压工艺方案与小批量生产相同。

(4) 大批量生产每一道工序都使用冲模。模具结构相对复杂，一般采用人工送料和取件，少量采用机械手取件。

(5) 大量流水生产采用冲压自动线进行生产。自动线上的模具结构相对简单些，便于安装各种送料、取件、翻转、排除废料和传送工件等装置。

3. 覆盖件分类

根据形状复杂程度和变形特点，覆盖件可分为三类：浅拉深件、一般拉深件和复杂拉深件。表8-5为覆盖件的分类。

表8-5　覆盖件的分类

分　类	典型零件名称及简图	零件拉深深度（mm）
浅拉深件	外门板	<90
一般拉深件	前翼子板	<100

续表

分　类	典型零件名称及简图	零件拉深深度（mm）
复杂拉深件	侧围	<170～240

4. 覆盖件拉深技术要求

拉深工序是制造覆盖件的关键工序，它直接影响产品质量、材料利用率、生产效率和制造成本。覆盖件拉深具有以下特点。

（1）覆盖件拉深往往不是单纯的拉深，而是拉深、胀形、弯曲等的复合成形。无论覆盖件分块有多大，形状有多复杂，尽可能在一次拉深中成形出全部空间曲面形状以及曲面上的棱线、筋条和凸台，否则很难保证覆盖件几何形状的一致性和表面光滑。

（2）覆盖件形状复杂，深度不均，且又不对称，压料面积小，因而需要采用拉深筋来加大进料阻力；或是利用拉深筋的合理布置，改善毛坯在压料圈下的流动条件，使各区段金属流动趋于均匀，有效地防止起皱和拉裂。

（3）覆盖件的拉深不仅要求有一定的拉深力，还要求在拉深过程中具有足够的、稳定的压料力。

由于覆盖件往往轮廓尺寸大，单动压力机不能满足其对压料力的要求。因此，在大量生产中，覆盖件的拉深均在双动压力机上进行。双动压力机具有拉深、压料两个滑块，压料力可达拉深力的65％～70％，且四点连接的外滑块可进行压料力的局部调节，从而满足覆盖件拉深的特殊要求。

覆盖件的拉深要求材料的塑性好、表面质量和尺寸精度高。含碳量在0.08％～0.19％的低碳钢具有伸长率高（$\delta \geqslant 40\%$），屈强比小（σ_s/σ_b）、硬化指数 n 和厚向异性系数 r 大的特点，能满足复杂的、拉深变形程度很大的覆盖件的拉深工艺要求。

覆盖件拉深时，为减少板料与凹模、压料圈的摩擦，降低材料内应力以避免破裂和表面拉毛的现象，常需在压料面上涂抹特制的润滑剂，它能够很好地附着在钢板表面上，并形成一层均匀的、具有相当强度、足以承受相当大的压力的润滑膜。

5. 车身覆盖件拉深工艺设计

现代汽车车身的艺术造型趋于流线型是为了适应高速行驶的需要，这往往使零件的冲压工艺性变差，拉深时容易起皱和破裂，并给冲模制造和维修带来困难。

汽车覆盖件是由若干冲压件装焊而成的。冲压件设计应考虑零件的成形工艺性、装配工艺性以及车身整体组装后的外形美观性；冲压件既要保证零件能够容易成形，又要使材料的极限变形能力得到充分发挥，提高成形工艺性。

8.3　车身焊接工艺

冲压将板料加工成外形各异的成形件，是分散、独立的，必须经过装配焊接才能成为车身，所以焊装是车身整体成形的关键工艺，焊装工艺是车身制造工艺中的重要环节。

8.3.1　车身焊装工艺特点

设计车身时，考虑到制造工艺性，将车身分成若干个分总成，各分总成又可由若干个合件或冲压件组成，合件由若干个冲压件组成。车身装焊过程是将若干个零件装焊成合件，再将若干个合件和零件装焊成分总成，最后将分总成、合件、零件装焊成车身总成。如图8－15所示的轿车车身主要是按图8－16的制造顺序装焊的。因车身材料是薄钢板，所以车身部件之间为搭焊连接。

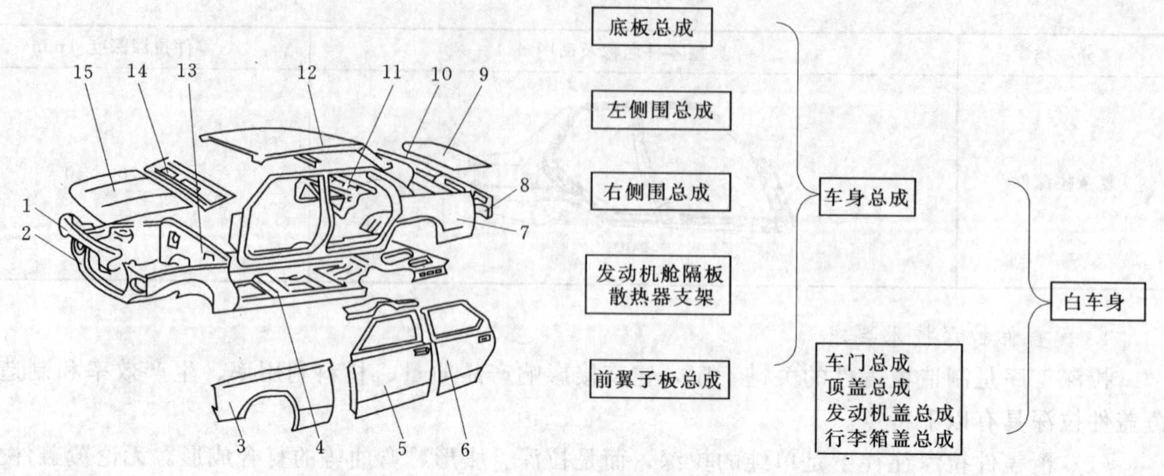

图 8-15 轿车白车身

1、2—散热器支架；3—前翼子板；4—地板总成；5、6—车门；7—侧围；8—后围板；9—行李舱盖；10—后围上盖板；11—后窗台板；12—顶盖；13—发动机舱围气；14—前围上盖板；15—发动机罩

图 8-16 轿车白车身装焊程序

一辆载货汽车车身有 2000 多个焊点，轿车车身的焊点达 5000 多个、累计焊缝长达 40m 以上，螺母、螺栓焊 100～200 个，CO_2 气体保护焊焊缝累计长 2～3m。

8.3.2 焊接方法

车身零件连接特点决定了对焊接工艺设备的要求，长期实践表明最适合薄钢板连接的就是电阻焊。采用电阻焊，车身焊接变形小。由于电阻点焊为内部热源，冶金过程简单，且加热集中，热影响区较小，容易获得优质接头。表 8-6 为车身制造中常用焊接方法及典型应用实例。

表 8-6　车身制造中常用焊接方法及典型应用实例

焊接方法	焊接设备	实　例	焊接方法	焊接设备	实　例
电阻焊	点焊机	分总成等	电弧焊	CO_2 气体保护焊	车身总成
	固定点焊机	螺母、螺柱	特种焊	激光焊	车身底板

电阻焊是车身制造应用最广泛的焊接工艺，占整个焊接工作量的 70%以上。

二氧化碳气体保护焊，主要用于车身骨架和车身总成中点焊不能进行的连接部位的补焊。如有些焊接件的组成结构较为复杂或接头在车身底部等，点焊焊钳无法达到，只能用 CO_2 焊进行焊接。

8.4 车身涂装工艺

8.4.1 车身涂装与涂料

汽车作为现代化交通运输工具之一，其外观的色泽鲜丽经久不变，是汽车外观质量的一个标志，也起着装饰美化的作用，这主要靠涂漆来实现。汽车主要损坏形式之一就是腐蚀，汽车腐蚀直接影响汽车的质量和寿命，涂漆也是延长汽车使用寿命的主要措施之一。

8.4.1.1 车身用涂料概述

1. 汽车涂装技术发展简史

汽车涂装已有 80 多年的历史，见表 8-7。

表 8-7　　　　汽车涂装技术发展简史

阶　段	时　间	使用涂料	漆前表面处理	涂 装 方 法	干 燥 方 法
①手工作坊阶段	1930 年以前	油性漆等自干性涂料	手工擦洗	刮腻子、手工刷漆	自然干燥
②手工喷涂阶段	1930～1946 年	硝基漆、酣醒或醇酸合成树脂涂料	碱液擦洗	手工喷漆	自然干燥和烘干
③提高涂层质量阶段	1947～1963 年	浸用合成树脂漆、氨基面漆、热塑性和热固性丙烯酸面漆	脱脂和喷式磷化处理	浸涂、手工喷涂、静电喷涂	烘干、湿碰湿烘干
④涂装技术提高阶段	1964～1974 年	阳极电泳漆、金属闪光色面漆	100%磷化处理	阳极电泳涂装、自动静电喷涂	辐射与对流结合方式烘干
⑤降低成本阶段	1975～1985 年	阴极电泳漆粉末涂料和高固体涂料	浸喷结合式磷化处理、前处理水回收利用	阴极电泳漆涂装、高转速杯式自动静电喷涂	烘干室废气燃烧净化、热能综合利用
⑥净化工程阶段	1985 年以后	水性底色漆试用水溶性或粉末罩光涂料	以高磷比磷化膜的磷化省去钝化工序或采用无锡钝化	全自动喷涂	湿碰湿烘干

从各国发展情况来看，北美和西欧的汽车涂装工艺处于世界先进水平，许多新的涂装技术和涂料均首先应用于汽车涂装。日本的汽车涂装技术水平也已进入世界先进行列。

我国从 20 世纪 80 年代初开始在一汽、二汽和济南汽车厂引进了国外的汽车涂装技术，油漆厂也配套引进了汽车漆制造技术。进入 20 世纪 90 年代，轿车合资企业和涂料合资企业的建立，使我国汽车涂装技术及涂料技术也达到了世界先进水平。

8.4.1.2　汽车涂装的作用

涂装是指将涂料以不同方式涂饰在经过处理的工件表面上，干燥后形成一层牢固附着的连续薄膜的工艺。涂装工艺一般由漆前表面处理、涂饰和烘干三大基本工序组成。

（1）保护作用汽车常年在大自然中运行，在汽车车身表面涂上涂料，干结成膜，可将车身的表面和空气、水分、日光以及外界的各种腐蚀物质隔开，有效保护汽车车身，延长使用寿命。

（2）装饰作用汽车作为重要的现代化交通工具之一，除造型外，涂层的外观、颜色等也能起到美化作用而产生艺术效果，给人以赏心悦目的感受。所以涂料装饰、美化汽车的作用也是很重要的。

（3）标志作用对于某些特种汽车，涂料还可以起到有利于汽车安全行驶的标志作用。例如特种工程车，大型、超高、超重或超长车，会给行驶在公路上的一般汽车带来一些不安全的因素，可以利用涂料色彩，按有关规定在车辆前部、上部、两侧或尾部等涂上警告、注意危险、减慢车速等信号，以保证行车安全。

（4）特殊作用某些特殊涂料，还有防震、消声、隔热等作用。

8.4.1.3　车身涂装工艺特点

汽车的使用工况复杂、多变决定了其必须达到高等级的涂装效果，具有极强的耐候性、耐腐蚀性。汽车生产技术复杂、投资成本巨大，所以先进的汽车生产均为大量流水生产，车身的经济产量在 15 万～30 万辆/年。汽车涂装工艺有以下特点。

1. 汽车涂膜的组成

汽车使用工况复杂，对涂料要求的功能多，故汽车涂膜一般由底漆涂层、中间涂层、面漆涂层三层组成，每层分别承担不同的功能，涂层总厚度达 80μm 以上。

底漆是直接涂在经过表面处理的车身上面的第一道漆，是整个涂层的基础。它对车身的防锈蚀和整个涂层经久耐用起着主要作用。中间涂层是指介于底漆与面漆之间的涂层，它的主要功能是改善被涂工件表面和底层的平整度，为面漆层创造良好的基底，以提高整个涂层的装饰性。汽车面漆是最后涂层，它直接影响汽车的装饰性、耐候性、耐潮湿性、抗污性及抗擦伤性。

2. 清洁的涂装作业环境及条件

汽车涂层的装饰性能主要取决于色彩、光泽、丰满度和外观等。涂层的综合装饰性可以用鲜映性来表示，以高清晰的镜面映像能力定为1进行对比。高级轿车可以达到0.8～1.0，一般轿车0.6～0.8，载货车0.4～0.6。

为了使涂层达到良好的鲜映性，避免涂层颗粒现象，涂装车间应具备空调除尘装置，车间厂房密封性要好；为避免涂层产生橘皮现象，物流工具运行应平稳等。

3. 高效快速的漆前处理、涂装、干燥和物流装备

汽车生产均为大量流水生产，车身涂装的生产节奏仅为几十秒至几分钟，应采用高效快速的漆前处理、涂装、干燥和物流装备。

4. 涂装的三要素

要满足产品技术、功能要求，保证涂层质量，获得最大的经济效果，必须掌握涂装工程的三个关键要素：涂装材料、涂装技术、涂装管理。

涂料的质量和作业配套性是获得优质涂膜的前提条件。选用涂料时，要从作业性能、涂膜性能和经济性方面综合考虑。

要根据产品的使用要求和汽车产品的档次正确选用配套的底漆、中间涂料、面漆，同时做到涂层质量与汽车同寿命。

涂装技术包括涂装工艺、涂装装备、涂装环境，是充分发挥涂装材料性能、使涂料形成优质涂层的关键。涂装工艺流程设计应合理可靠，工艺参数应选择合理；涂装装备应结构合理，与产量匹配，性能可靠；涂装环境指标如车间温度、湿度和空气清洁度等要满足工艺要求。

涂装管理是保证工艺得以执行的重要手段。涂装管理包括工艺管理、装备管理、质量管理、生产管理等。涂装材料、涂装技术、涂装管理三者之间相互依存、相互制约。

5. 汽车涂料特性及分类

“油漆”是利用植物油和天然漆制成的涂饰材料。由于近年来石油化工和有机合成化工工业的发展，为涂料工业提供了新的原料，因此涂料既包括植物油和天然漆制成的涂饰材料，也包括合成树脂及溶剂制成的涂饰材料。

汽车涂料是指涂装在轿车、大客车、大卡车等汽车车身及零部件上的涂料，有时也包括一些农机产品如拖拉机、联合收割机和摩托车用涂料，一般指制造新汽车用的涂料及辅助材料和车辆修补用涂料。近年来，汽车工业飞速发展，汽车的生产量越来越大，这就使汽车的涂装工艺完全转向高速率和现代化流水作业。根据这些特点，要求汽车涂料应具有下列特性。

(1) 漂亮的外观。要求漆膜丰满，光泽华丽柔和，鲜映性好，色彩多种多样并符合潮流。现在轿车上多使用金属闪光涂料和含有云母珠光颜料的涂料，使其外观看上去更加赏心悦目。

(2) 极好的耐候性、耐腐蚀性。要求耐各种温度、曝晒及风雨侵蚀，在各种气候条件下不失光、不变色、不起泡、不开裂、不脱落、不粉化、不锈蚀。要求漆膜的使用寿命不低于汽车本身的寿命，一般大于5～10年。

(3) 极好的施工性和配套性。要求涂料本身性能适应汽车工业现代化的涂装流水线，能适应自动喷漆、大槽浸漆、静电喷漆和电泳喷漆等高效涂装方法。要求干燥迅速，涂层的烘干时间不超过30min。汽车漆一般为多层涂装，要求各涂层之间结合力好、无缺陷。

(4) 极好的力学性能。能适应汽车行驶中的震动和石击，要求漆膜的附着力好，坚韧、耐冲击、耐划伤、耐摩擦、耐崩裂等。

(5) 极好的耐擦洗性和耐污性。要求耐毛刷、肥皂、清洗剂、鸟或昆虫的排泄物、酸雨等，与这些物质接触后不留痕迹。

(6) 由于汽车用涂料量大，故要求货源广、价格低廉、无公害。

涂料的品种很多，成分各异，基本由以下三部分组成。

(1) 主要成膜物质。使涂料黏附在制件表面成为涂膜的主要物质，是构成涂料的基础，通常称为基料和基漆。在涂料原料中，作为主要成膜物质的是油料和树脂两大类。

油料包括植物油、动物油。树脂有天然树脂和合成树脂。天然树脂是指由自然界中动植物分泌物

所得的无定形有机物质，如松香、琥珀、虫胶等。合成树脂是指由简单有机物经化学合成或某些天然产物经化学反应而得到的树脂产物。树脂通常受热后有软化或熔融的温度范围，软化时在外力作用下有流动倾向，常温下是固态、半固态，有时也可以是液态的有机聚合物。

以油作为主要成膜的涂料称为油性涂料；以树脂作为主要成膜物质的涂料称为树脂涂料；以油和一些天然树脂合用为主要成膜物质的涂料，称为油基涂料。

(2) 次要成膜物质。它也是构成涂膜的组成部分，但不能离开成膜物质单独构成涂膜，而主要成膜物质可以单独成膜，也可以和次要成膜物质共同成膜。如颜料是次要成膜物质，漆膜中有了它，能使涂膜性能增强，使涂料品种增多，满足更多的需要。

(3) 辅助成膜物质。它对涂料变成涂膜的过程或对涂膜性能起一些辅助作用，不能单独构成涂膜。辅助成膜物质包括稀料和辅助材料两大类。

以上三部分按其在涂膜中存在的状态可分为固体成分（不挥发成分）和稀料成分（挥发成分）两部分。固体成分是最后能存在于涂膜中的成分，包括油、树脂、料和辅助材料。稀料存在于涂料中，而在涂料变成涂膜过程中挥发掉，不再存在于涂膜中，稀料包括溶剂和助溶剂。

以上三部分按其作用又可分为胶黏剂（固着剂）和其他材料。胶黏剂也称漆料，由主要成膜物质和溶剂构成，其他材料由颜料、辅助材料、溶剂等构成。

涂料的种类繁多，分类方法也不一致。

(1) 按施工方法分：刷漆、喷漆、烘漆、电泳漆、粉末涂料等。

(2) 按涂料的作用分：底漆、面漆、罩光漆、腻子等。罩光漆用于装饰罩光，可保漆膜光亮如新，延长使用寿命。

(3) 按涂料的使用效果分：绝缘漆、防锈漆等。

(4) 按是否含有颜料分：不含颜料的称为清漆（透明体），含有颜料的称为色漆（不透明体），含有大量颜料的稠浆状体的称为腻子。色漆又包括厚漆、元光漆、皱纹漆、锤纹漆等。

(5) 按溶剂构成情况分：以一般有机溶剂作稀释剂的称为溶剂型漆，以水作为稀释剂的称为水性漆，漆料组成中没有挥发性稀释剂的称为元溶剂漆，元溶剂呈粉末状的称为粉末涂料。

涂料命名的原则是：全名＝颜色或颜料名称＋成膜物质名称＋基本名称，如大红醇磁漆、铁红酚醛防锈漆等。

8.4.2 车身用底漆

1. 底漆概述

底漆是直接涂在经过表面处理的车身上的第一道漆，是整个涂层的基础。它对车身的防锈蚀和整个涂层经久耐用起着主要作用。底漆应具备以下特性：

(1) 附着力强，除与车身表面附着牢固外，还与腻子或面漆黏附牢固。

(2) 有良好的防锈能力、耐腐蚀性、耐水性（耐潮湿性）和抗化学试剂性。

(3) 底漆涂膜应具有较高的机械强度和适当的弹性。当车身蒙皮膨胀或收缩时，不致脆裂脱落。当面漆老化收缩时，也不致折裂卷皮，能满足面漆耐久性要求。

(4) 应与中间涂层或面漆涂层有良好的配套性，即有耐溶剂性，不被中间涂层或面漆层所含溶剂咬起。

(5) 有良好的施工性。能适应汽车涂饰工艺大量流水生产的特点。

2. 底漆类型

底漆涂装有电泳涂装、喷涂、浸涂三种。车身底漆采用电泳涂装工艺。根据涂装方式可分为电泳底漆和有机溶剂底漆。

电泳涂装是利用外加电场使悬浮于电泳液中的颜料和树脂等微粒定向迁移并沉积于电极之一的基底表面涂装方法。电泳涂料是一种水溶性或乳化性涂料，在水中能电离成带电荷的水溶性聚合物，在直流电场的作用下泳向相反电极（工件），在其上面沉积析出。

8.4.3 车身用中间层涂料

中间涂层是指介于底漆与面漆之间的涂层。它的主要功能是改善被涂工件表面和底层的平整度，为面漆层创造良好的基地，以提高整个涂层的装饰性，对于表面平整度较好、装饰性要求不太高的载重汽车和中级客车、轿车，在大量流水生产中，常采用中间涂层，以简化工艺。对于装饰性要求高的客车、轿车，有时采用几种中间涂层涂料。

1. 中间层涂料应具有的特性

（1）应与底漆、面漆层配套良好。涂层应结合力强，硬度配套适中，不被面漆的溶剂所咬起。

（2）应具有填平性。能消除被涂漆面的划纹等微小缺陷。

（3）打磨性好。打磨时不粘砂纸，在湿打磨后，能得到平整光滑的表面，并能高温烘干。

（4）耐潮湿性好。不应引起涂层起泡。

（5）具有良好的抗石击性能。

2. 中间层包含涂料

为保证涂层间的结合力和配套性，中间层涂料所选用的漆基与底漆、面漆所用的漆基相仿，并逐步由底向面过渡。中间层涂料的种类也比较多，主要是环氧树脂、胶基醇酸树脂和醇酸树脂漆。上述树脂和聚酶所制中间涂料属于热固性，所得涂膜硬度高，耐溶剂性好，适合与各种漆配套使用。中间层涂料包含内容介绍如下。

（1）通用底漆。它可直接涂饰在金属表面上，具有底漆功能，又具有一定的填平能力，一般采用“湿碰湿”工艺涂两道，以替代底漆和二道浆，达到简化工艺的目的。

（2）腻子。它是一种专供填平表面用的含颜料较多的涂料，刮涂在底漆层上。刮腻子能提高工件表面的平整度和装饰性，而对整个涂层害多利少，腻子涂层易老化、开裂、脱落，再加上手工涂刮和打磨劳动强度大，国外汽车工业和国内大型汽车厂早已通过加工技术和管理水平的提高来确保零件表面的平整度，大量流水生产已不用刮腻子，只是汽车修理行业还在用。

（3）中途。它介于底漆和腻子之间，对被济工件表面的微小缺陷有一定的填平能力，颜料和填料含量比底漆多，比腻子少，颜色一般为灰色。采用手工喷涂和自动喷涂、自动静电喷涂，具有良好的湿打磨性，打磨后得到非常平滑的表面。

（4）封底漆。它是涂面漆前的最后一道中间涂料，它的漆基含量介于底漆和面漆之间，漆膜光亮或半光亮，它的漆基一般由底漆、面漆所用的树脂配成。

8.4.4 车身用面漆

汽车面漆是汽车多层涂层中最后涂层用的涂料，它直接影响汽车的装饰性、耐候性、耐潮湿性和抗污性。在汽车车身生产中，尤其是在轿车和高级客车生产中，对汽车用面漆的质量要求非常高。在选择汽车用面漆或指定面漆技术条件时，应根据汽车的使用条件、设计要求综合考虑。

1. 对面漆性能的要求

（1）外观装饰性。涂膜外观应光滑平整、花纹清晰，光泽度、橘皮程度、影像清晰度等都随车型的不同有不同的要求。虽然色彩方面没有硬性规定，但要求美观大方，主色和辅助色对称明朗，色调性强，以保证汽车车身具有高质量的外形。有些高级轿车能获得如镜面那样漂亮的外观。

（2）硬度和抗崩裂性。面漆涂膜坚硬耐磨，具有足够的硬度，可保证涂层在汽车行驶中，经路面砂石的冲击擦洗而不产生划痕。

（3）耐候性。急冷急热的温度变化，使面漆层易开裂，尤其是面漆层较厚、未用热塑性面漆及刚刚涂饰完时更易开裂。在选用面漆时，应通过耐寒性和耐温变形（－40～＋60℃）试验，证实即使在最大许可厚度的情况下面漆层也不会开裂。另外，烈日暴晒、风雨霜雪的侵蚀都会使面漆失光变色，直接影响汽车的装饰性，因此要求汽车用面漆层在热带地区长期暴晒不少于 12 个月后，只允许轻微的失光和变色，不得起泡、开裂和出现锈点。

(4) 耐潮湿性和防腐性。涂过面漆的工件浸泡在40～50℃的温水中，暴露在相对湿度较高的空气中，面漆应不起泡、不变色、不失光。随着全球环境的变化，应提高汽车涂层的耐酸雨性能和抗擦伤性能。

对面漆的防腐蚀性的要求虽没有对底漆层那样高，但与底漆涂层组合后，应增加整个涂层的防腐蚀性。

(5) 耐药剂性。面漆涂层在使用过程中，若与蓄电池酸液、机油、刹车油、汽油、肥皂液等各种清洗剂、路面沥青直接接触，擦净后接触面不应变色或失光，不产生斑印。

(6) 施工性能。在大量流水生产中，面漆的涂布方法多采用自动喷漆或静电喷漆，普遍采用“湿碰湿”工艺，烘干温度一般为150℃，时间为30min左右，所选用的面漆对上述施工工艺应有良好的适应性。装饰性要求高时，涂层应具有优良的抛光性能。面漆还应具有较好的重涂性和修补性。

2. 汽车用面漆特点及常用品种

汽车面漆的主要品种是磁漆（磁漆也称作瓷漆，是以清漆为基础加入颜料等经研磨而制成的涂料，磁漆的特点是经涂装后形成的涂膜坚硬光亮，像瓷釉）。一般具有鲜艳的色彩、较好的力学性能以及满意的耐候性。汽车用面漆多数为高光泽的，有时根据需要也采用半光的锤纹漆等。面漆所采用的树脂基料基本与底层涂料一致，但其配方组成却截然不同。例如，底层涂料的特点是颜料多、配料预混后易增稠、生产及储存过程中颜料易沉淀等。面漆在生产过程中对细度、颜色、涂膜外观、光泽、耐候性方面的要求更为突出，原料和工艺上的波动都会明显地影响涂膜性能，对加工的精细度要求更加严格。

目前高档汽车和轿车车身主要采用氨基树脂、醇酸树脂、丙烯酸树脂、聚氨酯树脂、中固聚酯等树脂为基料，选用色彩鲜艳、耐候性好的有机颜料和元机颜料，如铁白、歌菁颜料系列、有机大红等。另外还添加一些助剂，如紫外吸收剂、流平剂、防缩孔剂、电阻调节剂等来达到更满意的外观和性能。

8.4.5 车身其他涂料

1. 金属闪光底色漆

金属闪光底色漆是中涂层和罩光清漆层之间的涂层所用的涂料。它的主要功能是着色、遮盖和装饰。金属闪光底漆的涂膜在日光照耀下具有鲜艳的金属光泽和闪光感，给整个汽车添加诱人的色彩。

金属闪光底漆之所以具有这种特殊的装饰效果，是因为该涂料中加入了金属铝粉或珠光粉等效应颜料。这种效应颜料在涂膜中定向排列，光线照过来后通过各种有规律的反射、透射或干涉，最后人们就会看到有金属光泽的、随角度变光变色的闪光效果。溶剂型金属闪光底漆的基料有聚酶树脂、氨基树脂、共聚蜡液和CAB树脂液。其中聚酯树脂和氨基树脂可提供烘干后坚硬的底色漆漆膜，共聚蜡液使效应颜料定向排列，CAB树脂液主要用来提高底色漆的干燥速率，提高体系低固体分下的黏度，阻止铝粉和珠光颜料在湿漆膜中杂乱无章的运动，防止回溶现象。有时底漆中还加入一点聚氨酯树脂来提高抗石击性能。

2. 塑料涂料

汽车塑料涂料与其他金属部件用涂料相似，也分为底漆、底色漆、清漆或面漆。

底漆可直接涂在经表面处理的塑料底材表面上，一般要求膜厚30μm左右，以完全覆盖部件表面的流痕和缺陷。环氧—聚酰胺双组分塑料底漆主要用于汽车前后保险杠，因保险杠一般是聚丙烯的，该底漆中还加入了少量氯化聚丙烯作为基料，以提高底漆的附着力。另外还有溶剂型单/双组分聚氨酶底漆，用于汽车保险杠和其他塑料部件。

底色漆一般采用与金属部件用底色漆组分相同的体系，膜厚一般为10～15μm。清漆主要是溶剂型双组分聚氨酯体系，即将聚丙烯酸酯及聚酯类与多异氨结合，其漆膜能达到所需的柔韧度，还具有高耐化学品性和良好的力学性能。清漆膜厚一般要求约35μm，以提供色饱和度，并能达到与车身一致的光泽。

塑料单色面漆也是采用双组分聚氨酯体系来达到与车身一致的外观和性能要求。各种汽车塑料涂料的烘烤温度均在80℃左右。

3. 汽车用阻尼涂料的特点及主要品种

随着我国汽车、特别是旅行车及轿车向高档化方向发展，对保温、防震、消音涂料的性能提出了更高的要求。车底涂料用来提高密闭性、降低震动、减少噪声、提高汽车的舒适性和车身缝隙间的耐腐蚀性。

车底涂料是在车身底板下表面，尤其是易受石击的轮罩、挡泥板表面，增涂 1～2μm 厚的耐磨（具有抗石击性）涂层，可以提高车底部件的耐撞击性和耐冲刷性，提高耐腐蚀能力和汽车的使用寿命。

防声涂料是为减轻因震动产生的噪声而涂装的涂料。20 世纪 50 年代，阻尼涂料一般采用仿苏牌号 580，是沥青石棉纤维厚浆型阻尼涂料，后又开发了溶剂型合成树脂阻尼涂料，但都不太理想。近几年来，汽车阻尼涂料一般采用以聚氯乙烯树脂（即 PVC）为主要基料制成的一种元溶剂的 PVC 系列涂料，其固体成分一般可达到 100%。这种 PVC 涂料有较好的硬度、伸长率、剪切强度和拉伸强度，能很好地满足阻尼涂料的性能要求。

本章小结

本章主要介绍了车身主要生产工艺。在生产实习中，大多数学校都很重视发动机零部件的机械加工工艺，实习内容很少涉及车身制造工艺，车身制造技术一直是我国汽车工业的薄弱环节之一，因此必须加强并重视车身制造工艺，本章从车身材料入手，分别对车身冲压成型工艺、车身焊接工艺、车身涂装工艺进行了简要阐述，有助于同学们对汽车制造的全部工艺全面了解和掌握。

思考题

1. 车身结构有哪几大类？各有何特点？
2. 车身冲压工艺有哪几大类？各自适合哪些零部件的生产？
3. 车身的焊接方法有哪几大类？各自有何优缺点？
4. 车身涂装工艺有何特点？

第9章 汽车装配概述

9.1 汽车总装配

汽车总装配的任务是在总装配线上按照规定的节拍（2min46s）把各总成部件装配成一辆基型汽车，并进行验收和试车。其后，将基型车送车身厂或其他汽车改装厂安装车身和其他装置，然后即可向社会提供不同用途的各种汽车。

汽车总装流水作业线共三条。装配一线全长240m，装配基型车。装配二线长150m，装配三线长170m，这两条线主要组装变形车。装配线的主要设备有翻转器一台，加油器四台，电动葫芦18台，加水器1台，轮胎悬链线1条。

汽车总装配工艺过程大致如下。

（1）反装车架。

（2）装后桥及弹簧。

（3）装前桥及弹簧。

（4）装支架及油桶、贮气筒。

（5）翻转使车架正装。

（6）装发动机总成。

（7）装水箱、水管，油管。

（8）装车轮。

（9）装大、小灯及方向灯。

（10）装驾驶室（称车身）。

（11）装操纵杆及方向盘。

（12）装电路及电瓶。

（13）装发动机盖。

以下进行汽车检查和调整。

（14）自动加油。

（15）自动加水。

（16）工人检查和调整。

（17）计数。

（18）试车。

（19）发放验收合格证。

9.2 发动机装配

9.2.1 发动机柔性装配线

用于发动机总成部件的装配。全线呈矩形布置，驱动段总长120m，线高0.76m，线宽0.82m，工件托盘运行速度12.4m/min，总驱动功率38.2kW，最长装配工序时间60s，理论生产率60台/h。全线由4条直线机动滚道、4台平移装置、两台90°平面回转装置、60个工件托盘、32个停车器、1台托盘清洗机、2台翻转机和其他辅助设备组成。

工件放在托盘上，以非同步方式在线上移动。托盘可按装配工艺要求在线上由停车器停留或放行，也可以由回转装置改变方位运行；托盘上的工件可通过翻转机改变安放状态，以利于零件的装配。托盘在线上运行一圈即完成发动机内部件的装配和工件的上、下线工作。该线只需重新设计工作托盘的定位点，就可适用于一般较重型的发动机或其他动力机械的装配。

全部机动滚道采用摩擦辊轮驱动机构，动力由电动机带动减速器并通过链条传动供给。全线采用机械—电气驱动，气动系统操作，电控由总线连接实现全线和分步控制，可根据工艺和生产的需要进行组合，系统刚性好，适用于大批量的生产要求，且安装、调整、维修方便。

该线的操作按被动通过式原则设计，工件输送平稳、可靠，工件在线上以非同步的方式移动，装配工位的停、放取决于操作者，操作节拍较自主，能缓解装配工人紧张心理状态，减轻劳动强度，且线上可采用以关键工序为主的现场管理方法，保证了装配质量。

为了保证装配质量，装配中要按工艺要求首先要保证装配的径向、轴向间隙，如曲轴主轴颈与主轴承的轴向、径向间隙，活塞与缸孔的配合间隙，齿轮之间的间隙等。此外还有直接影响发动机燃烧、配气等工作性能的间隙，如活塞顶平面与汽缸盖底平面的间隙，气门间隙等。这些装配间隙的保证，绝大部分采用完全互换法，对装配精度要求高的配件装配，采用分组装配法，在保证气门间隙时则采用了调整法。

对重要的连接部位，要提出装配转矩的要求，如要求主轴承盖螺栓的拧紧力矩为 170～190N·m。为此，应予两次拧紧，第一次用液压扳手，第二次手动按 4、3、5、2、6、1、7 的顺序从曲轴中部向两端逐渐拧紧，以单手能较费力地转动曲轴为合格。在发动机装配中，保证连接件间获得正确的锁紧力和保证锁紧力的均衡性是十分重要的，否则将造成用螺纹连接的剖分轴承变形，连杆体与连杆盖的螺纹连接在变载荷作用下产生应力集中，机体与缸盖产生翘曲、密封不好、飞轮偏振动等。

零件的清洁度对产品质量和装配工作也有较大的影响，所以装配时要重视清洗零件的工序，要求清洗零件表面的油脂，清除表面的磨屑、灰尘及其他脏物并进行防锈。

9.2.2 分组装配

对装配精度要求很高的偶件，既要保证装配质量，又要降低零件的制造成本，所以采用了分组装配工艺。

1. 活塞和汽缸的装配

发动机缸孔的工艺尺寸为 $\phi100^{+0.06}_{0}$ mm，活塞直径为 $\phi100^{-0.015}_{-0.045}$ mm，而设计要求证孔与活塞的配合间隙为 0.03～0.06mm。装配时按 0.006mm 的公差带将缸孔、活塞各分为 10 个不同尺寸组，如表 9-1 所示进行分组装配。

表 9-1　缸孔与活塞的分组

组号	缸孔直径尺寸 (mm)	活塞外径尺寸 (mm)	组号	缸孔直径尺寸 (mm)	活塞外径尺寸 (mm)
1	100.000～100.006	99.955～99.961	6	100.030～100.036	99.985～99.991
2	100.006～100.012	99.961～99.967	7	100.036～100.042	99.991～99.997
3	100.012～100.018	99.967～99.973	8	100.042～100.048	99.997～100.003
4	100.018～100.024	99.973～99.979	9	100.048～100.054	100.003～100.009
5	100.024～100.030	99.979～99.985	10	100.054～100.060	100.009～100.015

除尺寸分组外，为了保证发动机运转平稳和使活塞运动时产生的冲击力平衡，还把活塞和连杆按重量分组，把相同重量的活塞和连杆安装在同一发动机内。活塞的重量分组见表 9-2，连杆大小头重量分组见表 9-3。

表 9-2　　活塞的重量分组

编组	活塞分组重量（g）	级　差	编组	活塞分组重量（g）	级　差
A			E	752～759	
B			F	760～767	7
C	735～742	7	G	768～775	
D	743～751	8			

表 9-3　　连杆大小头重量分组

分组色标	大头重量（g）	小头重量（g）	分组色标	大头重量（g）	小头重量（g）
红	1134±8	420±5	蓝白	1200±8	485±5
黄	1190±8	420±5	蓝	1226±8	465±5
绿	1184±8	450±5	粉红	1238±8	495±5
无色	1180±8	450±5	蓝黄	1248±8	525±5

注　前面四组符合设计要求，后边四组是因锻坯超重而增设。

活塞和汽缸正式装配之前，应进行预配检查，即按复合选配法装配，以便更严格地控制配合间隙。预配检查时应将活塞倒装于汽缸内，用宽为 13mm、厚 0.05mm、长度不小于 200mm 的带形厚薄规从与活塞销孔垂直的一面（活塞是椭圆的）以 20～30N 的力缓慢拉出为合格。

2. 活塞连杆总成装配

包括安装气环、刮油环和活塞销。气环在汽缸中的开口间隙为 0.29～0.49mm，第一道气环是镀锴的，装配时内切槽均应向上，各环的开口在周向错开 120°左右。刮油环在汽缸内开口间隙为 0.5～1mm，两片应在周向错开 180°左右。气环和刮油环采用气动夹具装配。

装活塞销时，应先将活塞（材料为共晶铝合金，线胀系数为 23.8×10^{-6}）加热到 75°左右（接近工作温度）然后将活塞销（材料为无缝合金钢管，线胀系数为 11.2×10^{-6}）轻轻推入活塞销孔并穿过连杆小头孔（套为青铜，线胀系数为 17.6×10^{-6}）而支承在两端的活塞销孔中，并在两端安装锁环以限制其轴向滑动。

为保证活塞销与连杆小头孔的配合间隙 0.0045～0.0095mm，对活塞销与连杆小头孔采用分组装配。活塞销孔的分组尺寸规定与活塞销分组尺寸相同。表 9-4 为活塞销装配分组表。当连接处在 75℃条件下工作时，由于两者材料线胀系数不同，使活塞销与活塞销孔获得 0.025mm 左右的配合间隙。

表 9-4　　活塞销装配分组

零件	设计尺寸（mm）	标　记	尺寸分组（mm）	测量温度（℃）	装配温度
活塞销	$\phi28_{-0.01}^{0}$	红	$\phi28_{-0.01}^{-0.075}$	10～35	室温
		黄	$\phi28_{-0.0075}^{-0.0050}$		
		绿	$\phi28_{-0.0050}^{0}$		
		白	$\phi28_{-0.0025}^{0}$		
活塞销孔	$\phi28_{-0.01}^{0}$	红	$\phi28_{-0.01}^{-0.0075}$	18～22	75℃
		黄	$\phi28_{-0.0075}^{-0.0050}$		
		绿	$\phi28_{-0.0050}^{-0.0025}$		
		白	$\phi28_{-0.0025}^{0}$		
连杆头孔	$\phi28_{-0.003}^{+0.007}$	红	$\phi28_{-0.003}^{-0.005}$	10～35	室温
		黄	$\phi28_{-0.0005}^{+0.002}$		
		绿	$\phi28_{+0.0021}^{+0.0045}$		
		白	$\phi28_{+0.0045}^{+0.0070}$		

3. 发动机的出厂试验

发动机装配完毕，经检验合格后送试验车间进行出厂试验。试验的目的是：

（1）磨合各运动零件。

（2）检查发动机的制造和装配质量。

（3）检查和调整发动机各系统、各机构的工作性能情况。

（4）检查发动机的技术经济指标是否符合要求。

磨合又称跑合，部件经一定时间的磨合运转后，使运动件间的摩擦阻力逐渐减小，所消耗的功率趋于稳定，达到最佳的配合状态。磨合分冷、热两个阶段，冷磨合是以电动机带动发动机，使曲轴强制回转，进行初步磨合；热磨合是加燃料使发动机工作，使之在不同负荷下运转。在热磨合的同时进行发动机各系统的调整、检验及修理等。如为防止有关零件在受热伸长时造成气门漏气，进行进、排气门间隙的调整；根据所用燃料调整配电器壳的转动位置，以保证点火提前角的要求；检查和调整机油压力；检查燃油系统和润滑系统有无泄漏等。

磨合后要清除混在机油中的金属屑粒，在冷磨合时应注意是否有不正常的现象和不正常的声音，如零件的碰撞和干涉，齿轮噪声，局部发热，轴瓦冒烟和漏油等，出现这类现象应立即停车检查和调整。

9.3 变速箱总成装配

9.3.1 变速箱总成非同步柔性的装配线

该线全长106m，呈U形布置。主输送带上有83个可移动输送夹具，由电动机经摆线针轮减速器带动运输链带使它们在装配线上连续运行，运行速度15m/min，生产节拍1.56min，具有年产15万辆的装配能力。全线共21个装配工位，配有自动和半自动轴承压装机、全自动定量加油机、简易机械手、翻动吹风机、总成密封试验机等设备和设施。该线共分六段，段与段之间及工位与工位之间为非同步柔性连接，这就使各装配工位可单独自由支配装配时间，使工时利用率大大提高，节拍损失少，大大减轻了操作工人的劳动强度与紧张程度。变速箱总成装配工艺系统图如图9-1所示。

9.3.2 变速箱自行单轨小车的贮运线

变速箱总成装配结束后由自行单轨小车贮运线吊送到试验台上进行总成试验，试验规范见表9-5，试验检查内容见表9-6。

表9-5 试验规范

序号	换挡位置	试验时间（min）	序号	换挡位置	试验时间（min）
1	空挡	2	5	3挡	1
2	倒挡	1	6	4挡	1
3	1挡	1	7	5挡	1
4	2挡	1			

表9-6 试验检查内容

序号	检查内容	序号	检查内容
1	各挡换挡应灵便，有同步器的各挡换挡时不应有牙齿的冲击声	5	变速杆不应有不正常的抖动，手制动鼓不应有明显的摆动
2	各前进挡噪声不高于87dB，倒挡噪声不高于90dB	6	变速箱总成不应有错漏装现象
3	不应有明显的变速叉与拨叉槽的碰击声	7	变速箱总成不应有渗漏油现象
4	不应有明显的不正常摩擦声和碰击声		

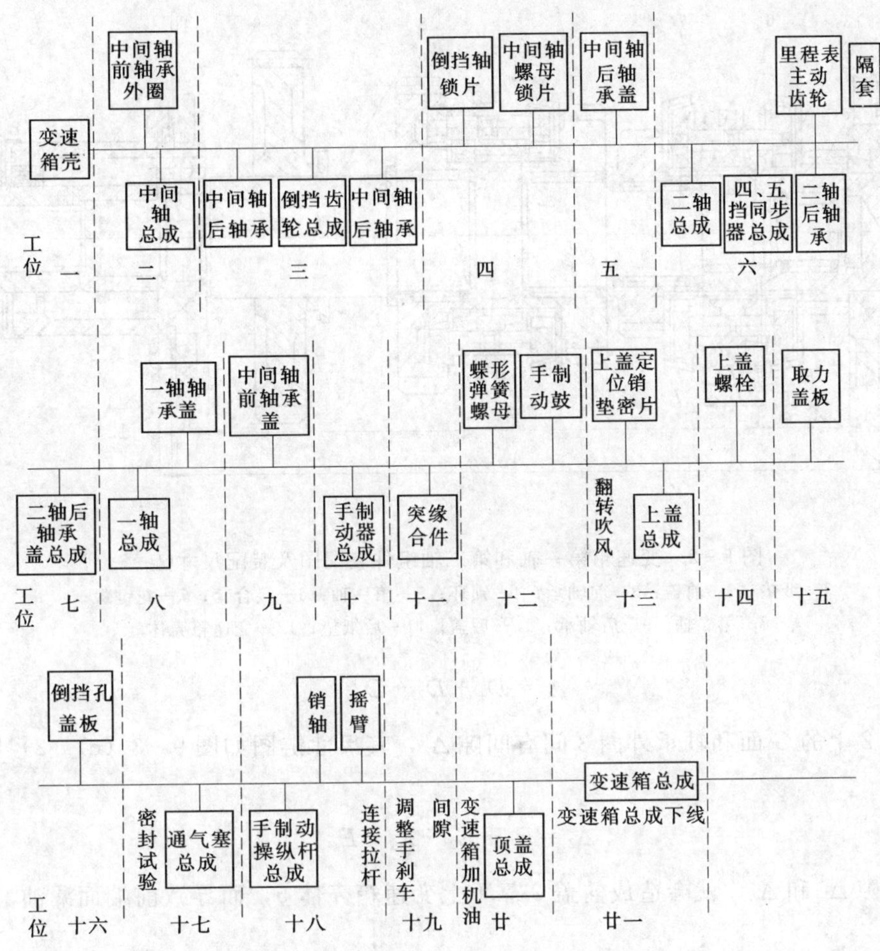

图 9-1　变速箱总成装配工艺系统图

试验完毕，将合格的变速箱总成由自行单轨小车吊运到总成库卸货。试验不合格的变速箱总成挂上信号棒，用自行单轨小车运到修理卸货点卸货。修理好的变速箱总成要再用自行单轨小车吊运到试验台重复试验。

单轨小车贮运系统技术在我国属正在开发的具有相当难度的机械化贮运技术。该系统采用富士F1000型的PC机作为控制系统的中心环节，机械化系统实行全面可靠的自动化控制。全线总长242m，设置37个单轨小车，有两个上料点，四个下料点和一个返修品上、下料点及12个工艺试验台，全线环形布置，分15个道岔。整个系统大致可分为三个区域：即上料区、包括空车等待积放区和小车维修区；工艺试验区包括6条轨道，每条轨道底下各有两个试验台；下料区包括四个下料点和一个返修上、下料台。

9.3.3　变速箱第一轴和第二轴组件的装配尺寸链

图 9-2 为变速箱第一轴和第二轴组件装配图，图中有许多轴向尺寸的装配精度要求。其中之一是第一轴 5 右端面和第二轴 8 上花键毂 7 左端面间应有一定的间隙 Δ 以保证第一轴和第二轴能按各自不同的转速自由转动而不互相干涉，以及当四、五挡同步器接合套 6 与第一轴右端齿圈和第二轴 8 上花键毂 7 外齿圈结合时能保证齿面具有规定的啃合宽度，以满足强度要求，该间隙 Δ 即为装配尺寸链的封闭环，其尺寸链图如图 9-2 所示。

图 9-3（a）为变速箱第一轴轴承外圈、锁环和前盖的局部装配图，图上有三个轴向尺寸的精度要求，即装配尺寸链的封闭环。

（1）当前盖 2 紧固在纸垫 1 和变速箱壳体 5 上时，前盖 2 上的 H 面和锁环 4 有间隙 Δ_1，其尺寸链图如图 9-3（c）（1）所示，尺寸链方程式为

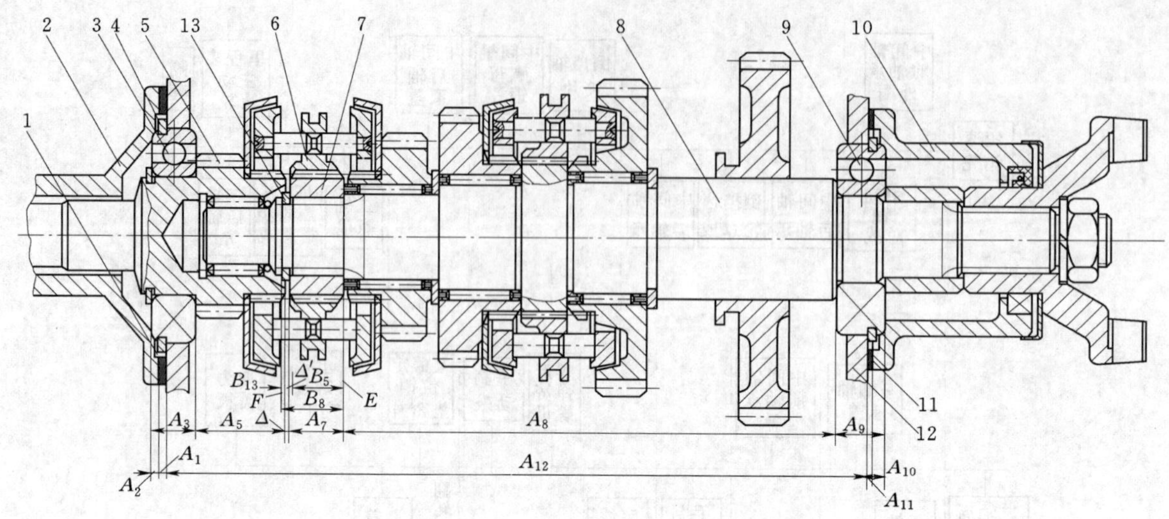

图 9-2　变速箱第一轴和第二轴组件装配图及装配尺寸链

1—纸垫；2—前盖；3—前轴承；4—锁环；5—第一轴；6—接合套；7—花键毂；8—第二轴；9—后轴承；10—后盖；11—后纸垫；12—变速箱壳体

$$\Delta_1 = D_1 + D_2 - D_4$$

(2) 当前盖 2 上的 G 面和轴承外圈 3 间有间隙 Δ_2，其尺寸链图如图 9-3 (c) (2) 所示，尺寸链方程式为

$$\Delta_2 = E_1 + E_2 - E_3 - E_4$$

如果没有间隙 Δ_1 和 Δ_2，就会造成前盖 2 靠不上变速箱壳体 5，而导致前端面漏油。

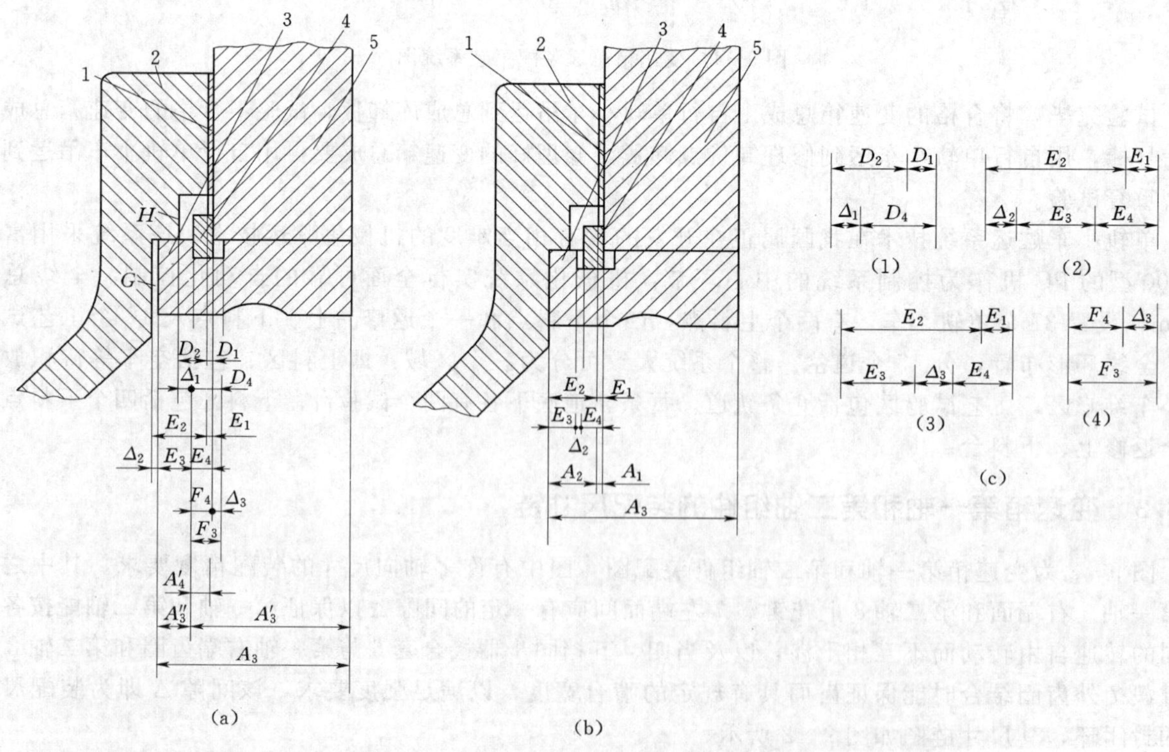

图 9-3　变速箱第一轴承外圈、锁环、前盖局部装配图及尺寸链

1—纸垫；2—前盖；3—轴承外圈；4—锁环；5—变速箱壳体

(3) 锁环 4 在轴承外圈 3 的止动槽中要有间隙 Δ_3，以保证锁环 4 可以方便地装入轴承外圈 3 的止

动槽中，其尺寸链图如图 9－3（c）（4）所示，尺寸链方程式为：

$$\Delta_3 = F_3 - F_4$$

在实际工作时，第一轴承受的轴向力会使轴承外圈 3 向左移动，直至与前盖 2 的 G 面靠紧，如图 9－3（b）所示，这时 Δ_2 的位置移到 E_3 和 E_4，其尺寸链图如图 9－3（c）（3）所示，但尺寸链方程式仍保持不变，即

$$\Delta_2 = E_1 + E_2 - E_3 - E_4$$

由此可知，Δ_2 也就是轴承外圈 3 的轴向窜动量。同理，由图 9－2 可知，第一轴轴承内圈也有类似于 Δ_2 的轴向窜动量，而且还由于轴承存在游隙，使变速箱前轴承内、外圈之间也有一个轴向窜动量。这三个窜动量总和就是第一轴总的轴向窜动量。为了简化分析，我们略去后两者的窜动量，把 Δ_2 近似地作为第一轴的轴向窜动量。

在此基础上，现在再来分析图 9－2 中关于 Δ 的装配尺寸链。此图是根据轴承受到向左的轴向力使轴承紧靠在前盖 2 的 C 面上，即按图 9－3（b）所示的情况来查找 Δ 的。但实际工作中有时也会出现轴承向右紧靠在锁环 4 上的情况如图 9－3 (a)所示。这时 Δ 的装配尺寸链就不再如图 9－2所示，而应为图 9－4 所示。由于轴承上设有轴承右端面到止动槽左侧的尺寸 A_3' 只有轴承宽度尺寸 A_3 和轴承左端到止动槽左侧尺寸 A_3''，所以要进行尺寸转换，即用 $A_3' = A_3 - A_3''$ 来代替，如图 9－3（a）所示。那么 Δ 的装配尺寸链究竟应按哪一条尺寸链求解呢？严格说来 Δ 已不能用一条装配尺寸链来分析了，而要竭尽全力找出装配尺寸链 Δ_2 对装配尺寸链 Δ 的影响来，即要分别求出 Δ_{max} 和 Δ_{min}。求 Δ_{max} 时，要按图 9－3（b）的装配关系去查找，求 Δ_{min} 时，要按图 9－3（a）的装配关系去查找。实际情况比如上所述还要复杂。图 9－2 中的 B 尺寸链（其封闭环）对 Δ 也有影响。

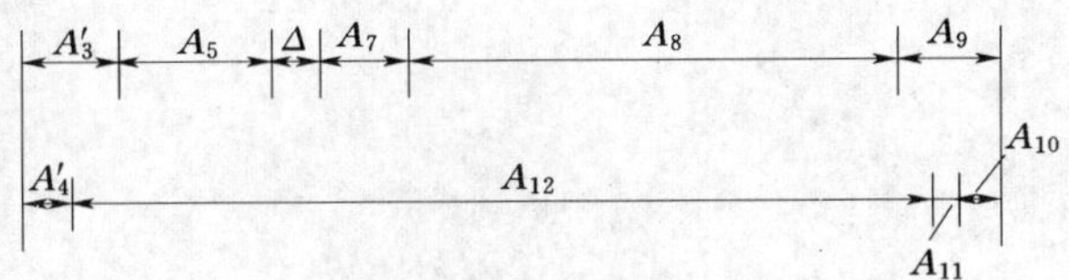

图 9－4　前轴承通过锁环 4 靠在变速箱壳体上 Δ 的尺寸链

本章小结

本章主要介绍了汽车总装配、发动机装配和变速箱总成装配。汽车是一台由许多机构、装置的上万个零件经严密组合而成的一台复杂机器，它具有各种运行和工作功能。由于汽车装配是汽车生产过程的最后一个环节，所以汽车的质量不但取决于汽车零件的加工精度，而且与汽车的装配质量关系十分密切。在装配工作中，手工劳动量较大，所以在保证装配质量的前提下如何提高劳动生产率、减轻工人劳动强度、提高装配机械化程度是装配工作的重要任务。汽车属大量生产类型，为了保证装配精度和生产节拍的要求，汽车装配中大量采用完全互换的装配方法，而分组装配法在个别要求很高的偶件的装配中也得到应用。

思考题

1. 汽车总装配工艺过程是怎样的？

2. 发动机柔性装配线，柔性二字体现在什么地方？装配线机动滚道的传动装置的原理如何？并用简图表示出来。

3. 为了保证装配质量，装配中要保证哪些零件间的径向和轴向间隙和保证哪些连接部件装配转矩要求？为什么？

4. 分组装配法要注意的问题及应用场合是什么？

5. 变速箱装配的工艺过程是怎样的？请你根据变速箱的装配总结一下装配先后顺序应遵循的原则是什么？

6. 什么叫装配尺寸链？请你根据装配尺寸链的建立原理查找出变速箱第一轴和第二轴有关的装配尺寸链。

第10章　实 做 训 练 项 目

10.1　摩托车发动机的拆装

10.1.1　发动机总装工艺流程及其调试

1. 发动机总装的工艺流程

装配气门（气门表面涂上发动机润滑油）→ 安装凸轮轴（顶置凸轮轴。双凸轮轴的要将传动链的相位记号对准凸轮轴链轮上的记号）→ 安装气门摇臂与气门挺杆（气门摇臂轴、摇臂、挺杆均要洒涂润滑油）→ 装上曲轴主轴瓦于支承座与瓦盖上（只有一边有油槽的，则有油槽的装在缸体支承座上）→ 装上曲轴止推片→轴瓦上涂抹机油 → 装上曲轴 → 安装主轴瓦盖 → 按规定扭紧力矩分三次扭紧螺栓（顺序由中间往两边）→安装活塞环（开口与活塞销轴线成 30°，相邻环开口错开 180°）→ 全部汽缸壁上涂上机油 → 活塞圆柱面及活塞环涂上机油 → 用专用工具把活塞连杆组件从汽缸顶部装进汽缸（连杆事先装好瓦，瓦盖先取出，装的时候要对准规定的方向）→ 与曲轴连杆颈对接好后合上瓦盖（连杆瓦及曲轴轴颈处涂上机油），带上螺母 → 按规定力矩分三次扭紧连杆螺母（全部活塞装进汽缸后）→ 转动曲轴检查是否自如 → 安装机油泵 → 安装油底壳 → 安装飞轮及离合器总成（手动变速器）→ 转动曲轴将全部活塞移离上止点一定角度 → 安装汽缸盖（按规定扭矩由中间向两边分三次扭紧，最后有扭紧转角规定的按规定转角）→将凸轮轴正时轮配气正时记号转至缸盖正时记号处对准 → 将曲轴配气正时轮转至与缸体正时记号对准 → 挂上正时带或链 → 正时带或链，手调的则按规定张力调整，否则放开张紧轮让其自然压紧 → 正时带装好后可转动曲轴两圈用以检查气门与活塞有无相碰（如凸轮轴中置的则应在装配缸盖前挂好正时带或链）→ 配气机构淋机油 → 装分电器 → 装气门室盖 → 装发动机主体附加装置。

2. 发动机的调试

(1) 屐机上车。发动机整体吊装上车，紧固好各连接点，加注润滑油，将线束、油管、水管、空调压缩机、皮带、水箱等装好。加注发动机冷却液，插好各传感器、执行器及发动机有关电器连接插头。

(2) 起动试车。

(3) 调试、检测。

1) 分电器式点火系统用点火正时仪器校正点火提前角及闭合角。

校正条件：发动机怠速，分电器真空提前机构没有工作。

2) 对各汽缸进行汽缸压力检测。

检测前条件：发动机热机至正常工作温度，然后停止工作。

检测方法：卸下全部火花塞，拔掉点火线圈低压电源线插头，把汽缸压力表探杆密封橡胶头套在探杆头上，在火花塞孔处插进探杆密封橡胶头，将汽缸压力表压紧，把节气门全开，然后起动发动机至压力表指针摆至最高处为准。

标准：最小汽缸压力/最大汽缸压力≈90%；汽缸压力值参照该车型大修标准。

3) 检测润滑系机油压力。

条件：发动机热机至正常工作温度，停止工作。

方法：卸下机油压力感应器，然后用机油压力表附带的、合适的接头接在机油感应器孔上（螺纹连接)，起动发动机工作，以压力表上的压力值对照该车型的规定值。

4) 最后，用发动机综合分析仪对发动机进行点火初、次级电压、波形的检查分析，对供油系、进气系进行数据流分析。化油器式车则通过工况过渡、急、加速性能等试验，检验供油系统的正常与否。

5）竣工送检。

10.1.2 摩托车发动机拆解

1. 第一步

此步骤为拆分第一步，拆下汽缸头盖可以系统地看到汽缸体的上部结构。通过对图册的详细分析得出：拆分汽缸头盖之后才能拧下固定螺母，从而对汽缸体进行详细拆分，使之与发动机曲轴箱体分离。此结构为图册（本文图册为《汽油机零部件图册》）E－1/7。

拆下配气机构的摇臂支座组合（图册 E－2/4、E－2/19、E－2/22）。

然后拧下 4 个大螺母（图册 E－1/13）以及连接汽缸头组合和汽缸体组合的汽缸头螺钉（图册 E－1/12），取下推杆导架和推杆组（图册 E－2/2、9），之后可以顺利地把汽缸头组合缓拿下来。

注：由于缺少特殊工具，无法拆分排气门、气门外弹簧座、气门内弹簧座、挡油罩、气门外弹簧、气门内弹簧、气门弹簧上座、气门锁夹（图册 E－2/11、15、16、1、12、13、14、17）以及火花塞（图册 E－1/25）。

然后拆除进气管组合（图册 E－1/9、11、21、22）

汽缸体组合（图册 E－1/3）拆分：拧下所有汽缸体组合与曲轴箱连接的螺栓（图册 E－1/19），然后缓缓将汽缸体组合与曲轴箱分离［注意：分离的时候小心汽缸头定位销（图册 E－1/23）的掉落以及汽缸体密封垫（图册 E－1/4）的保护和拆分位置］。

对拆下的汽缸体组合进行观察分析后，可以将下摇臂组合（图册 E－2/23、5、6、25）拆下，由于下摇臂轴（图册 E－2/6）与汽缸头螺钉安装时配合精准难以掌握，故拆分之后应立刻安装。

注：配气机构当中的正时从动齿轮组合、垫片、配气凸轮轴、垫圈、弹簧、配气凸轮轴挡板、螺栓（图册 E－2/3、21、7、24、8、26、27）在曲轴箱内，在此部分无法拆分出来。

至此为止，第一部分拆分工作基本结束。这一部分我们顺利完成汽缸体、汽缸头、配气机构的零部件的拆分。然后对这三部分进行详细的拼装，以此来对这三部分的结构进行整体地了解和分析。

2. 第二步

经过第一部分的拆分，我们对发动机余下的部分进行了系统的观察分析，由于起动电机与左曲轴箱盖相连接，其体积较大，不便于曲轴箱的拆分，所以我们决定先拆下起动电机，再对曲轴箱进行拆分。起动电机拆分过程如下。

在拆下起动电机时注意力度。由于其与左曲轴箱盖里面的双联齿轮的连接为齿轮啮合连接，所以要缓慢的拔出起动电机。

第二部分拆分结束，此部分比较容易，主要为下面曲轴箱的拆卸做好充分的准备。

3. 第三步

经过前两步的拆分，发动机只剩下曲轴箱未予拆分研究，由于里面零部件比较复杂，我们决定先把曲轴箱左右端盖拆分下来，对左右两边的内部结构先做出一个整体的观察研究，然后再确定曲轴箱的下一步拆分方法。

右曲轴箱盖的拆分，首先观察右曲轴箱盖（图册 E－3）和右曲轴箱（图册 E－4/1）的连接的螺栓的位置与个数，然后对其进行拆分：

（1）连接箱盖和箱体的螺栓长短不一，拆分时需注意它们的各自的位置。

（2）螺栓个数较多，拆分完毕后，需妥善保管。

（3）拆分所有螺栓之后，如果箱盖与箱体仍紧密连接，难以分离，可以先用橡胶锤在箱盖的四周轻轻地敲打数下，待接触面出现缝隙后，可用螺丝刀把缝隙扩大，然后再缓慢拿出箱盖。

注：由于缺少特殊工具，右曲轴箱盖上的离合器操纵杆组合（图册 E－3/5、11、6、7、16）、转速输出轴（图册 E－3/3、8、9）不便拆分安装。

左曲轴箱盖拆分，左曲轴箱盖拆分与右曲轴箱盖大致相同但需要注意以下几点。

(1) 左曲轴箱盖与左曲轴箱的连接螺栓除表面可见螺栓外还有一隐藏螺栓，其位置在过轮盖内部(图册 E－7/23)。需拆下过轮盖取出双联齿轮（一）组合（图册 E－6/2）及双联齿轮轴组合（图册 E－6/6）之后方可拧出隐藏螺栓。

(2) 左曲轴箱盖内部为磁电机定子组合（图册 E－7/6）其与左曲轴箱中的转子带起动离合器本体组合（图册 E－7/14）之间有磁力相互作用，所以当拆分左曲轴箱盖时要用一定力度平稳地拆下。

注：由于其中左曲轴箱盖中的磁电机定子组合（图册 E－7/6）拆分下来不便于安装，固本实验未能拆分。

第三部分拆分工作完成，此部分拆下左右曲轴箱盖，为下面曲轴箱内部的拆分与研究做好了充分准备。本部分拆分需特别指出由于曲轴箱内为油润滑，在拆分过程中需注意润滑液的清洁情况，防止弄脏环境与衣物。

4. 第四步

本部分为曲轴箱的拆分，是发动机拆分试验的关键部分。由于剩下的结构复杂。在拆分之前我们对曲轴箱作了充分的观察与研究，最后决定先拆分左曲轴箱外部结构即转子带起动离合器本体组合(图册 E－7/14）等。其拆分过程如下：

(1) 拧下磁电机紧固螺钉（图册 E－7/12）。

(2) 拔出磁电机转子组合（图册 E－7/5）。因为其内部结构比较特殊，有三个弹簧锁紧装置将其固定在凸轮轴上。所以，在拔出磁电机转子组合时，应左右转动，掌握好位置迅速拔出。

(3) 取下双联齿轮（二）组合（图册 E－6/3）。

(4) 取下起动离合器齿轮组合（图册 E－6/4）。

(5) 取下启动继电器（图册 E－14/8）。

(6) 拆下输出链轮（图册 E－10/19、28、29）。

左曲轴箱外部结构拆分完毕，接下来我们决定拆分右曲轴箱外部结构。由于右曲轴箱外部结构排列比较复杂，许多结构重叠安置。经过我们仔细观察决定拆分，其过程如下。

(1) 拆下机油滤清器（图册 E－5/10、16、18、14），当拧下机油滤器盖（图册 E－5/11）后，需要用双向离合齿拧下初级主动齿轮紧固螺母（图册 E－5/18）方可拆下此机构。

(2) 拆下机油泵（图册 E－5/7、1、3），在其拆卸过程中需注意。此装置有一部分为不可拆分零件，及为机油泵体、机油泵外转子、机油泵内转子、机油泵盖、机油泵 O 型圈（图册 E－5/4、9、8、5、22、19）。

(3) 拆下离合器（图册 E－8）此结构零部件较多，在发动机整体功能上起关键作用，拆分时需要格外注意，其拆分过程为以下几步：①拆下离合器顶杆（图册 E－8/8)、离合器推杆（图册 E－8/7)；②拿出轴承 6001（图册 E－8/14），观察其内部结构之后，发现有弹性挡圈将离合器主体组合卡在主轴上，先用直嘴挡圈钳将弹性挡圈夹出，然后可以把离合器主体组合（图册 E－8/12）整体拔出；③可将离合器从动盘装配组合（图册 E－8/15）与离合器主动盘组合（图册 E－8/1）分离，观察其内部结构；④拧下螺栓 M6×35（图册 E－8/11)，拆下离合器端盖（图册 E－8/6）和离合器弹簧（图册 E－8/13）。拆分之后需立刻组装整体，防止丢失零件。

拆下变动轴总成（图册 E－11/1）。拆分时得注意变挡拨板（图册 E－11/10）和变挡轮（图册 E－11/6）的装配配合位置。

5. 第五步

本部分为拆分工作最后一步，其内部结构复杂，配合紧密。经过观察我们得出结论：需拆下一箱体方可观察其内部结构。我们经过几次的尝试性拆分之后得出需拆下左曲轴箱组合（图册 E－4/3），其过程如下。

(1) 拧下左右箱体连接的紧固螺钉。将其放在固定位置以便安装时准确安装。

(2) 拆分所有螺钉之后，由于左右曲轴箱连接紧密，需用橡胶锤敲打四周，待出现缝隙后用螺丝刀扩大缝隙，之后用力将其平稳拆下。

(3) 拆下压销体组合（图册 E－4/26)。

(4) 拆下机油过滤组合（图册 E－4/8、9、18、4)。

注：①如图 5-1 右图所示左曲轴箱上的轴承和箱体为过盈配合，不便于拆卸安装并且在箱体上可直观的看出其结构特点所以未拆分。

②图 5-2 所示结构为配气机构的正时从动齿轮组合、垫片、配气凸轮轴、垫圈、弹簧、配气凸轮轴挡板、螺栓（图册 E－2/3、21、7、24、8、26、27)。由于无特殊工具不便于拆分，其工作结构可清晰看出，所以未拆分。

接下来的步骤为曲轴箱内部零件的拆分，包括：曲轴活塞、主轴组合、副轴组合、起动轴总成。

(1) 拆分曲轴、活塞（图册 E－9)。曲轴上面的轴承和箱体为过盈配合，所以，只需用橡胶锤平稳敲击曲轴的一端，将其慢慢敲出。

(2) 取出拨叉轴以及拨叉 1、2、3（图册 E－11/4、2、3、5)。此步骤需要注意，拨叉 1、2、3 的形状和位置不一样，在拆分前，必须仔细观察各拨叉与传动装置及齿轮轴的位置配合及正反方向，并详细记录，以便安装。

(3) 取出主轴组合（图册 E－10/1）和副轴组合（图册 E－10/2)。在拆分之前，必须详细记录各轴上齿轮等零件的安装顺序以及主轴和副轴之间齿轮的啮合方式。取出主、副轴时，要注意轴上的轴套、垫圈以及齿轮的滑落。

(4) 拆分起动轴总成（图册 E－10/3)。拆分时应注意此轴上棘轮（图册 E－10/38）和棘轮导板组合（图册 E－10/35）与箱体之间的安装位置及方法。

注：变挡凸轮由于无专用工具无法拆卸，其结构可在箱体上清晰观察，固本次试验未拆分。

到此为止第四步拆分结束，本步骤过程比较多，比较复杂需要详细记录，并且把所拆分零件需要妥善保管以免丢失。

10.1.3 摩托车发动机安装过程

经过前面的拆分试验，我们对摩托车发动机的内部结构有了充分的认识和了解。本节为摩托车发动机的安装试验，即对所拆分的发动机进行重新安装，从而进一步加深对摩托车发动机结构的认识。

本环节大体为拆分试验的逆过程。

1. 第一步为曲轴箱内部零件的安装

由于曲轴箱内部零部件较多，各零部件间的配合和各零部件与箱体的配合较为紧密，所以曲轴箱内部零件安装如下。

(1) 安装起动轴总成（图册 E－10/3)。根据拆分环节中所记录的情况，注意此轴上棘轮（图册 E－10/38）和棘轮导板组合（图册 E－10/35）与箱体之间的安装位置，对其进行准确紧密的安装以便于传动系统的安装。

(2) 安装主轴组合（图册 E－10/1）和副轴组合（图册 E－10/2)。在安装之前需仔细观察拆分环节中所记录的两轴与箱体的配合位置和两轴上个齿轮之间的啮合情况。在安装时，主轴组合和副轴组合必须以图 5-8 的啮合方式同时与箱体安装配合。安装完毕之后需要转动其中一轴检查两轴上各齿轮之间是否准备啮合，如未成功需重新安装。

(3) 安装拨叉轴以及拨叉 1、2、3（图册 E－11/4、2、3、5)。在安装拨叉轴与拨叉时要注意以下几点：

(a) 注意拨叉 1、2、3 上的标号，根据拆分记录情况注意其与变挡凸轮上的安装顺序。

(b) 注意拨叉 1、2、3 的开口方向与变挡凸轮的配合情况。需根据拆分记录准确安装。

(c) 注意拨叉 1、2、3 与主轴组合和副轴组合之间的配合位置情况。根据拆分记录准确安装。

本步骤安装完毕后，需要转动变挡凸轮，观察拨叉与各齿轮之间是否有换挡情况，是否能紧密配合。如未变挡则需检查拨叉安装顺序、位置、配合情况，加以调整或重新安装。

(4) 安装曲轴、活塞（图册 E－9)。由于曲轴上的轴承与箱体为过盈配合，所以在安装时要注意轴承与箱体需平稳配合安装，用橡胶锤垂直敲击曲轴使曲轴上轴承与箱体配合完整。之后转动曲轴，观察活塞的转动与箱体左右是否干涉，如有干涉，需重新调整曲轴安装角度；或曲轴上轴承与箱体未配合完全，需在用橡胶锤对曲轴进行敲击使其配合完全。

箱体内部安装完成。安装完成之后，需再次检查各零件之间的配合情况，确保安装的准确性与配合的紧密性。

2. 第二步为左曲轴箱的安装

安装时将右曲轴箱及与箱体配合内部零件放在两个凳子之间，保证其各轴与箱体垂直，箱体与地面垂直。由于箱体内轴比较多，在与左曲轴箱配合时，一定要注意各轴与左曲轴箱孔之间的配合情况，需对准 3 根轴之后方可安装左曲轴箱。安装左曲轴箱时，要保持与各轴垂直的方向，平稳地按下，保证箱体与各轴之间的紧密配合。当安装到一定程度时，如有微小缝隙，可用橡胶锤敲击箱体四周，将其锤紧；如果缝隙较大无法合拢左右箱体时，需重新安装。

3. 第三步为左曲轴箱外部结构的安装

(1) 安装变动轴总成（图册 E－11/1)。安装时注意变挡拨板（图册 E－11/10）和变挡轮（图册 E－11/6）的装配配合位置。

(2) 安装离合器（图册 E－8)。此部分安装需注意：离合器主动盘组合和主轴是花键配合，离合器从动盘组合和主轴也是花键配合，此两配合要一致才能安装上；安装完毕后必须记住用轴用直嘴挡圈钳将弹性挡圈安装好。

(3) 安装机油泵和机油滤清器。

4. 第四步为右曲轴箱外部结构的安装

(1) 安装输出链轮（图册 E－10/19、28、29)。

(2) 安装启动继电器（图册 E－14/8)。

(3) 安装起动离合器齿轮组合（图册 E－6/4)。

(4) 安装双联齿轮（二）组合（图册 E－6/3)。

(5) 安装磁电机转子组合（图册 E－7/5)，拧上磁电机紧固螺钉（图册 E－7/12)。

5. 第五步为左右曲轴箱盖的安装

(1) 左曲轴箱盖的安装，安装时对齐位置安装后，再装配好双联齿轮（一）组合（图册 E－6/2）及双联齿轮轴组合（图册 E－6/6）和过轮盖。

(2) 右曲轴箱盖的安装，安装时要注意离合器顶杆与离合器操纵杆组合之间的配合，这样才能合上箱盖，安装完好。

6. 第六步为起动电机的安装

7. 第七步为汽缸体和汽缸头的安装

先将汽缸体汽缸头组合在一起，安装时，要注意下摇臂的位置，以便在装配推杆的时候能装配上。把汽缸体与汽缸头组合安装以后，在将配气机构和摇臂支座组合安装上，然后合上汽缸头盖。

到此为止，摩托车发动机的装配过程全部结束，对发动机整体再详细做一次检查。合格之后将所有工具和试验设备整理完毕。清理试验台和实验室。

10.2　摩托车的整车装配

摩托车的整车装配分为两阶段：

第一段。主要装配内容有：车架与前叉组件、前挡泥板、前轮装配；后挡泥板组合、电缆空气滤清器（化油器）装配；点火线圈、发动机与车架装配；后制动臂、后叉、链条（护环）装配；后减震器、货架、后链轮、后轮、制动杆、链盒装配。

第二阶段。主要装配内容有：蓄电池、三器、接中部线、发动机左侧盖装配；换档臂、排气消声器、火花塞帽装配；前叉左右上罩、里程表、手把装配；连接各电缆、拉筋线、软轴装配；油箱、坐垫、侧盖装配。

10.2.1 摩托车第一阶段的装配要求及要领

10.2.1.1 车架与前叉组件、前挡泥板、前轮的装配

1. 车架

作用：支承发动机、油箱、坐垫、货架、连接悬挂装置、操纵装置、电器件及外观覆盖件，使整车有机地连成一个整体。

JH90 型摩托车是采用板式上脊梁或车架。它是钢板冲压、焊接结构。这种车架无下脊梁管结构较简单，重量轻，但强度和钢性都不如摇篮式和菱形式车架，所以它用于发动机功率小的摩托车，这种车架便于大批量生产，具有生产效率高，成本低等特点。

2. 前叉立管

它装在车架与前减震之间，起承上启下，使转向灵活的作用。立管上下轴承各 21 颗小钢球。

装配要求：上下轴承不得多装或少装，每次装配时都必须加黄油；调节螺母不得过紧或过松，转向灵活、可靠。

3. 前减震器

作用：减震器是车轮与车架之间的弹性连接传力部件。它用来支持车架的重量，缓和道路不平对摩托车的振动和冲击，并迅速衰减振动，提高乘骑的舒适性，减低车体各部分的动应力，延长车辆使用寿命及提高操纵性和稳定性。

减震器分为前减震和后减震两大类。

前减震器目前多采用：缩管式液压减震器和油—气组合式前减震器。

前减震器分为弹簧式前减震器（CJ50 型）和伸缩管式液力前减震器（JH70 型、JH125 型）。

前减震器有左、右之分，前左减震器的前端多一个凸包，是用来限制前制动器移动的。

装配要求：前挡泥板的前后端不得错装；左减震锁紧螺栓处应装线夹；锁紧螺栓扭矩为：20～30N·m。

4. 挡泥板

作用：挡泥沙，保证行车安全。

用 4 颗 M6×12 螺栓带弹垫、平垫紧固，扭矩为 8～12N·m。

5. 车轮

车轮是摩托车的行走装置。前轮是方向轮，后轮是驱动轮。车轮的功用主要是支承车重，保证与路面有良好的附着作用。确保摩托车的行驶方向，传递扭矩和制动力矩，与悬挂装置一起吸收和缓解路面的冲击和振动。

车轮由轮胎、轮辋、轮毂、辐条（板）、轴承、油封等组成。

轮胎的类型：摩托车轮胎根据分类的方法不同而有很多种。按照胎体结构分有实心轮胎和充气轮胎；充气轮胎按组成结构分有内胎和无内胎；按其胎体中帘线的排列方向分有普通轮胎和子午线轮胎；按轮胎胎面花纹分有普通花纹轮胎、混合花纹轮胎和越野花纹轮胎；按轮胎的横断面宽度分有正常轮胎和宽式轮胎。

装配要求：前轮与前制动器同时装入（速度计涡轮不得脱落），前左减震器凸块落入制动器限位槽内；装上轴套后将前轮轴由右向左装入；前轮轴螺母紧固扭矩为 30～40N·m；轮轴开口销的长脚弯向轮轴端面。

10.2.1.2 工具盒架、后挡泥板组合、电缆、空气滤清器（化油器）的装配

1. 工具盒架

它是盛放随车工具的盒架。

装配要求：用两颗 M6×12 螺栓紧固，扭矩为 8～12N·m；左边螺栓有一个溢流管夹，倾斜 45°

装配。

2. 后挡泥板组合

装配要求：后端用 M6×28 螺栓，前端用 M6×20 螺栓；紧固扭矩为 8～12N·m；前左端螺栓处应接挡泥板地线（JH70 型）；尾灯和后转向灯线应穿过车架至中部。

3. 电缆

作用：是用来连接电源（磁电机、蓄电池）和用电器的，使其构成一个完整的电路。

装配要求：从车架中间穿过，车架上压线块压在电缆的白色标记处，并装好橡胶垫圈。

4. 空气滤清器

作用：滤去空气中的灰尘、杂物和水分，以减少发动机汽缸内运动件的磨损及化油器孔道的堵塞，还有进气消声的作用。

装配要求：必须装配到位，不得扭曲、皱折、挂伤；电缆线应在空气滤清器外面引出；空气滤清器装好后将化油器装上，箍好弹簧卡圈。

10.2.1.3 点火线圈、发动机与车架的装配

1. 点火线圈

作用：它是一个变压器，将（几伏、十几伏的）低压电转变为一万多伏的高压电（15000V），提供给火花塞，使火花塞跳火。

装配要求：用 M6 螺母紧固，保证搭铁良好，扭矩为 8～12N·m；高压线应从车架对应孔穿出。

2. 发动机与车架的装配

装配要求：左右两边同时抬起发动机，将其装入车架相应位置，不得将通气管、高压线以及化油器溢流管卡住；将发动机上、下螺栓分别由左向右装入相应位置；用 M8 螺母，只需弹电紧固，扭矩为 20～30N·m；将化油器与发动机进气管连接（注意密封垫的位置），用 M6×25 螺栓紧固，扭矩为 8～12N·m。

10.2.1.4 制动臂、后叉、链条（护环）的装配

1. 后制动臂

装配要求：后制动臂装入相应位置；装上平垫圈和开口销，开口销应前后方向弯曲。

2. 后叉

作用：主要是安装后轮、后减震器和链盒。它与后减震器组成后悬挂装置，承受摩托车的主要载荷，并传给后轮，同时还起减震作用。

3. 链条

作用：将发动机传给离合器、变速器的动力再传给后轮上的从动链轮，使后轮转动，驱动车辆行驶。JH70 型的传动链条有 98 节，用接头和卡子将其两端连接。

装配要求：装后叉轴时，轴应从左向右装（不紧固，右端还要装消声器）；将链条护环装在后叉轴上，注意反顺；将链条挂在后叉轴上，前段装在小链轮上，将链条卡子装在外面，卡子开口方向与链条的运动方向相反；链条松紧度为 10～20mm。

10.2.1.5 后减震器、货架、后链轮、后轮、制动杆、链盒的装配

1. 后减震器

作用：以吸收并缓和路面不平所传给车架的冲击和震动，从而保证驾驶员的舒适性，避免零部件损坏。

2. 后链轮

后链轮是与缓冲体组合在一起的，它是将链条传来的动力传递给后轮，使摩托车行驶。

装配要求：后减震装配时，注意有上、下，内、外之分，上端内侧装两个 $\phi12$ 垫圈，外侧 $\phi10$ 垫圈，下端内外装 $\phi10$ 垫圈；货架开口处插于后减震内侧两垫圈之间，用 M8 的盖形螺母紧固，后面用 M8×20 螺栓紧固，扭矩为 20～30N·m；装货架之前，应装好空滤器防尘罩；装后链轮时，挂上链

条，把轴套穿入后叉左侧并装上链条调节器，用轴套螺母紧固，链条松紧度为10～20mm；轴套螺母扭矩为35～45N·m；后轮与后制动器组合好，合于缓冲体上并装好衬套；将装好调节器的后轮轴由右向左装入（不紧固）；后制动限位块处应先装弹簧垫后装平垫，螺母扭矩为10～20N·m，装开口销；调整左、右刻线（保证一致）后，紧固后轮轴螺母，扭矩为35～45N·m；装开口销，方向应为左右弯曲，然后紧固调整器锁紧螺母；装后制动杆，后制动自由行程为：20～30mm；用3颗M6×6、1颗M6×10螺栓紧固链盒，上链盒后端用M6×10螺栓，紧固扭矩为：8～12N·m；下链盒卡在上链盒内侧导向板之间。

10.2.2 摩托车第二阶段的装配要求及要领

10.2.2.1 蓄电池、三器、接中部线、发动机左侧盖的装配

1. 蓄电池

作用：是将发动机（磁电机）发出的电能转换成化学能贮存起来，当发动机处于低转速或停止工作，以及起动时，将贮存的化学能转换成电能，供给用电设备用电。

2. 三器（点火器、整流器、闪光器）

点火器（CDI）：它是一个可控硅电路，与点火线圈一道，可将磁电机产生的低压脉冲电变成高电压脉冲电供火花塞跳火，并能自动跟踪发动机转速，调节点火提前角。

调压整流器：它是将交流电转变为直流电，并控制电压在一定的范围，给用电器供电和给蓄电池充电。

闪光器：它与转向灯配套工作，控制电流时断时通使灯光闪烁来表示行驶方向，引起车辆和行人注意，保证行车安全。

装配要求：先装好蓄电池盒，蓄电池（有刻线面在外），蓄电池支架，应装配到位；支架螺栓M6×12，扭矩为8～12N·m；接尾部线电缆应从支架后穿出；点火器和闪光器胶套应装配到位，挂好；调压整流器用M6×12螺栓紧固，注意应加上电缆接地线；磁电机引出线与电缆相接时，颜色必须一致；左侧盖挂钩上必须有胶套，上面挂好后再紧固下端，不得划伤侧盖；发动机左侧盖用两颗M6×25、一颗M6×20螺栓紧固（在下端后方），扭矩为8～12N·m。

10.2.2.2 换挡臂、消声器、起动臂、火花塞帽的装配

1. 换挡臂

作用：改变发动机挡位，得到不同的输出扭矩。

2. 排气消声器

作用：排出废气、降低噪声。

3. 起动臂

作用：利用外力使曲轴转动，使发动机工作。

4. 火花塞帽

作用：将高压线与火花塞可靠地连接起来。火花塞帽内装有一个阻尼电阻，它是为了衰减火花塞电火花的高频振荡，以减轻对附近无线电设备的干扰。

装配要求：换挡臂后端踏板与后叉轴平齐，用M6×20螺栓紧固，扭矩为8～12N·m；排气消声器口用2颗M6螺母紧固，扭矩为8～12N·m。不允许明显单边。后叉轴用M10螺母紧固，扭矩为30～40N·m；花键开口处应水平位置装入。用M6×22螺栓紧固，扭矩为10～15N·m；火花塞帽紧固，将其旋入高压线中，拉脱力＞5kg。

10.2.2.3 前叉左右上罩、仪表总成、手把组合的装配

1. 前叉上罩

作用：支承前照灯和转向灯，对前减震器有防尘保护作用。

2. 仪表总成

作用：显示摩托车的工作情况。(发动机转速、时速、里程、油量、指示灯等)。

3. 手把总成

作用：操纵前轮，使摩托车按一定方向行驶。手把总成属操纵装置，它控制摩托车的方向、速度、照明、转向、信号、制动等。

装配要求：装前叉上罩前先装上加强环，(上小下大) 不得装反。上罩及大灯壳同时装入，将上连接板装上。左右前叉螺栓，扭矩为 35～50N·m。前叉螺栓紧固后，松开锁紧螺栓重新紧固后，螺栓扭矩为 20～30N·m，在立管上装垫圈后紧固盖形螺母，扭矩为 60～90N·m；手把装配，滚花不得外露，手把标记在卡子、卡座之间，卡子标记端在前，用 4 颗 M6×28 螺栓紧固，扭矩为 6～9N·m，卡子卡座前端紧贴，后端应有 0.5～2mm 的间隙。

10.2.2.4 连接各电缆线、拉筋线、软轴的装配

(1) 电缆线。它是各用电器的连接导线，并使其构成完整的电路。前部电缆线都应从大灯壳尾部孔进入大灯壳。相连接的线必须颜色一致，插接牢固可靠。

(2) 软轴。它是将制动器上速度计齿轮组件上的旋转力传递给速度里程表，使速度里程表工作。下端装入前制动器上的相应位置，并与轴配合可靠，紧固锁螺钉。上端从大灯壳穿过，并与时速里程表连接，装好防水盖。

(3) 离合器拉筋线。它是用来传递左把手的力，操纵离合器的。应由左手把经上连接板与大灯之间斜穿至车架右侧，再从油箱前端定位处的上面过，下端连接在离合器凸轮轴组件相应位置上。离合器自由行程为 10～20mm。

(4) 油门拉筋线。它是用来连接油门把与化油器柱塞，控制油量的大小即控制车速。应从上连接板与大灯之间，应在所有的线里面 (最靠近车架)，穿至车架左侧，经油箱前端定位处上面经过，接至化油器。油门自由间隙为 2～6mm。

10.2.2.5 油箱、坐垫、侧盖的装配

1. 油箱

作用：它是用来盛装燃油的，它的外观造型和色彩装饰起决定性的作用。

装配要求：前端应装配到位，定位处应有缓冲套；后端有缓冲套，用 M6×25 螺栓紧固；不得碰伤油箱。

2. 坐垫

作用：给乘骑者一个舒适的座位，它的外观也直接影响整车造型。

装配要求：将前端卡于支承块下，后端用 M6×20 螺栓紧固；后坐垫前端卡于货架上，后端将挂钩挂好。

3. 侧盖

作用：遮盖电缆线等，起装饰作用。

装配要求：装配到位，车架挂钩上应有胶套；拿放时应轻拿轻放，不得损伤装饰面。

10.2.3 JH125 摩托车的装配

1. JH125 型摩托车装配方案

左	右
取、装主电缆线，取工具盒、后制动臂，插调压器 (将主电缆扑于车驾上理定对应插接部位)	车架上线，装油箱反冲垫、电缆挂钩 (将车架从货架上取出，松开车驾固定装置并固定车驾于流水线上)
紧固工具盒，取、装后挡泥板前体，并预带挡泥板连接螺钉 (用气动扳手紧固工具箱，左边螺钉，并协助右边工作)	取、装化油器、工具盒，穿空滤器销子、开口销，浮主支架黄油，装油箱缓冲垫

续表

左	右
取、装后挡泥后体，并紧固左螺钉，紧固调压器，取电瓶托架	紧固后挡泥后体右螺钉，插、挂点火器，插溢流管，装后刹线，确认标牌，作标记
装电瓶托架、侧盖支承座，并紧固	紧固喇叭、线勾、侧盖支承座
协助右边装发动机，并穿发动机上悬挂螺栓（有线勾），预带发动机下悬挂螺母	吊装发动机于车架上
接中部线，两头插	协助装发动机，穿发动机下悬挂螺栓，预带发动机上悬挂螺母，穿进气管，发动机、化油器连接到位
装发动机上连接板，并预带螺母，挂电瓶箍带	取、装尾框，并预带螺栓，紧固后挡泥前、后体连接螺钉，接尾框插头
取、装发动机前连接，穿前连接螺栓，预带前连接螺母	取、装主脚蹬，并紧固
紧固点火线圈，接点火线、插片	预带前连接螺母（3颗），紧固上连接螺母
写作业传票，压发动机线，卡上悬挂螺栓	装后制动臂、垫圈、开口销、大小弹簧、火花塞帽
取、装后叉，挂链条，装左后减震，并预带后减震上、下螺栓	拆后减震，装右后减震，预带减震上螺栓，紧固下螺栓，发动机上悬挂螺母
取、装后轮，调节左千斤，紧固后轮轴螺母，打扭力，作色标	紧固前连接螺母（下2），协助装后轮，调节右千斤，卡后轮轴
取、装链盒，并紧固，紧固化油器左螺母	取、装消声器，并紧固
浮黄油，钢球，插喇叭线（左），将保险管插于保险管支承内，并挂保险管支承	紧固化油器右螺钉（有线夹），挂点火线圈线，将火花塞帽挂于发动机上，预带后叉轴螺母，并紧固，打扭力，作上连接标记
取、装前叉，并紧固，装后面板	紧固起动臂，后刹，作后叉轴色标
穿主电缆线，并压线，取、装里程表，下油箱锁，拆油箱锁胶袋，紧固发动机下悬螺母，左后减震下螺栓	插喇叭线（右），装前轮，并紧固
取前轮，紧固方向盖形，打扭力，作色标，紧固前叉锁紧螺母	穿左右手把线，接大灯线，插尾框线
取、装手把，并紧固	穿前刹、油门线，并将前刹线挂于手把上，装油门
穿离合线，并将离合线挂于左手把上，装前刹到位，绑左手把箍带	取油箱，装离合，发动机软轴
装软轴线、线夹，并紧固，插、挂闪光器	取、装灯壳，装转弯灯座，并紧固，接转弯灯线，并将转弯灯装到位
装油箱，并紧固，接油箱插座，紧固油箱锁	
装空挡线胶垫，取、装箱盖，并紧固确认发动机下悬挂，取侧盖，装左侧盖	
装转弯灯座，并紧固，紧固变速	
取、装坐垫，并紧固坐垫左螺钉，左后减震上螺钉，左尾框螺钉，调间隙	紧固坐垫右螺钉，右后上螺钉，右尾框螺钉，调间隙，装右侧盖到位
查车	查车
接左转弯灯线，装左转弯灯到位，紧固左转弯灯，左面板螺钉	紧固右转弯灯、右面板螺钉，绑右手把箍带
成车下线，取油箱锁钥匙	

2.JH125摩托车装配确定方案

（1）取、装车架，装油箱反冲垫。

（2）取、装主电缆线，取、装工具盒，装后制动。

(3) 紧固工具盒螺母，取后挡泥板装，并预带挡泥板连接两边车架的紧固螺钉。

(4) 紧固后挡泥后体右螺钉，插、挂点火器，插溢流管，装后刹线，确认标牌，作标记。

(5) 取、装后挡泥后体，并紧固左螺钉，紧固调压器，取电瓶托架。

(6) 紧固喇叭、线勾、侧盖支承座。

(7) 装电瓶托架、侧盖支承座，并紧固。

(8) 吊装发动机于车架上。

(9) 协助右边装发动机，并穿发动机上悬挂螺栓（有线勾），预带发动机下悬挂螺母。

(10) 协助装发动机，穿发动机下悬挂螺栓，预带发动机上悬挂螺母，穿进气管，发动机、化油器连接到位。

(11) 接中部线，两头插。

(12) 取、装尾框，并预带螺栓，紧固后挡泥前、后体连接螺钉，接尾框插头。

(13) 装发动机上连接板，并预带螺母，挂电瓶箍带。

(14) 取、装主脚蹬，并紧固。

(15) 取、装发动机前连接，穿前连接螺栓，预带前连接螺母。

(16) 预带前连接螺母（3颗），紧固上连接螺母。

(17) 紧固点火线圈，接点火线、插片。

(18) 装后制动臂、垫圈、开口销、大小弹簧、火花塞帽。

(19) 写作业传票，压发动机线，卡上悬挂螺栓。

(20) 拆后减震，装右后减震，预带减震上螺栓，紧固下螺栓，发动机上悬挂螺母。

(21) 取、装后叉，挂链条，装左后减震，并预带后减震上、下螺栓。

(22) 紧固前连接螺母（下2），协助装后轮，调节右千斤，卡后轮轴。

(23) 取、装后轮，调节左千斤，紧固后轮轴螺母，打扭力，作色标。

(24) 取、装消声器，并紧固。

(25) 取、装链盒，并紧固，紧固化油器左螺母。

(26) 紧固化油器右螺钉（有线夹），挂点火线圈线，将火花塞帽挂于发动机上，预带后叉轴螺母，并紧固，打扭力，作上连接标记。

(27) 浮黄油，钢球，插喇叭线（左），将保险管插于保险管支承内，并挂保险管支承。

(28) 紧固起动臂，后刹，作后叉轴色标。

(29) 取、装前叉，并紧固，装后面板。

(30) 穿主电缆线，并压线，取、装里程表，下油箱锁，拆油箱锁胶袋，紧固发动机下悬螺母，左后减震下螺栓。

(31) 插喇叭线（右），装前轮，并紧固。

(32) 取前轮，紧固方向盖形，打扭力，作色标，紧固前叉锁紧螺母。

(33) 穿左右手把线，接大灯线，插尾框线。

(34) 取、装手把，并紧固。

(35) 穿前刹线、油门线，并将前刹线挂于手把上，装油门。

(36) 穿离合线，并将离合线挂于左手把上，装前刹到位，绑左手把箍带。

(37) 取油箱，装离合，发动机软轴。

(38) 取、装灯壳，装转弯灯座，并紧固，接转弯灯线，并将转弯灯装到位。

(39) 装软轴线、线夹，并紧固，插、挂闪光器。

(40) 紧固坐垫右螺钉，右后减夸大上螺钉，右尾框螺钉，调间隙，装右侧盖到位。

(41) 装油箱，并紧固，接油箱插座，紧固油箱锁。

(42) 查车。

(43) 装空挡线胶垫，取、装箱盖，并紧固确认发动机下悬挂，取侧盖，装左侧盖。

（44）紧固右转弯灯、右面板螺钉，绑右手把箍带。

（45）装转弯灯座，并紧固，紧固变速。

（46）取、装坐垫，并紧固坐垫左螺钉，左后减震上螺钉，左尾框螺钉，调间隙。

（47）查车。

（48）接左转弯灯线，装左转弯灯到位，紧固左转弯灯，左面板螺钉。

（49）成车下线，取油箱锁钥匙。

（50）质量检查。

10.3 摩托车油泥模型的制作

10.3.1 摩托车油泥模型制作的意义

目前国内许多高校都采取了艺术与工程相结合的方式，把科学技术与人文素养渗透融合起来，以培养适应市场的综合型人才作为培养学生的目标，培养具备“艺术”与“工程”知识的复合型工程师，而不是纯粹的工程师或艺术大师。这些院校或者在工业产品造型设计专业教学中开设了有关汽车、摩托车造型设计方面的课程，或者设立了交通工具造型设计、汽车车身造型设计专业，建立了基本的专业教学体系。国内许多院校相关设计专业学生的汽车概念设计作品已经多次在国内外汽车设计竞赛中获得奖项，同时，为了培养工业设计创新人才，大力加强工业产品造型设计尤其是汽车造型设计实践教育，许多院校积极同汽车、摩托车生产企业合作，采取教学与实践有机结合的方式，为企业进行汽车、摩托车的造型设计工作，取得了一些成果，为中国汽车工业走自主开发设计道路做出了努力。

中国的制造业要想完成从“中国制造”向“中国创造”的巨大转变必须进行自主开发，必须保持自主开发和进行技术学习的工作平台，而油泥模型设计制作正是自主开发设计必需的一个环节，它是国内流行的“逆向设计”的基础。在发达国家的汽车设计、制造水平和技术手段很高的今天，虚拟现实技术已经较多地应用到汽车设计工作中，但是在汽车造型设计开发过程中仍然保留油泥模型设计制作这一环节，这表明了油泥模型设计制作在汽车开发设计过程中不可替代的地位与作用。

目前相关高校的相关专业缺少学生学习制作油泥模型的这一环节，而在交通工具造型设计教学中“立体设计表达——汽车油泥模型设计制作”这一环节对学生造型设计能力的培养是不可缺少的。汽车造型设计本身是设计实践性活动，从设计师最初的概念创意到造型冻结这个过程中，汽车油泥模型的设计制作是非常重要的环节。学生通过这个实践环节的学习，能亲身体验到汽车造型设计的具体过程，能够认识到学习汽车造型设计，仅有新颖的设计思维及平面设计表达能力是不够的，还必须具备包括汽车油泥模型制作的动手设计和应用等能力。这些设计技能都需要通过专业的实践教学来培养和训练。在实体油泥模型上进行深入设计的能力是汽车造型设计师所必备的基本素质之一。因此，我们大力主张学校和学生应走出校门，充分利用企业的这一平台，弥补学校课堂教学的不足。

本节就是以嘉陵集团摩托车研发中心油泥制作创意中心的摩托车油泥模型制作为基础的，在摩托车造型设计制作过程中，首先通过在油泥实体模型上，对所设计的摩托车造型的线、面、型以及细节的研究探讨，培养学生深入设计的能力；其次通过合理的程序和方法以及大量的技法演示和练习，让学生充分理解油泥模型制作的意义、方法和基本程序，训练学生在汽车造型设计过程中能够合理利用相应材料、工具及手段，快速准确地表达自己的设计概念，取得最佳的设计立体表达效果，为学生将来走上设计开发工作岗位打下良好的专业基础。

10.3.2 摩托车油泥模型的考核标准

（1）胶带图1套，15分。

（2）模型模板1套，10分。

(3) 油泥模型1个（可分组进行），60分。

(4) 设计作品的宣讲与答辩，5分。

(5) 课程总结，10分。

10.3.3 油泥模型的制作流程

油泥模型的制作过程大体分三步，即前期准备阶段、油泥制作阶段、表面装饰阶段。各个阶段的主要内容如下。

1. 油泥模型设计制作前期准备

(1) 造型设计方案的平面表达。

(2) 设计方案的胶带图。

(3) 制作比例油泥模型模板。

(4) 制作比例油泥模型的底座及内芯。

2. 比例汽车外形油泥模型设计制作

(1) 敷油泥阶段。

(2) 粗刮模型阶段。

(3) 精刮模型阶段。

3. 油泥模型表面装饰

(1) 油泥模型表面装饰的种类。

(2) 油泥模型表面喷涂装饰。

(3) 油泥模型表面薄膜装饰。

(4) 油泥模型车身附件制作。

10.3.4 摩托车全尺寸油泥模型的设计制作

本小节主要介绍摩托车全尺寸油泥模型设计制作过程并以图片说明为主。摩托车全尺寸油泥模型制作程序、方法与技巧，所需要的设备、材料及工具与制作汽车油泥模型基本相同。

就制作过程来讲，摩托车全尺寸车身油泥模型的骨架制作是比较关键的一个环节。摩托车全尺寸油泥模型一般是在现有的摩托车车架上制作，把车架改制成适合设计方案的尺度要求后作为了由泥模型骨架，要根据不同的摩托车车架来考虑其固定以及定位的方式。根据设计方案的三视图，首先制作摩托车车身断面的模板。本次设计工作中采用了数字建模的方式以提取出几个关键断面的曲线来制作模板。另外，在摩托车车架上需要自制一些支撑件来固定硬质泡沫板，以便制作油泥模型内芯。然后依次进行初敷油泥、粗刮油泥、精刮油泥工作，最后进行模型表面装饰工作。在油泥模型制作前期准备阶段，比较重要的工作是将两轮摩托车按坐标固定到制作平台上，要求定位准确，平台上的ox线与摩托车车身ox线要对齐，摩托车车架不能晃动，以免影响模型制作。另外硬质泡沫制作的模型内芯也要和车架牢牢固定。摩托车全尺寸油泥模型刮制油泥的工具与本书中介绍的工具基本相同。由于摩托车车身尺度相对汽车而言比较小，而且车身曲面变化比较多，不会需要比较长的可弯曲木尺，一般制作比例汽车油泥模型的工具就足以满足使用。本次摩托车全尺寸油泥模型采用薄膜装饰，除了选择现有的摩托车附件安装外，还使用ABS塑料板制作了许多车身附件，附件包括挡风罩、行李架、油箱盖、挡泥板、转向灯、反光片、仪表表盘及装饰罩等。这些车身附件经过多次设计后选定方案进行加工制作，附件喷漆后安装到贴完薄膜的摩托车油泥模型上，使整车模型的效果更加真实。

1. 油泥模型骨架和内芯的制作

摩托车油泥模型设计图、骨架及内芯的制作见图10-1～图10-13。

现在的设计过程中计算机辅助设计应用已经非常广泛，但油泥模型因为它的高效和表现的真实性而仍被广泛应用。油泥模型是传统车身设计中用油泥雕塑的汽车车身模型，它主要用来表达汽车造型的实际效果，供设计人员和决策者审定。由于造型实际上是一个雕塑过程，所以要用便于手工加工、便于修改的油泥。在油泥模型制作与开发，车身造型中所用的油泥，与一般的橡皮泥类似，但要求更高，油泥的材料主要成分为滑石粉62%、凡士林30%、工业用蜡8%。造型师将它敷在木质骨架上，利用刮刀、刮片等工具可对它进行形体塑造，按一定的比例雕塑出汽车的外形。通常先制作1：5的小油泥模型，经审定后再制作1：1的大模型。按照实际尺寸制作的油泥模型，可以配上真实的轮胎，以观察汽车整体造型的效果。油泥模型经审定后，可以用三坐标测量仪将车身外表面尺寸参数记录下来，作为绘制车身图纸的依据。

2. 油泥的制作

(1) 烘烤油泥。在油泥模型制作前，一定要将油泥烘烤变软。因为油泥的特性是热软冷硬，油泥的填敷必须是在软化的状态下才能使用。你要清楚，油泥烘烤的好坏对模型的质量是有很大的影响。你应该掌握如何使油泥达到你要使用的最佳的状态。简单地说，你只要将油泥放在烤箱里升温，油泥就会软化。但你千万不要小看油泥的烘烤，精确的温控和加热均匀是烘烤油泥必须满足的两个条件。如果温度过低，油泥的软化程度不够；如果温度过高，油泥的性能会受到影响。温度高到一定程度，油泥会因液化而使成分分解，导致无法使用甚至燃烧，所以必须注意。油泥不能堆砌摆放，应分层放置，而且在摆放油泥的时候也不要太密集，让每根油泥之间都有良好的通风间隙。油泥在加热过程中软化不均匀是一个最大的问题，因为受热不均匀而导致局部升温太快，因此带有内部鼓风的烘箱最好。另外，油泥在加热过程中一定要使用托盘盛放，托盘四边的高度不要超过一根油泥直径的2/3，在烘箱中托盘与托盘之间不要重叠放置，以避免油泥在托盘内部被过度加热。烘烤油泥的技术细节：盛放油泥的托盘最好是用白铁皮做的烤箱专用平底铁盘，尽量不要使用瓷盆（碗），特别是小底的瓷碗不易使油泥充分受热，加热时间长，油泥损耗大。油泥拿出烤箱很快就会硬化，烘烤的油泥在制作过程中是用多少拿多少。因此使用的烤箱最好是能够调节温度和恒温的。不同种类的油泥有不同的特性，它们烘烤的温度是不一样的，因此不要将不同种类的油泥混在一起。使用过的油泥也可以回收后再使用。

(2) 回收油泥。油泥除了方便制作成型外，还可以反复回收使用也是它的一大特点。在制作油泥模型的过程中，会有许多刮削下来的泥片。有时甚至你从烘箱中拿出来的油泥可能还没有用完就已经硬化了，你可以将油泥重新回收软化了，你可以将油泥重新回收软化后再使用。但油泥被使用一、二次后，油泥中会产生气泡，密度疏紧不一，黏性降低。回收油泥的方法有两种。一种是放回烘箱重新烘烤。另一种是用油泥回收机炼制。用烘箱重新烘烤回收的油泥与烘烤新油泥的方法基本一样。将使用过的油泥收集起来，放在托盘中。要注意在烘烤回收的油泥时，应将油泥切成小块状，可以烘烤得快捷而软化均匀。使用烘箱烘烤回收的油泥，一次使用量较大时，可先在平板上将油泥用力揉搓，将油泥中的气泡溢出，使油泥混合更为均匀。用油泥回收机对油泥进行回收，是最方便、最快捷，回收的油泥质量最好的方法。将使用过的油泥收集起来，直接放在油泥回收机中搅拌，回收机会自动对油泥进行加温软化。用油泥回收机回收油泥，就像搅肉一样，一边放一边出，在对油泥的处理质量上比人工高，用时不需要用力揉搓就直接可以使用。你也可以一次性将所有要回收的油泥全部处理出来，放在烘箱时备用。回收油泥的补充说明：油泥虽然可以反复的回收使用，但油泥在烘烤的过程中，油泥中的成分会逐渐流失，回收次数太多，油泥黏性和塑性大大降低，一般进行3～4次为宜。对回收的油泥质量也有一定要求，回收时一定仔细清理油泥中的芯材碎渣和渣滓。

(3) 填敷油泥。往模型胎基表面上油泥我们称为填敷（也有称为填墩、上泥）。填敷油泥就像做雕塑要先“上大泥”一样。但填敷油泥不能像做雕塑将泥土一坨一坨地按在支架上，然后用要棒使劲地敲打压紧。填敷油泥的主要方法有“推”和“勾”。“推”是用大拇指和手掌缘向前推进填敷；“勾”是用食指弯曲，用其内侧向后勾拉填敷，不要用其他手指。填敷油泥只能是一层接一层的敷贴，并且第一层油泥不要敷得太厚。应该是适当用力并尽量均匀地先填敷薄薄的一层。然后再照此方法一层一层的填敷较厚的油泥。但不要过厚，可以多填敷几次，保证油泥之间的贴合，直到填敷满整个胎基。手指一次可填2～3mm厚，手掌一次可填4～5mm厚。油泥过厚收缩力会很大，厚薄不匀容易爆裂，也容易和泡沫分离。一般大型油泥模型的油泥厚度为30～50mm，小型油泥模型的油泥厚度为10～

20mm。要注意的是多次填敷油泥时不要在层与层之间形成空腔，一定要把空气排出去。如果油泥之间有间隙，油泥会因收缩陷落而导致表面凹凸不平，也容易形成剥离层，造成刮制时油泥脱离。油泥填敷基本差不多的时候，就可以用模板来检测所填敷的油泥。根据工作台上的定位线设置好模板，可以看出这些位置所上的油泥的盈亏。用油泥沿模板在这些位置上将高度确定下来，并做好记号作为基准线，然后把油泥补上，直到基本达到预定位置。不同种类的产品模型在制作方法上有一定区别，因此对填敷的要求不一样。油泥形成空腔和剥离的原因：千万不要因为图快就大块大块地填敷油泥，即使是软化了的油泥也不是敷上去就能够很好的贴合，也很可能在层与层之间形成空腔。由于新填敷油泥的温度与已填敷油泥的温度之间相差太大，使新填敷的油泥很快冷却，在两层之间就容易形成一个剥离层。多次反复使用过的油泥会密度疏松，黏性降低，即使只是使用过一次，也会产生气泡。所以使用前，要用力揉搓。油泥烘烤不够或不均匀也是原因之一，因为没有充分软化的油泥相互之间是不能贴合的。

（4）粗刮油泥。粗刮油泥，也有称初刮油泥。根据模板或图纸，去掉凸出的多余部分，将凹陷的地方填补起来，对油泥模型基准面的塑造以确定大形，这是一个反复多次的过程。在刮制油泥的过程中，不能完全凭感觉，一定要多次测量图纸，分析参考点、特征线，使用标高尺在油泥上标注准确的采样点。采样点标注完成后，用刀或胶带将这些采样点连成起来，而形成各个面，这些采样点连接成的线就是面的边缘界线。采样点越多，模型尺寸越准确。粗刮油泥可用刮刀，也可用模板，这两种方法常常是交叉使用的。选择哪种工具，主要根据刮制的产品和各部件面积的大小确定。有关这方面更多的知识。用刀刮削的方法是，一只手握刀拉刮，另一只手搭在刀架上控制轻重和保持平稳。用模板刮制可以利用支架，如果是用手持，要注意把握平稳。用模板刮制可以利用支架，如果是用手持，要注意把握平稳。刀具主要选用直角型或双刃油泥刮刀，根据模型大小尽量选择大尺寸的刮刀。使用双刃油泥刮刀刮削时要使用带齿的一面，不要使用带刀的一面。为了保证刮削面的连续性和平整性，刮削过程中用力要尽量均匀，并保持平稳。前后两次刮削用刀呈十字形交叉方向，不要只朝一个方向用刀。在粗刮油泥的过程中，头脑中要始终保持完整的形状。参照制图和效果图，将模型与图纸反复比较，对油泥模型进行不断的审视、改进和调整。也可以用模板或标高尺检查。由于粗刮只是制作基准面，所以刮削时应先从大的面开始，只注意大面的准确性，只刮制出模型的基本形状。在大的面制作完成前不要忙做小的面，更不要进行细节的制作。在基准面刮制完成后一定要检查平顺度，在该面平行贴上黑胶带，通过观察黑色胶带之间的距离是否平行、均匀，可以判断该面平顺度是否一致。粗刮油泥的技术要点：标注采样点最重要的是要找定位线，一般来说，多数产品都是对称的形态，因此常用中轴线作为定位线，而且你只需要找一条。作为表示对称的中轴线，往往决定着整个模型的基本大型，以中轴线作为定位线来找到其他面的位置既准确又方便。对称的制作也是以中轴线为界，一般来说，油泥模型是先制作好一半后，在细节制作前再进行另一半对称的复制。汽车与摩托车在制作的时间和顺序上略有区别。对于汽车全尺寸油泥模型，可以从填敷开始就只做一半，待所有制作完成后再制作另一半并且可以两边造型不同。对于汽车缩比模型，更适宜从粗刮时就采用整体制作的方法。

（5）精刮油泥。精刮油泥，也称细刮油泥，是油泥制作过程的最后阶段。是模型基准面完成后，对油泥模型的各个部件制作、部件之间的连接（转折面）等细节的处理和表面光顺度的处理。对于部件制作，在刮制前要先用一些设备或模板在模型上标注出准确的位置。在刮刀的选择和使用的方法上与粗刮基本相同，针对特殊部位和特殊造型选用特殊形状的刮刀、模板或其他工具。部件之间的表面连接（转折面）处理是使模型富有变化，更加完美。一般情况是结合部件制作一起进行。由于其变化多端，更多的时候是用刮刀，采用“目视”的方法制作。为了保证刮制的模型表面平整光顺，在大型曲面表面的刮制时，应根据模型断面的长十字形交叉和多方向，这样刮制的模型表面不易形成波浪。使用长刮片不但可以多方向垂直于模型表面来检查，而且通过查看刮制的痕迹是否一致也可以判断模型表面的平整度，便于及时调整模型表面曲率、光顺。刮制时刮片应朝不同的方向倾斜而适当地用力，并注意手的摆放位置，手指的用力应均匀分布在刮片上，防止受力不匀，刮片变形。对某些表面面积较小和特殊部位，无法使用钢刮片，可选用精刮和特殊形状的油泥刮刀，刮制方向仍然呈十字形交叉。对模型各个部件之间面的连接等细节完成不充分的地方进行调整，由于这些部位造型特殊，主要选用圆形刮刀、三角形刮刀和丝刀，也使用一些特制的模板。如果表面模型有气泡或凹陷，可用针扎破放气，如气泡较大还需与凹陷的地方一起填补油泥，填敷时要按紧并延伸，以免起层脱落。然后再重复上面的步骤。精刮油泥完成后，要再次对模型整体进行确认，反复比较，确认形状完全无误，各面的连接、过渡和光顺度都要达到设计的要求。在精刮油泥的过程中，不但要多次分析图纸，而且要充分发挥个人的主观感受和审美观，利用视觉差带来的各种艺术效果。由于不同产品形态、结构的复杂程度不同，因此，其油泥模型精刮的内容和方法步骤是有差异的。有关油泥表面光顺度的要求：油泥表面光顺度处理的精细程度主要是根据对模型后期处理的要求确定。由于最后的用途不同，油泥的精细程度可以灵活控制。用于贴膜的精细程度要求最高，因为贴膜后即便是最细小瑕疵也会很明显的显露出来，所以在贴膜前有必要再次用钢片来精修，精修后要很小心，不要随便碰模型。用于三维扫描的油泥模型要求也很高，因为直接影响到数据采集和视觉外观。精刮好的模型随便碰，贴采集点时也要很小心。用于翻制玻璃钢的模型要求稍低，因为翻制出的玻璃钢模型还需要修补、打磨。当然，表面越光顺，玻璃钢打磨越轻松。对精细程度要求最低的是直接表在喷漆，因为是不会直接在油泥上喷漆的，需要在表面敷一层腻子后再打磨，这样可以填补很多缺陷。不过并不意味着模型可以不用做准确，精确的模型可为后续的制作节约大量工作量。

3. 两轮摩托车全尺寸油泥模型的设计制作过程

(1) 油泥模型骨架和内芯的制作。摩托车油泥模型设计图、骨架及内芯的制作见图 10－1～图10－13。

图 10－1　设计方案效果图与摩托车模型骨架

图 10－2　设计方案侧视图

图 10－3　车轮与平台固定方式

图 10－4　模型车身方向侧视模板

图 10-5　在原车架上制作摩托车油箱模型内芯支撑件

图 10-6　用硬质泡沫制作摩托车油箱模型内芯

图 10-7　把两块摩托车油箱模型内芯粘接并固定

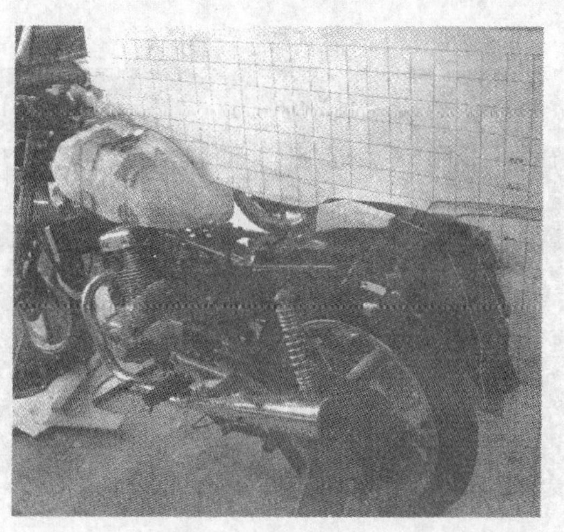

图 10-8　用 ox 线模板控制模型内芯外形

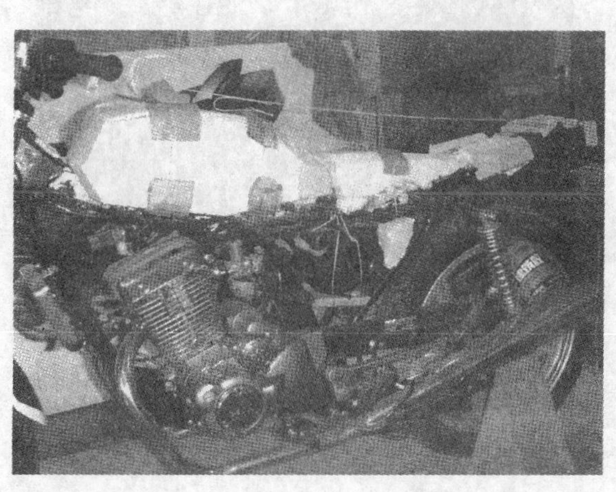

图 10-9　按 ox 线模板制作模型内芯外形

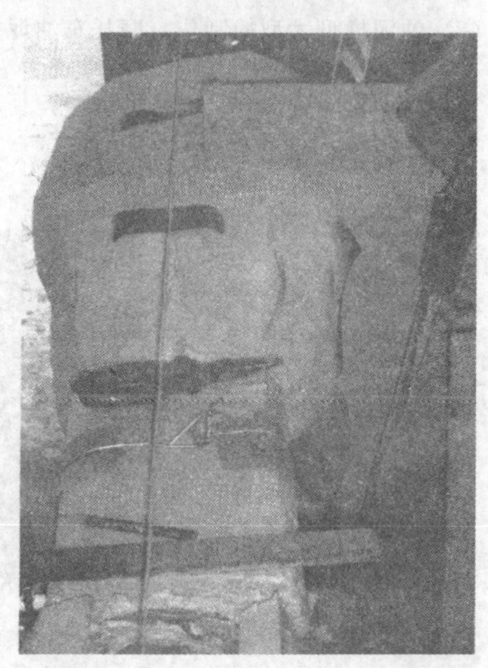

图 10-10　用侧视模板检验内芯外形

图 10-11　用侧视模板控制内芯外形

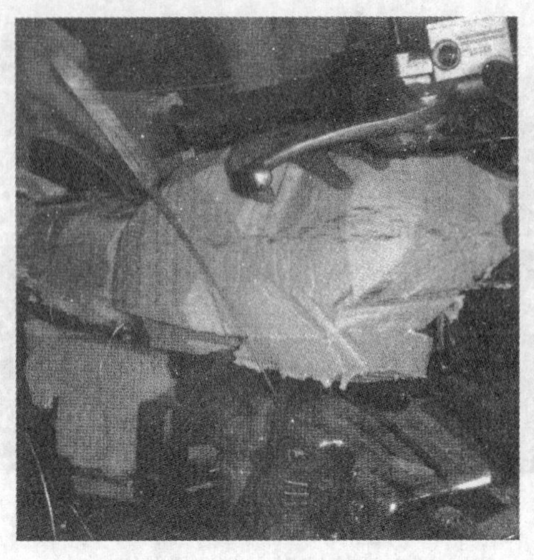
图 10-12　用木工手锯修整模型内芯外形

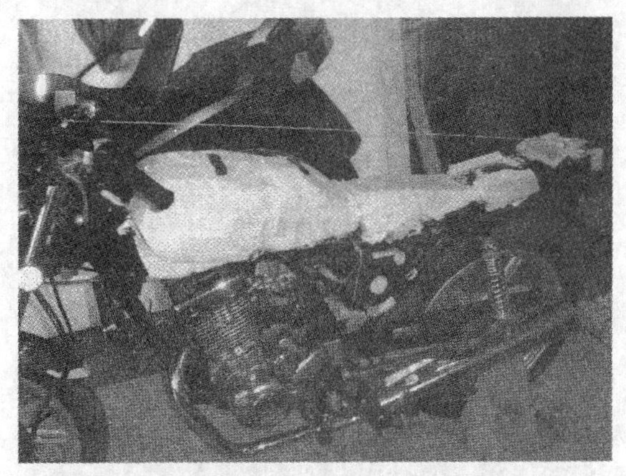
图 10-13　模型内芯外形修整完成

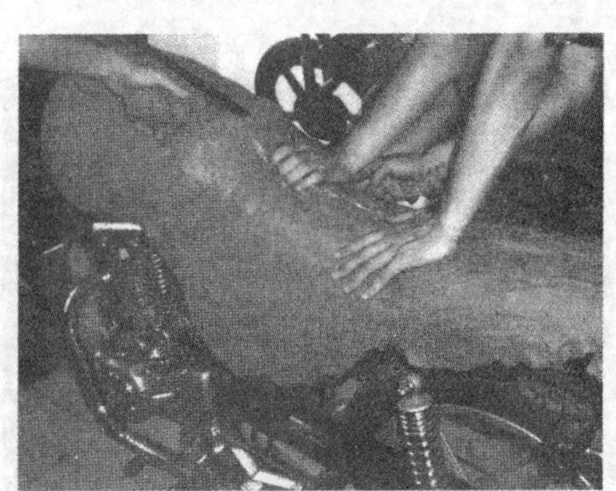
图 10-14　在模型内芯上初敷油泥

(2) 油泥模型大型的制作。摩托车油泥模型大型的制作过程见图 10-14～图 10-22。

图 10-15　初敷油泥完成效果

图 10-16　用模型模板检验油泥模型外形

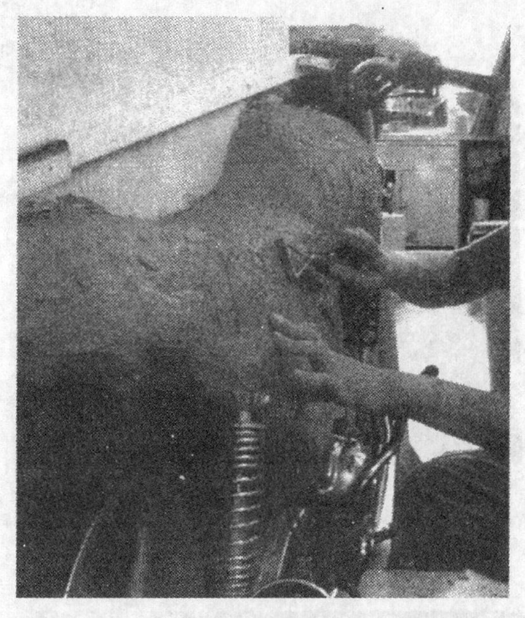

图 10-17　粗刮油泥模型表面

图 10-18　粗刮油泥模型大型

图 10-19　精刮油泥模型护板部位

图 10-20　精刮油泥模型坐垫部位

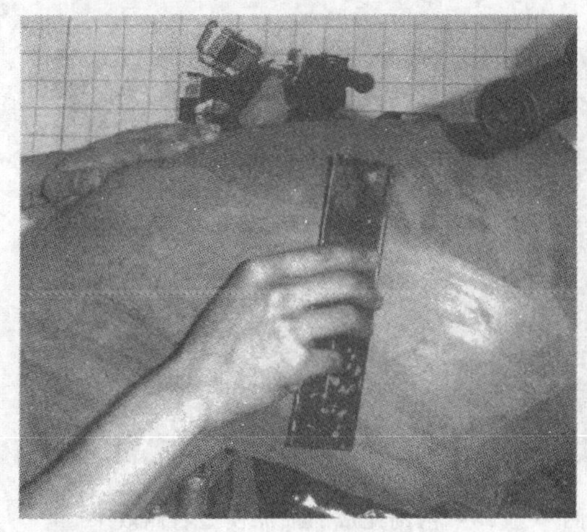

图 10-21　精刮油泥模型油箱部位

图 10-22　精刮油泥模型油箱部位大型

(3) 油泥模型细节的制作。油泥模型的细节，如坐垫、行李架、油箱等的制作效果见图 10-23

～图 10－28。

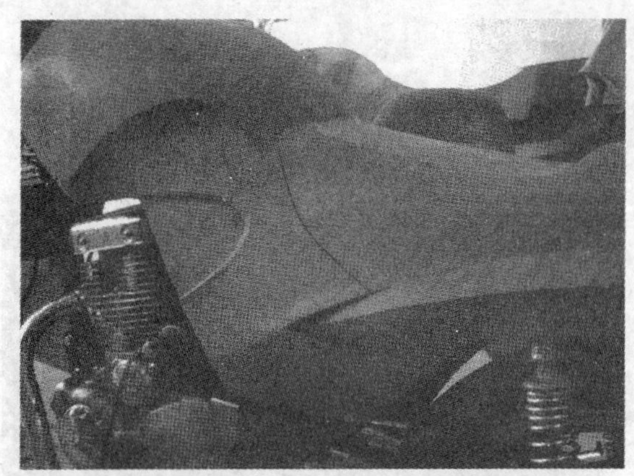

图 10－23　精刮完成的油泥模型坐垫

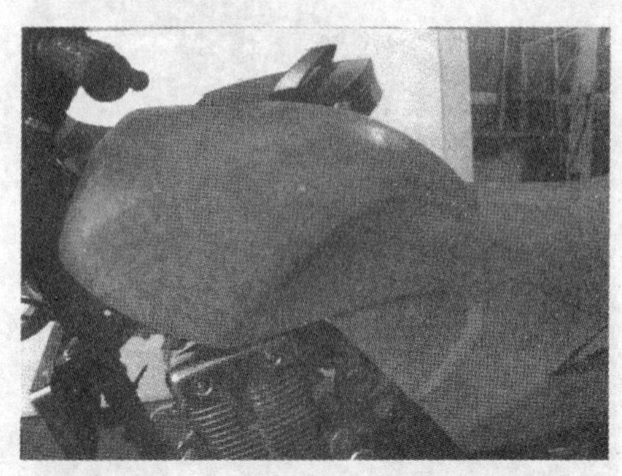

图 10－24　车尾部护板处留出安装后行李架的位置

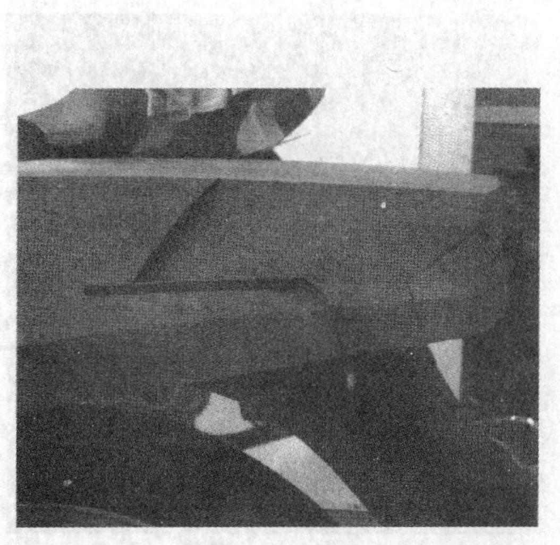

图 10－25　精刮完成的油泥模型油箱

图 10－26　精刮完成的油泥模型油箱上部

图 10－27　精刮完成的油泥模型左侧效果

图 10－28　精刮完成的油泥模型右侧效果

（4）油泥模型表面薄膜的装饰。油泥模型表面薄膜装饰的制作及效果见图 10－29～图 10－35。

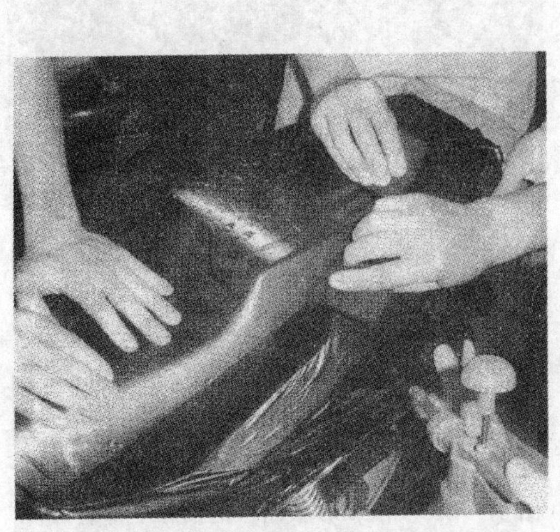

图 10-29　给油泥模型坐垫贴黑色薄膜

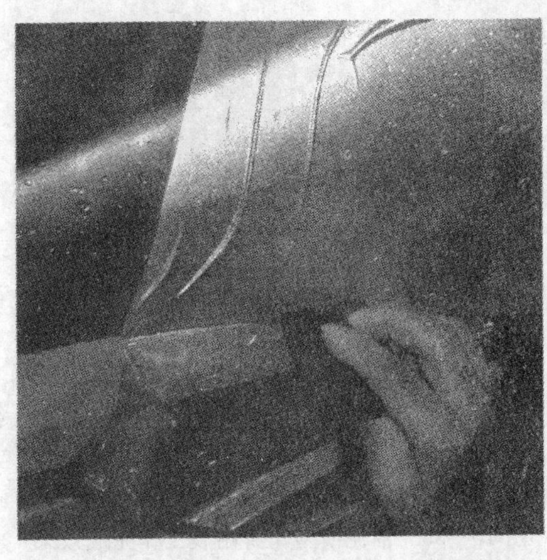

图 10-30　沿线槽裁出油泥模型坐垫薄膜边缘线

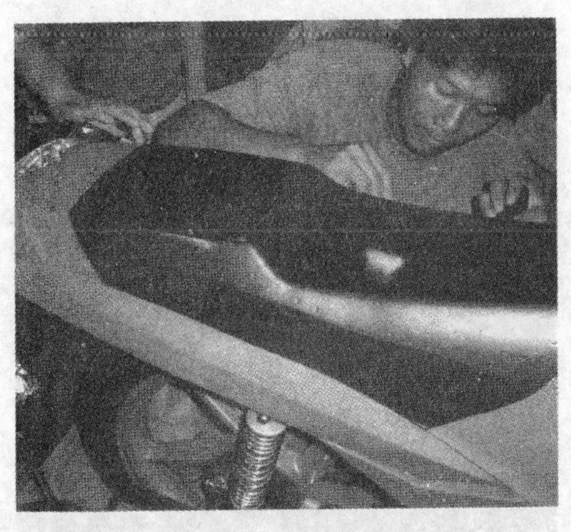

图 10-31　贴油泥模型护板银色薄膜

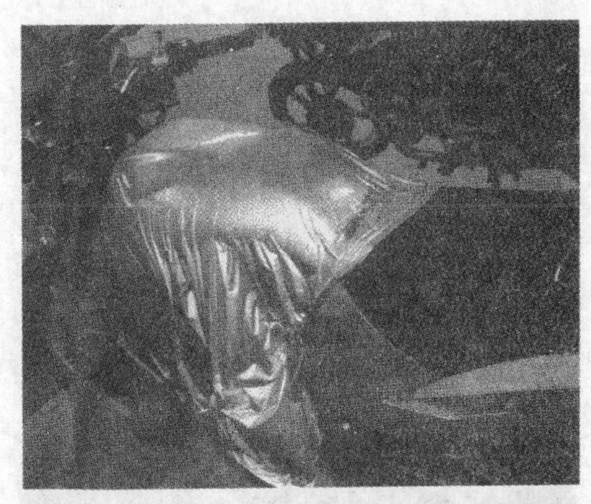

图 10-32　开始贴油泥模型油箱银色薄膜

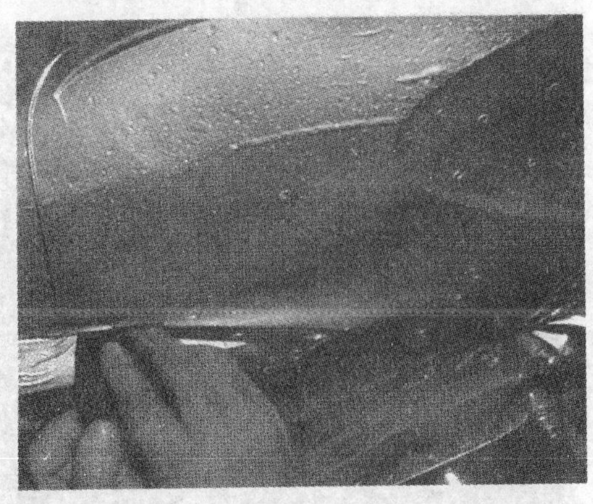

图 10-33　用橡胶刮板随型将薄膜压出棱线

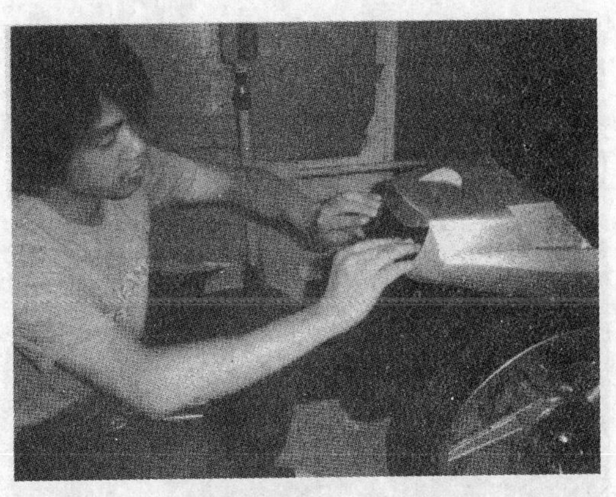

图 10-34　用棱镜薄膜贴模型尾灯表面

图 10-35　油泥模型车身贴膜工作完成效果

图 10-36　用 ABS 板制作的油箱下部装饰件

（5）油泥模型附件的制作安装。油泥模型附件及安装效果见图 10-36～图 10-44。

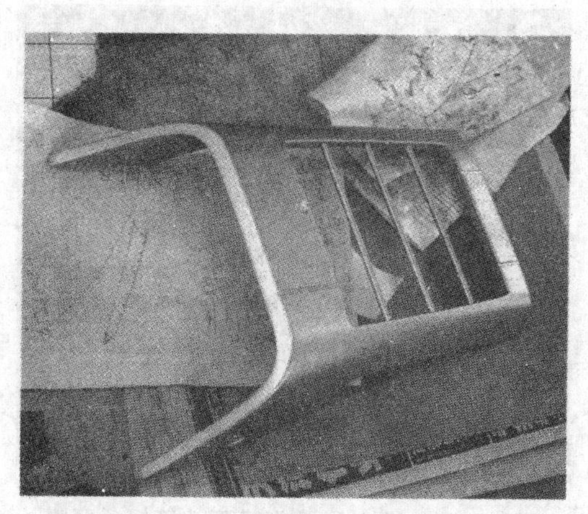

图 10-37　用 ABS 板制作的行李架

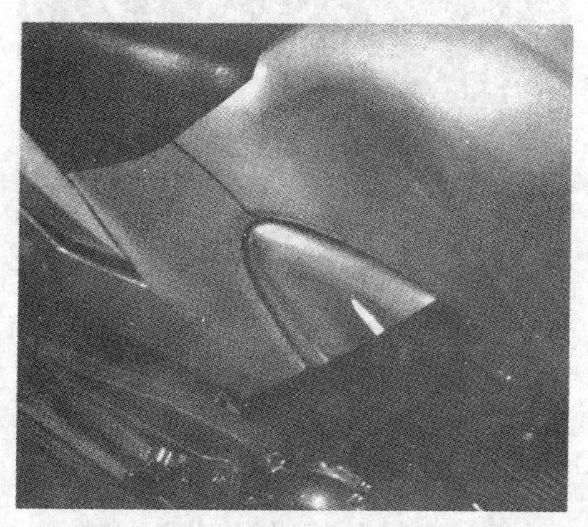

图 10-38　油箱下部装饰件安装效果

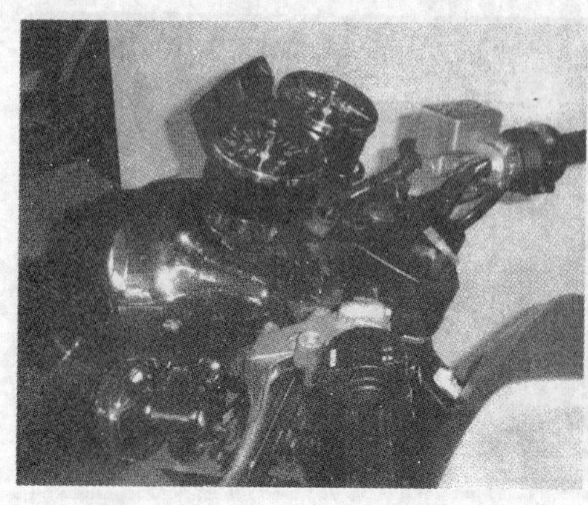

图 10-39　油箱下部装饰件安装效果

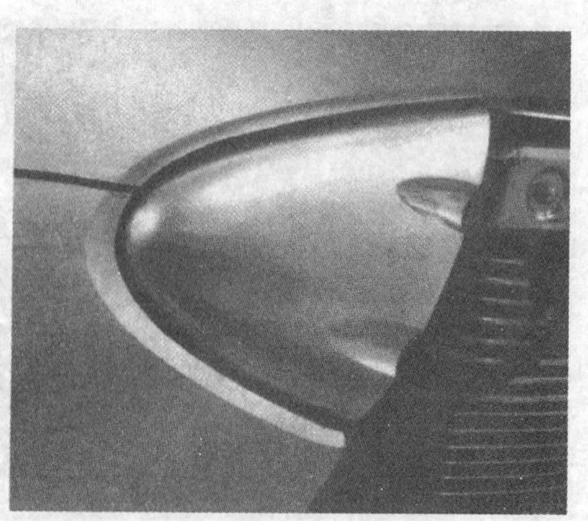

图 10-40　用 ABS 板制作的油箱盖安装效果

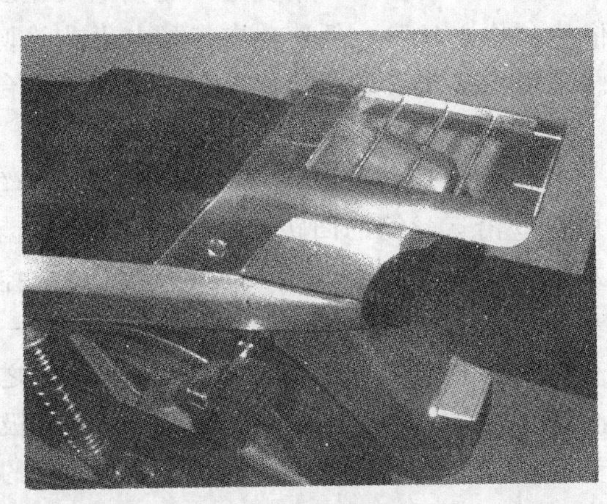

图 10-41　选装仪表转向灯安装效果

图 10-42　行李架安装效果

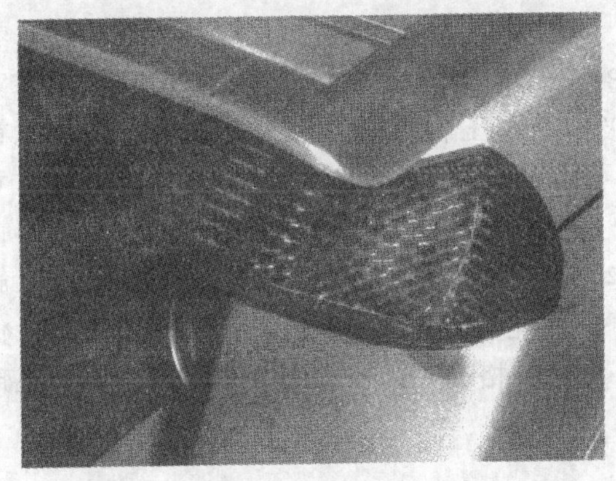

图 10-43　尾灯表面贴棱镜薄膜装饰效果

图 10-44　两轮摩托车全尺寸油泥模型最终效果

10.4　线切割加工

电火花线切割简称线切割。它是在电火花穿孔、成形加工的基础上发展起来的。它不仅使电火花加工的应用得到了发展，而且某些方面已取代了电火花穿孔和成形加工。如今，线切割机床已占电火花机床的大半。

10.4.1　线切割概述

电火花线切割简称线切割。它是在电火花穿孔、成形加工的基础上发展起来的。它不仅使电火花加工的应用得到了发展，而且某些方面已取代了电火花穿孔、成形加工。如今，线切割机床已占电火花机床的大半。

电火花线切割机（Wire cut Electrical Discharge Machining 简称 WEDM），属电加工范畴，是由前苏联拉扎林科夫妇研究开关触点受火花放电腐蚀损坏的现象和原因时，发现电火花的瞬时高温可以使局部的金属熔化、氧化而被腐蚀掉，从而开创和发明了电火花加工方法。线切割机也于 1960 年发明于前苏联，我国是第一个用于工业生产的国家。其基本物理原理是自由正离子和电子在场中积累，很快形成一个被电离的导电通道。在这个阶段，两板间形成电流。导致粒子间发生无数次碰撞，形成一个等离子区，并很快升高到 8000～12000℃的高温，在两导体表面瞬间熔化一些材料，同时，由于电极和电介液的气化，形成一个气泡，并且它的压力规则上升直到非常高。然后电流中断，温度突然降低，引起气泡内向爆炸，产生的动力把溶化的物质抛出弹坑，然后被腐蚀的材料在电介液中重新凝结成小的球体，并被电介液排走。然后通过 NC 控制的监测和管控，伺服机构执行，使这种放电现象均匀一致，从而达到加工物被加工，使之成为合乎要求之尺寸大小及形状精度的产品。电火花线切割机按走丝速度可分为高速往复走丝电火花线切割机（俗称“快走丝”）、低速单向走丝电火花线切割机（俗称“慢走丝”）和立式自旋转电火花线切割机三类。又可按工作台形式分成单立柱十字工作台型和双立柱型（俗称龙门型）。

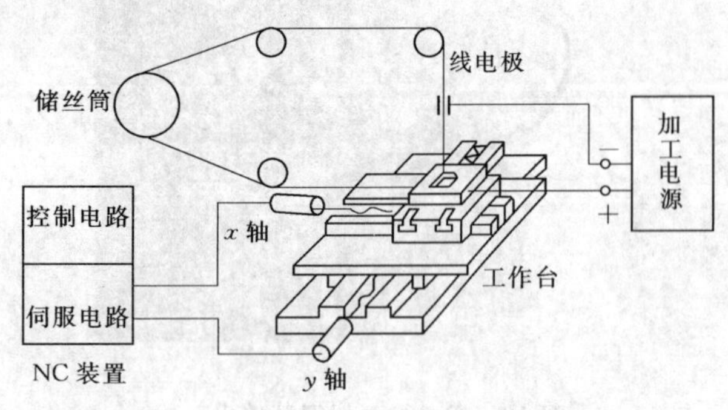

图 10－45　电火花线切割加工原理图

其工作原理如图 10－45 所示。绕在运丝筒上的电极丝沿运丝筒的回转方向以一定的速度移动，装在机床工作台上的工件由工作台按预定控制轨迹相对于电极丝做成型运动。脉冲电源的一极接工件，另一极接电极丝。在工件与电极丝之间总是保持一定的放电间隙且喷洒工作液，电极之间的火花放电，蚀出一定的缝隙，连续不断的脉冲放电就切出了所需形状和尺寸的工件。

低速走丝线切割机电极丝以铜线作为工具电极，一般以低于 0.2m/s 的速度作单向运动，在铜线与铜、钢或超硬合金等被加工物材料之间施加 60～300V 的脉冲电压，并保持 5～50μm 间隙，间隙中充满脱离子水（接近蒸馏水）等绝缘介质，使电极与被加工物之间发生火花放电，并彼此被消耗、腐蚀，在工件表面上电蚀出无数的小坑，通过 NC 控制的监测和管控，伺服机构执行，使这种放电现象均匀一致，从而达到加工物被加工，使之成为合乎要求之尺寸大小及形状精度的产品。目前精度可达 0.001mm 级，表面质量也接近磨削水平。电极丝放电后不再使用，而且采用无电阻防电解电源，一般均带有自动穿丝和恒张力装置。工作平稳、均匀、抖动小、加工精度高、表面质量好，但不宜加工大厚度工件。由于机床结构精密，技术含量高，机床价格高，因此使用成本也高。因此生产企业在对用户的宣传上要注意，一定要实事求是。

10.4.2　线切割发展史

20 世纪中期，苏联拉扎林科夫妇研究开关触点受火花放电腐蚀损坏的现象和原因时，发现电火花的瞬时高温可以使局部的金属熔化、氧化而被腐蚀掉，从而开创和发明了电火花加工方法，线切割放电机也于 1960 年发明于苏联。当时以投影器观看轮廓面前后左右手动进给工作台面加工，其实认为加工速度虽慢，却可加工传统机械不易加工的微细形状。代表的实用例子是纺织喷嘴的异形孔加工。当时使用之加工液用矿物质性油（灯油），绝缘性高，极间距离小，加工速度低于现在机械，实用性受限。1969 年巴黎工作母机展览会中展出，改进加工速度，确立无人运转状况的安全性。但 NC 纸带的制成却很费事，若不用大型计算机自动程序设计，对使用者是很大的负担。在廉价的自动程序设计装置出现前，普及甚缓。1970 年 9 月 30 日，我国国营长风机械总厂研制成功“数字程序自动控制线切割机床”，为该类机床国内首创线切割所需的工作环境。

10.4.3　线切割安全操作规程

1. 操作程序

（1）打开机床总电源，控制器开关，24V 步进驱动电源开关及高脉冲电源开关。

（2）根据图纸尺寸及工件的实际情况计算坐标点编制程序，注意工件的装夹方法和钼丝直径，选择合理的切入位置。

（3）开启走线电机，水泵电机及控制面板上的高频开关。

（4）将粗调开关放在自动位置，拔下进给开关，即进入加工阶段，加工中并进一步调节好微调开关及软件微调，使之调到加工最稳定状态。

（5）加工结束后应按顺序先关闭机床的高频脉冲开关，水泵开关，在关闭粗闭储丝筒开关，如果要带刹车关机单按下总电源开关红色按钮即可。

2. 注意事项

(1) 开机前，检查各电器部件是否松动，如有断丝和部件脱落应及时通知专业人员维修。

(2) 检查钼丝的紧张情况。

(3) 检查导轮是否有损伤并及时调换工作面位置，防止卡断钼丝。

(4) 检查挡丝棒如出现沟通槽，应及时调整工作面位置，防止卡断钼丝。

(5) 检查机床润滑部位应有足够的润滑油。

3. 日常保养

(1) 横向进给齿轮箱和纵向给进齿轮箱，每班应加 30 号机油一次。

(2) 储丝筒各传动轴，储丝筒丝杆螺母，储丝筒拖板，每班应加 30 号机油一次。

10.4.4 线切割实训要求

(1) 绘制所要加工零件的零件图。

(2) 根据机床操作规范及使用说明编制加工程序。

(3) 坯料装夹。

(4) 调整机床。

(5) 切割加工。

(6) 测量检验。

图 10-46 为学生线切割实习作品。

图 10-46 学生线切割实习作品

本章小结

本章以摩托车发动机的拆装、摩托车的整车装配、摩托车油泥模型的制作、线切割加工四个实训项目为基础，要求实习学生必须深入生产一线动手操作，完成相关的实训内容。这在近年来的生产实习实训中是很少见的，一改很多院校生产实习走马观花的作风，把生产实习真正落到实处。要求实习学生在实训过程中发扬一不怕苦二不怕累的精神，同时还必须要有一丝不苟、精益求精的钻研探索精神。

思考题

1. 简述摩托车发动机的装配过程。
2. 简述摩托车整车的装配过程。
3. 简述油泥模型的制作过程。
4. 简述线切割加工的基本原理。

第11章 企业生产管理

企业是国民经济的细胞，“细胞”发育的好坏直接关系到国民经济的发展和社会的长治久安。企业生产管理是对企业的生产经营活动进行组织、计划、指挥、监督和调节等一系列职能的总称。学习现代企业生产管理，首先必须正确理解企业的概念，了解现代企业的特征，把握现代企业管理的职能和主要任务。

11.1 企业管理

11.1.1 企业的概念与特征

1. 企业的概念

企业是以盈利为目的的，专门从事商品生产、流通、服务等经济活动，依法自主经营、自负盈亏并具有独立法人资格的经济组织。在社会经济生活中，企业是国民经济的细胞，是市场经济活动的主要参加者。企业可以分为工业企业、商业企业、农业企业、科技企业、文化企业等。我们通常提到的企业往往指的是工业企业和商业企业，比如在摩托车行业，我国有100多家摩托车生产企业，其中比较知名的有嘉陵工业股份有限公司、重庆建设雅马哈摩托车有限公司、钱江摩托股份有限公司、大长江集团公司等都是属于实力雄厚、知名度高的大型工业企业。

2. 企业的特征

在现实经济生活中，企业的表现形态是多种多样的。大到跨国集团，小到微型企业，不同行业、不同类型的企业都具有各自的特点和运行规律，但又有其共性特征，主要表现为以下四个方面：

(1) 盈利性。与行政、军事、政党、社团组织和教育、科研、文艺、体育、医卫、慈善等组织不同，企业是以盈利为目的的经济组织，这是企业与其他社会组织最本质的区别。在市场经济条件下，企业必须通过产品生产、产品销售或服务提供，获取尽可能多的利润，满足企业生存和发展的需要。如果企业盈利，企业就能继续生存和发展下去；如果企业亏损，以至于资不抵债，企业就会面临倒闭、破产。

(2) 自主性。企业是自主经营、自负盈亏的经济组织，拥有自主经营的权利。这些权利主要包括生产经营决策权、产品与服务定价权、产品销售权、物料采购权、进出口权、投资权、自有资金支配权、资产处置权、联营与兼并权、劳动用工权、人事管理权、工资、奖金分配权、内部机构设置权和拒绝摊派权等。

(3) 合法性。企业是依法设立的、具有独立法人资格的经济组织。作为独立的“法人”，企业有自己的组织机构和法定财产权，能以自己的名义进行民事活动，享有法律规定的权利，承担法律规定的义务。

(4) 经济性。企业是经济领域内从事生产经营活动的经济实体，是国民经济体系中的基本经济单位和微观经济组织，追求经济效益。

11.1.2 企业管理的概念和任务

1. 管理的概念

管理是一个内涵极其广泛的概念，至今还没有形成一个统一的定义。一般来讲，管理是指管理者在一定的条件下，通过计划、组织、领导和控制等活动，对所拥有的各种资源进行合理配置和有效使用，以实现组织目标的过程。这里的资源既包括人、财、物等资源，也包括时间和信息资源。管理活动涉及领域非常广泛，大到政府机关、企事业单位、科研院所、学校、军队，小到团队、班级、小组等，凡是有人群共同劳动的单位都需要用管理来指导人们实现共同的目标。

2. 企业管理的概念和任务

(1) 企业管理的概念。

企业管理就是企业经理人员或管理当局在一定的内外环境下，通过对企业的经济活动进行计划、组织、领导和控制等职能来处理企业内部和外部的各种关系，以达到充分利用人、财、物等资源，获取最大经济利润，实现企业目标的一系列活动的总称。

企业的目标是多方面的。不同类型的企业在不同的时期、不同的环境条件下都会有各种不同的目标，如生产任务目标、产品质量目标、社会服务目标、经营利润目标、企业发展目标等。但是，企业最根本的目标只有两个：一是企业自身的经济效益目标，二是社会效益目标。企业是一个经济组织，它的首要目标是要实现利润最大化，即实现经济效益目标；同时企业又是一个社会组织，它要承担一定的社会责任，包括以产品或服务满足社会需求、为社会提供就业机会等，即实现社会效益目标。

21 世纪，随着科学技术的飞速发展和生产社会化程度的不断提高，经济全球化进程不断加快。加强企业管理，提高科学管理水平不仅是企业提高经济效益的重要途径，也是提高企业市场竞争力，构筑竞争优势的有效手段。

(2) 企业管理的任务。

为了实现企业的目标，企业管理应该完成如下几项工作任务。

第一，合理地组织企业生产经营活动。生产经营活动是企业活动的中心，管理是为企业生产经营服务的。为保证生产经营活动的顺利进行，企业必须建立高效的组织机构，制定科学的管理制度，使上下级之间、各部门之间、各环节之间职责分明、责权一致、信息畅通、协调配合。

第二，有效地利用人力、物力、财力等各种资源。人、财、物是企业构成的基本要素，也是企业管理的基本对象，只有有效地利用这些资源，才能降低成本，节约费用，提高企业的经济效益。经济效益提高了，才能为社会提供价廉物美的产品和服务，从而更好地满足社会需求。

第三，促进技术进步，不断提高企业竞争实力。“科学技术是第一生产力”。企业管理应不断地促进企业技术进步，尽快地把科学技术发展的最新成果转换成企业的直接生产力，开发新产品，开拓新市场，不断提高企业的竞争实力。

第四，加强员工培训，合理利用和开发企业人力资源。人的力量是无穷的，人力资源是企业财富的源泉。加强员工培训，不断地提高员工的科技知识和业务技术水平，不仅是开发企业人力资源的有效途径，而且是企业发展的根本战略。

第五，协调内外关系，增强企业的环境适应性。

企业是社会经济系统的一个子系统，外部的政治、经济、社会、科学技术等环境因素都会对企业的生存和发展产生极大的影响。企业是一个开放的动态系统，它不断与外部环境之间进行着广泛的物质、能量和信息的交换。在这些影响和交换中，必然会产生各种各样的矛盾，这就需要通过企业的管理活动进行内外关系的协调，并不断调整内部结构，使企业适应外部环境的变化。

11.1.3 企业管理的主要职能

企业管理职能是指企业为了实行有效的管理所必须具备的基本功能。在现实经济生活中，由于各个企业的性质、规模不同，企业管理的具体内容也不尽相同。但一般来讲，大体上应包括下述基本职能。

1. 计划

这是企业管理的首要职能。它要求企业依据客户订单或根据市场调研结果，制定企业年度、季度、月度或每旬、每周甚至每日的计划，编制年度或月度的营销计划、设备检修计划、内部审核计划等，以指导和规范企业的各项生产经营活动。

2. 组织

组织就是根据制定的计划把企业各部门、各环节、各要素、各方面科学合理地组织起来，形成一个协调的有机整体。具体包括组织设计和组织运行两个方面，前者是设计组织机构，明确其职责和权限，并配备人员；后者则要求通过一定方式建立工作程序。

3. 领导

领导职能就是管理者利用职权和威信施展影响，指导和激励各类人员努力去实现目标的过程。当管理者激励他的下属，指导下属的行动，选择最有效的沟通途径或解决组织成员间的纷争时，他就是在从事领导工作。领导职能有两个要点：一是努力搞好组织的工作；二是努力满足组织成员的个人需要。当然，如何调动组织成员的工作积极性需要领导者运用科学的激励方法和合适的领导方式。

4. 控制

控制就是对企业的各项生产经营活动状况进行监控和检查，一旦发现与计划、目标或标准有偏差，就要及时查清原因，采取对策或措施加以纠正，以确保目标实现。

以上四大职能是相互联系、相互制约的。其中计划是管理的首要职能，是组织、领导和控制职能的依据；组织、领导和控制职能是有效管理的重要环节和必要手段，是计划及其目标得以实现的保障，只有统一协调这四个方面，使之形成前后关联、连续一致的企业管理活动整体过程，才能保证企业管理工作的顺利进行和组织目标的圆满实现。

11.1.4 企业管理的内容

1. 不同层次的管理

(1) 企业高层管理。企业高层管理是企业管理体系中最重要的部分，处于统帅地位。它的核心内容是制定和组织实施企业经营战略、决策和计划。

(2) 企业中层管理。企业中层管理是高层管理和基层管理的纽带。企业中层管理一方面对高层管理发挥参谋与助手的作用，另一方面对基层管理进行指导、服务与监督。

(3) 企业基层管理。企业基层管理的对象是作业层。基层管理是基层管理者按照企业中层管理制定的计划，具体组织人力去完成计划。

2. 各项专业管理

企业以生产经营全过程的不同阶段和构成要素为对象，形成的一系列专业管理主要有：技术开发管理、生产管理、物资供应管理、市场营销管理、财务管理、人事管理等。

11.1.5 企业管理的一般方法

(1) 行政方法。行政组织运用行政手段（命令、指示、规定等），按照行政隶属关系来执行管理职能、完成管理任务的一种方法。

(2) 经济方法。按照经济规律的要求，运用经济手段（价格、工资、利润、利息、奖金）和经济方式（经济合同、经济责任制）来执行管理职能，实现管理任务的方法。

(3) 法律方法。通过经济立法和经济司法，用经济法规来管理企业生产经营活动。

(4) 教育方法。运用思想政治工作的方法来解决职工的思想认识问题，调动职工的积极性。

11.2 生产计划

11.2.1 生产计划的概念

生产计划是企业经营计划的重要组成部分。它是根据市场需求和企业生产能力的大小，对企业生产运作系统在计划期（年、季、月）应完成的产品生产任务及其进度的预先安排和计划。生产计划具体规定了企业在计划期内应生产什么产品、生产多少数量、质量如何、在什么时候生产、在哪个车间生产以及如何生产等一系列生产指标，并为实现这些指标进行人、财、物等资源方面的协调和平衡。在市场经济环境下，企业的生产计划必须以销售计划、或者未来市场需求的预测为基础。生产计划也是企业制定物资供应计划、劳务人事计划、设备管理计划和技术组织措施计划主要依据。

11.2.2 生产计划的体系

根据生产计划在工业企业经营活动中所处的地位和计划时间的长短，可以将生产计划分为长期、中期和短期计划三个层次。这三个层次的生产计划各有侧重点，但又相互联系、互相配合，构成了一个完整的生产计划体系。

长期计划主要针对市场的长期变化趋势、企业各产品系列的变化、企业生产性资源的配置以及企业规模变动等战略性问题而制定的。长期计划时间跨度通常在 3～5 年，计划的主要内容包括企业生产产品或服务的种类、规模大小、生产布局、工艺设备选择、资源获取方式等。长期计划为中期计划的制订规定了范围。

中期计划，也称为年度生产计划，时间跨度通常为 1～2 年，主要包括企业在计划年度内的生产大纲和产品出产进度计划。

短期计划也叫做生产作业计划，是根据企业年度生产计划规定在计划期（1～3 个月）应完成的计划指标。针对某一品种，编制该品种具体的作业计划。

11.2.3 生产计划的主要指标

企业生产计划的中心内容是确定生产指标。生产指标主要包括产品品种、产品产量、产品质量、产值指标等。

（1）产品品种指标。产品品种指标是指规定生产产品的名称、型号、规格和种类。它不仅反映企业对社会需求的满足能力，还反映了企业的专业化水平和管理水平。比如我国最大的摩托车企业——中国嘉陵集团主导产品摩托车现有 35～600cc 十余种排量上百个品种。

（2）产品产量指标。产品产量指标是指企业在计划期内出产的合格产品的数量。产量可以用台、件、辆、吨来表示。对于规格、品种很多的系列产品，也可以用主要技术参数计量，比如拖拉机用马力、电动机用千瓦等。产品产量既包括企业生产可供销售的产品、半成品以及工业性劳务数量，也包括供本企业基本建设、大修理和非生产部门使用的需用量。

（3）产品质量指标。产品质量指标是指企业在计划期内产品质量应达到的水平。通常采用一些统计指标来衡量，比如一等品率、合格品率、返修率、废品率等。

（4）产值指标。产值指标是指用货币表示的产量指标。通常产值指标有商品产值、总产值和净产值三种。其中，商品产值是指企业在计划期内应当出产的可供销售的产品和工业性劳务的价值；总产值是用货币表现的企业在计划期内应该完成的工作总量。总产值中除包括商品产值外，还包括在制品、半成品、自制工具、模型的期末、期初结存量差额的价值，以及订货者来料的价值。净产值是指企业在计划期内新创造的价值，通常用总产值减去各种物质消耗的价值来衡量。

11.2.4 生产计划工作的内容

生产计划工作是指生产计划的具体编制工作。主要包括具体编制计划、贯彻执行计划和检查、调整计划三个主要部分。各部分主要内容如下。

（1）调查研究，摸清国家和社会对企业产品的需要；预测企业的外部环境条件；分析企业内部的生产条件；对各种资料和信息进行汇总、整理和综合分析。

（2）进行生产决策，确定生产计划指标。

（3）计算和核定生产能力，并进行平衡。

（4）安排产品的生产进度，确定各车间的生产任务。

（5）进行综合平衡，正式编制生产计划。

（6）落实措施，组织实施。

（7）检查、调查计划执行情况。

（8）考核、总结计划完成情况。

11.2.5 生产计划的编制步骤

一份好的生产计划是企业能否顺利完成生产任务的重要保证，也是工厂作业能否有序实施的决定因素。为了确保生产计划合理有效，必须广泛收集市场信息、企业内部信息并进行综合分析。生产计划的编制过程大体上可以概括为以下几个步骤，如图11-1所示。

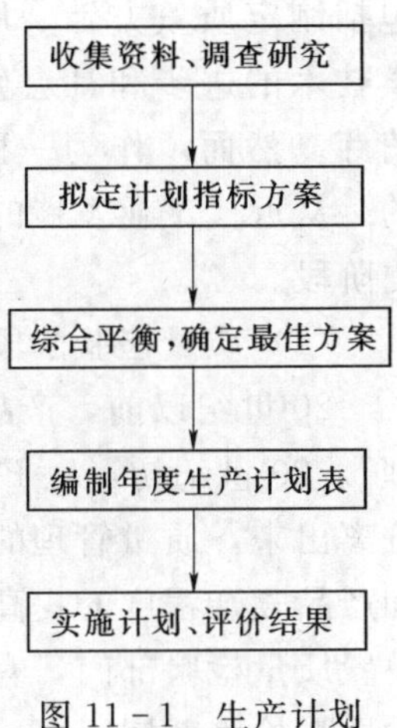

图11-1 生产计划编制步骤

（1）收集资料，调查研究。企业必须深入地进行市场调研，了解市场供需情况、竞争对手情况，科学预测市场未来变动趋势。同时分析企业内部、外部生产情况。了解上级下达的国家计划任务；企业长期战略、发展规划；计划期产品的预计销售量、上期合同执行情况及成品库存量；上期生产计划完成情况；计划生产能力与产品工时台时定额；新产品试制、物资供应、设备检修、外购件和外协件的保证程度等情况。

（2）拟定计划指标，进行方案优选。根据市场需求和企业实际生产能力，在统筹安排的基础上，初步拟定生产计划指标和可行方案。其中包括：①产品品种、质量、产量、产值和利润等指标，出产进度的合理安排；②各产品品种的合理搭配；③将生产指标分解为各个分厂或车间的指标等工作。

计划部门拟定的指标和方案应该是多个，通过定性和定量分析、评价，从中选择较优的可行方案。

（3）综合平衡，确定最佳方案。对计划部门拟定的初步指标和方案，必须进行综合平衡，研究措施，解决矛盾，以达到社会需要与企业生产可能之间的相互平衡，使企业的生产能力和资源都能得到充分的利用，从而获得较好的经济效益。生产计划的综合平衡一般从以下5个方面进行：①生产任务与生产能力的平衡，测算企业设备、生产场地、生产面积对生产任务的保证程度；②生产任务与劳动力的平衡，测算企业劳动力的工种、等级、数量、劳动生产率水平与生产任务的适应程度；③生产任务与物资供应的平衡，测算企业原材料、燃料、动力、外协外购件及工具等的供应数量、质量、品种、规格、供应时间对生产任务的保证程度，以及生产任务同材料消耗水平的适应程度；④生产任务与生产技术准备的平衡，测算设计、工艺、工艺装备、设备维修、技术措施等与生产任务的适应和衔接程度。⑤生产任务与资金占用的平衡，测算流动资金对生产任务的保证程度与合理性。

（4）编制年度生产计划表。企业的生产计划，经过反复核算与综合平衡，确定生产指标，最后要编制年度生产计划表，在报上级主管部门批准或备案后，即可作为企业的正式计划。

（5）实施计划，评价结果。

11.3 质量管理

1. 质量

质量是企业的生命。近几年我国频发的企业生产质量事故、食品安全事故引起人们对质量问题的高度关注。然而，大多数人对于什么是质量却很难说清楚。2000版的ISO9000族标准给出了质量的一般定义。所谓质量，是一组固有特性满足要求的程度。这里的特性是指可区分的特征，比如物理方面的特征、感官上的特征、组织或行为特征、功能性特征等等。要求则是明示的、通常隐含的或必须履行的需求或期望。质量通常与产品或服务相联系，尤其是与满足消费者的需要相联系。人们常常谈及的质量往往指的是产品质量或服务质量。产品质量是指产品适应社会生产和生活消费需要而具备的特性，它是产品使用价值的具体体现。主要包括产品内在质量和外观质量两个方面。

产品的内在质量是指产品的内在属性，包括性能、寿命、可靠性、安全性、经济性五个方面。产品的外观质量指产品的外部属性，包括产品的光洁度、造型、色泽、包装等，如摩托车的造型、色彩、光洁度等。

2. 质量管理

2000 版的 ISO9000 族标准将质量管理定义为：在质量方面指挥和控制组织的协调活动。通常包括制定质量方针、质量目标、质量策划、质量控制、质量保证和质量改进。质量管理是随着科学技术的进步和社会生产力的发展而发展的。自从历史上出现了手工业生产，就有了质量管理的萌芽。然而，作为一种科学的管理方法，质量管理却是在大工业蓬勃发展起来以后才逐渐发展起来的。从近代工业发展的历史看，质量管理大致经历了质量检验、统计质量控制和全面质量管理三个历史阶段。

(1) 质量检验阶段。

20 世纪以前，产品质量主要依靠操作者本人的技艺水平和经验来保证，属于“操作者的质量管理”。20 世纪初，以 F·W·泰勒为代表的科学管理理论的产生，促使产品的质量检验从加工制造中分离出来，质量管理的职能由操作者转移给工长，是“工长的质量管理”。随着企业生产规模的扩大和产品复杂程度的提高，产品有了技术标准，各种检验工具和检验技术也随之发展。大多数企业开始设置质量检验部门，有的直属于厂长领导，负责质量检测工作，这时是“检验员的质量管理”。这几种质量检验都属于事后检验。当劳资双方有矛盾或意见不统一时，或操作者的技术水平或工作责任心较差时，产品质量就容易出现问题。

(2) 统计质量控制阶段。

1924 年，美国数理统计学家 W·A·休哈特提出控制和预防缺陷的概念。他运用数理统计的原理提出在生产过程中控制产品质量的“6σ”法，并绘制出了第一张控制图，建立了一套统计卡片。与此同时，美国贝尔研究所提出关于抽样检验的概念及其实施方案，成为运用数理统计理论解决质量问题的先驱，但当时这些理论和方法并未被普遍接受。二战期间，由于事后检验无法控制武器弹药的质量，美国国防部决定把数理统计法用于质量管理，并由标准协会制定有关数理统计方法应用于质量管理方面的规划，成立了专门委员会，并于 1941～1942 年先后公布一批美国战时的质量管理标准。这种以数理统计理论为基础的统计质量控制自此开始在世界范围内推广应用。

(3) 全面质量管理阶段。

20 世纪 50 年代以来，随着生产力的迅速发展和科学技术的日新月异，人们对产品的质量从注重产品的一般性能发展为注重产品的耐用性、可靠性、安全性、维修性和经济性等。这种变化反映在企业生产技术和企业管理中，则要求运用系统的观点来研究质量问题。在管理理论上则呼吁突出重视人的因素，强调依靠企业全体人员的努力来保证质量。与此同时，“保护消费者利益”运动兴起，企业之间的市场竞争也越来越激烈。在这种情况下，美国 A·V·费根鲍姆于 20 世纪 60 年代初提出全面质量管理的概念。他提出，全面质量管理是“为了能够在最经济的水平上、并考虑到充分满足顾客要求的条件下进行生产和提供服务，并把企业各部门在研制质量、维持质量和提高质量方面的活动构成为一体的一种有效体系”。经过 40 多年的实践运用、总结和提高，全面质量管理的概念、内容和方法受到世界各国的广泛重视和应用。其中，日本是做得最成功的，日本运用全面质量管理理论，结合自己的国情，创造出了“全公司性质量管理”的理论和方法，取得了很好的效益。

3. 质量管理的基本原则

(1) 以顾客为关注焦点。组织依存于其顾客。因此，组织应理解顾客当前的和未来的需求，满足顾客要求并争取超越顾客期望。

(2) 领导作用。组织的最高管理者应将本组织的宗旨、方向和内部环境统一起来，并创造使员工能够充分参与实现组织目标的环境。

(3) 全员参与。各级人员是组织之本。只有他们的充分参与，才能使他们的才干为组织带来最大的收益。

(4) 过程方法。将相关的资源和活动作为过程进行管理，可以更高效地得到期望的结果。

(5) 管理的系统方法。针对设定的目标，识别、理解并管理一个由相互关联的过程所组成的体系，有助于提高组织的有效性和效率。

(6) 持续改进。持续改进是组织的一个永恒的目标。

(7) 基于事实的决策方法。对数据和信息的逻辑分析或直觉判断是有效决策的基础。

(8) 互利的供方关系。通过互利的关系，增强组织及其供方创造价值的能力。

4. 质量管理的常用方法

(1) 分类法。分类法又称分层法或分组法，是一种把收集记录的原始质量数据按照不同的目的加以分类整理，以便分析质量问题及其影响因素的方法。分类的目的在于找到问题症结所在，对症下药，解决问题。

(2) 排列图法。排列图又称主次因素排列图或帕累托图，是寻找影响产品质量的主要问题，确定质量攻关项目的图。排列图由两根纵坐标、一根横坐标、几个长方形和一条曲线（或折线）组成。左侧纵坐标表示不合格品出现的频数（出现次数或金额等），右侧纵坐标表示不合格品出现的累计频率（百分比表示），横坐标表示影响质量的各种因素，按影响大小顺序排列，直方形高度表示相应的因素的影响程度（即出现频率为多少），折线表示累计频率（也称帕累托曲线）。通常累计百分比将影响因素分为三类：占 0～80％为 A 类因素，也就是主要因素；80％～90％为 B 类因素，是次要因素；90％～100％为 C 类因素，即一般因素。由于 A 类因素占存在问题的 80％，此类因素解决了，质量问题大部分就得到了解决。为了方便理解，下面举个例子。某玻璃杯制造厂对某一天生产中出现的 120 个次品进行统计后，做出排列图，如图 11－2 所示。从该图中可以看出，划痕是影响该厂玻璃杯质量的主要因素。如果划痕问题得以有效解决，该厂玻璃杯的质量将会有大幅度提高。

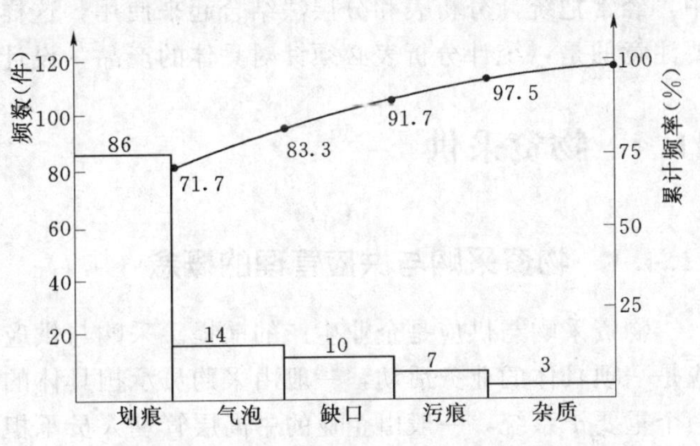

图 11－2　某玻璃杯制造厂产品质量排列图

(3) 鱼骨图法。鱼骨图又称特性因素图，是由日本管理大师石川馨先生提出来的，故又名石川图。鱼骨图是质量管理中寻找质量问题原因的一种图解方法。鱼骨图法由质量问题和影响因素两部分构成，如图 11－3 所示，主干箭头指向的是质量问题，主干枝上的大枝表示影响质量的大原因，一般从人员、设备、材料、方法和环境等方面分析。中枝和小枝分别表示中原因和小原因。

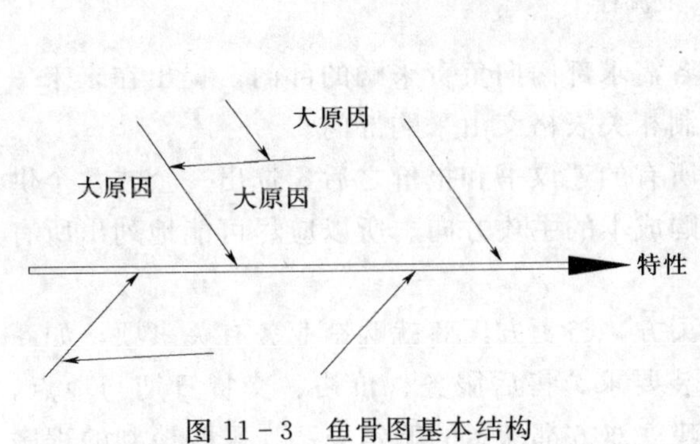

图 11－3　鱼骨图基本结构

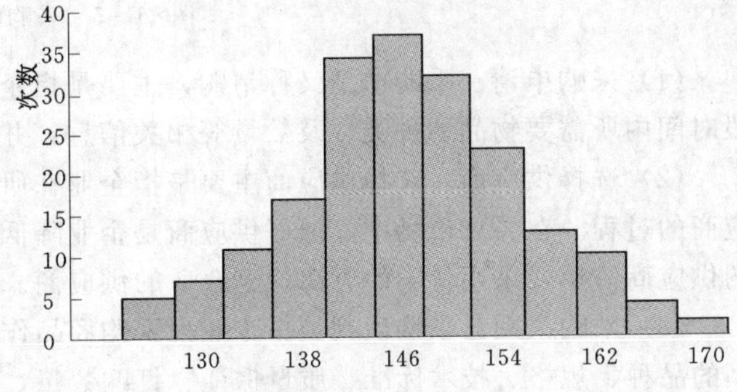

图 11－4　直方图

(4) 直方图法。又称质量分布图，是一种几何形图表，它是根据从生产过程中收集来的质量数据分布情况，画成以组距为底边、以频数为高度的一系列连接起来的直方型矩形图，如图 11－4

所示。作直方图的目的就是通过观察图的形状，判断生产过程是否稳定，预测生产过程的质量水平。

（5）散布图法。是表示两个变量之间关系的图，又称相关图，常用于分析两测定值之间相关关系，它具有直观简便的优点。通过作散布图可以对数据的相关性进行直观地观察，不但可以得到定性的结论，而且可以通过观察剔除异常数据，从而提高用计算法估算相关程度的准确性。

（6）控制图法。控制图是用于分析和判断工序是否处于稳定状态所使用的带有控制界限的一种工序管理图。主要应用于工序质量诊断、工序质量控制、工序调查、正确指定工序质量标准、工序成本和质量成本的预测。控制图通常用点子来反映生产过程的稳定程度。如果生产过程处于稳定或稳定状态，图中的点子就随机地分散在中心线两侧附近，越接近上、下控制点，点子就越少。也就是说，生产过程满足下列条件时，可以认为生产过程处于稳定或控制状态，即点子没有超出控制界限；点子的排列没有缺陷（或异常）。反之，可以判断生产过程受到了系统性地干扰，发生了异常变化，此时，需要查明原因，找出系统性因素并设法消除。

（7）调查表法。调查表法是利用统计表来进行数据整理和粗略原因分析的一种方法，也叫检查表法或统计分析表法。统计分析表是最为基本的质量原因分析方法，也是最为常用的方法。在实际工作中，经常把统计分析表和分层法结合起来使用，这样可以把可能影响质量的原因调查得更为清楚。需要注意的是，统计分析表必须针对具体的产品，设计出专用的调查表进行调查和分析。

11.4 物资采供

11.4.1 物资采购与供应管理的概念

物资采购与供应是企业生产的前提。采购与供应和采购与供应管理是两个不同的概念。采购与供应是一项具体的业务活动，一般由采购员承担具体的采购任务。而采购与供应管理是企业管理系统的一个重要子系统，一般由企业的中高层管理人员承担。做好采购与供应管理不仅可以满足制造产品需求，也可以帮助企业洞察市场的变化趋势。

11.4.2 采购的一般流程

采购流程通常由以下7个步骤组成（见图11-5）。

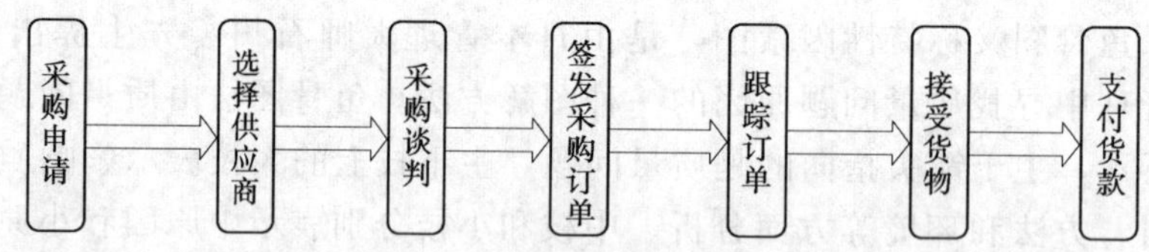

图11-5 采购的一般流程

（1）采购申请。采购申请又称请购，主要是指企业各需求部门向负责采购的部门，提出在未来一段时间内所需要物品的种类以及数量等相关信息，并填制相关表格交由采购部门。

（2）选择供应商。选择供应商主要是指企业在研究所有的建议书和报价之后，选出一个或几个供应商的过程。在买方市场中，选好供应商是企业降低采购成本的主攻方向。所以应尽可能地列出所有的供应商清单，采用科学的方法挑选合适的供应商。

（3）采购谈判。采购谈判是指企业为采购商品作为买方，与卖方厂商就购销业务有关事项，如商品的品种、规格、技术标准、质量保证、订购数量、包装要求、售后服务、价格、交货日期与地点、运输方式、付款条件等进行反复磋商，谋求达成协议，建立双方都满意的购销关系。采购谈判的程序可分为计划和准备阶段、开局阶段、正式洽谈阶段和成交阶段。

（4）签发采购订单。采购订单相当于合同文本，具有法律效力。签发采购订单必须十分仔细，对采购的每项物品的规格、数量、价格、质量标准、交货时间与地点、包装标准、运输方式、检验形式、索赔条件与标准等都要认真审定。

(5) 跟踪订单。采购订单签发后必须对订单的执行情况进行跟踪，防止发生对方的违约事件，保证订单顺利，货物按时进库，以保证供应。同时对订单实施跟踪还可以随时掌握货物的动向，万一发生意外事件，可及时采取措施，避免不必要的损失，并将损失减小到最低水平。

(6) 接受货物。主要是按订单上的条款，逐条进行查对和验收。除此以外，还要查对货损情况，如货损超标等，要查明原因，分清责任，为后续索赔提供证据。货物验收完毕才能签字认可。

(7) 支付货款。在支付发票与验收的货物清单一致的情况下，可以签字付款。

11.4.3 供应商的选择

选择合乎要求的供应商，需要采用一些科学和严格的方法。选择供应商的方法，要根据具体的情况采用合适的方法。常用的方法主要有直观判断、考核选择、招标选择和协商选择。

1. 直观判断

直观判断法是指通过调查、征询意见、综合分析和判断来选择供应商的一种方法，是一种主观性较强的判断方法，主要是倾听和采纳有经验的采购人员的意见，或者直接由采购人员凭经验做出判断。这种方法的质量取决于对供应商资料掌握得是否正确、齐全和决策者的分析判断能力与经验。这种方法运作简单、快速、方便，但是缺乏科学性，受掌握信息的详尽程度限制，常用于选择企业非主要原材料的供应商。

2. 考核选择

所谓考核选择，就是在对供应商充分调查了解的基础上，再进行认真考核、分析比较而选择供应商的方法。

3. 招标选择

当采购物资数量大、供应市场竞争激烈时，可以采用招标方法来选择供应商。

4. 协商选择

在可选择的供应商较多、采购单位难以抉择时，也可以采用协商选择方法，即由采购单位选出供应条件较为有利的几个供应商，同他们分别进行协商，再确定合适的供应商。和招标选择方法相比较，协商选择方法因双方能充分协商，在商品质量、交货日期和售后服务等方面较有保证。但由于选择范围有限，不一定能得到最便宜、供应条件最有利的供应商。但当采购时间紧迫、投标单位少、供应商竞争不激烈、订购物资规格和技术条件比较复杂时，协商选择方法比招标选择方法更为合适。

11.4.4 准时采购

准时采购也称为JIT采购法。是一种基于供应链管理思想的先进的采购管理模式。按照JIT管理原理，一个企业中的所有活动只有当需要进行的时候才进行，即只有在需要的时候，按照所需要的数量、质量、提供所需要的产品和服务。因此，企业按照JIT采购就是只在需要的时候（既不提前，也不延迟），按需要的数量，将企业生产所需要的合格的原材料和外购件采购回来。准时采购相对于传统采购的区别，如表11－1所示。

表11－1 **JIT采购与传统采购的区别**

项　目	JIT 采　购	传　统　采　购
采购批量	小批量、送货频率高	大批量、送货频率低
供应商的选择	长期合作、单源供货	短期合作、多源供货
供应商评价	质量、交货期、价格	质量、交货期、价格
检查工作	逐渐减少、最后消除	收获、点货、质量验收

续表

项　目	JIT 采 购	传 统 采 购
协商内容	长期合作关系质量和合理价格	获得最低价格
运输	准时送货买方负责安排	较低成本卖方负责安排
产品说明	供应商革新、强调性能宽松要求	买方关心设计、供应商没有创新
包装	小、标准化容器包装	普通包装没有特地说明
信息交换	快速可靠	一般要求

(1) 传统采购往往要选择较多的供应商，合作关系松散、物料质量不易稳定；准时采购选择较少供应商，合作关系稳固、物料质量较稳定。

(2) 在供应商评价上，传统采购只评价合同履行能力；准时采购对合同履行能力、生产设计能力、物料配送能力、产品研发能力等进行综合评价。

(3) 在交货方式上，传统采购由采购商安排、按合同交货；准时采购由供应商安排，确保交货准时性。

(4) 在到货检查与信息交流上，传统采购每次到货检查信息不对称，易导致暗箱操作；准时采购质量有保障，无需检查，采供双方高度共享准时实时信息，易建立信任。

(5) 在采购批量与运输上，传统采购大批量采购，配送频率低，运输次数相对少；准时采购小批量采购、频率高、运输次数多。

11.5　设备管理

工欲善其事，必先利其器。中国要想成为世界先进的制造业基地，就需要有先进的现代化设备来完成这一使命。而先进的现代化设备不仅需要先进的维修技术，更需要先进的管理模式。随着设备机电一体化程度的加快，操作的技术会逐渐下降，而设备管理的技术要求则会不断上升，从而成为企业生产管理领域中的一个重要组成部分。

11.5.1　设备管理的概念和意义

1. 设备管理的概念

设备是指人们进行生产所使用的各种机械的总称。一般包括生产设备、动力设备、传导设备、运输设备、科研设备、仪器、仪表及各种工具等。设备是现代企业进行生产经营的重要物质技术基础。工业企业中的设备主要包括生产工艺设备、动力设备、传导设备、起重机运输设备、科研设备、管理设备、生活福利和教育设备等。

设备管理是以企业生产经营目标为依据，通过一系列的技术、经济、组织措施，对设备的规划、设计、制造、选型、购置、安装、使用、维护、修理、改造、更新直至报废的全过程进行科学的管理。

2. 设备管理的意义

机器设备是企业生产的物质技术基础，是企业固定资产的重要组成部分。设备管理的好坏直接影响企业的生产效率和经济效益。因此，加强设备管理具有十分重要的意义。

(1) 加强设备管理，提高设备管理水平，有利于企业建立正常的生产秩序，有利于实现企业的均衡生产。

(2) 加强设备管理，有利于提高企业的经济效益。企业进行生产经营的目的，就是获取最大的经济效益。因为提高企业经济效益，一方面可以通过增加产品产量，提高劳动生产效益来实现；另一方面则可以通过减少消耗，降低生产成本来实现。在这一系列的管理活动中，设备管理都占有特别突出的地位。

（3）加强设备管理，可及时对现有设备进行改造和更新，提高设备的保养水平，从而有利于企业的技术进步和生产效率的提高。

11.5.2 设备管理的内容

工业设备种类繁多，不同行业有不同的特点，但一般来讲，企业设备管理工作主要包括以下内容。

（1）根据技术上先进、经济上合理的原则，正确选购设备，为企业提供优良的技术装备。为此，有关部门要紧密配合，掌握国内外有关技术的现状和发展动向，包括设备的规格、性能、用途、效率、价格等。

（2）组织安装和调试设备。

（3）合理使用机器设备，防止违规操作，保证企业设备经常处于良好的技术状态。

（4）做好设备的检查、维修保养和修理工作，防止和减少机器设备的磨损，推迟机器设备性能和效率的减低。

（5）做好设备的更新与改造工作。

（6）做好机器设备的日常管理工作，包括设备的登记、编号、调拨、报废等。

11.5.3 设备的选择

设备的选择是企业设备管理的首要环节。设备选择决定了设备的运行寿命、施工工期、产品质量和制造成本。选择设备要求选择技术—先进、经济—合理、生产上适用的设备。在选择设备时，必须考虑以下因素。

（1）设备的生产性。主要指设备的生产效率，如功率、行程、速率、单位时间产出量等。

（2）设备的可靠性。主要指设备加工精度、准确度的保持性、零件的耐用性以及安全可靠性。

（3）设备的维修性。即设备的可修性。维修性好的设备，一般结构简单，零部件组合合理，维修时零件易拆卸，通用化、标准化程度高，互换性较好。

（4）设备的环保性。是指设备对环境的污染程度。选择能将设备噪声控制在保护人体健康范围内的机器设备。

（5）设备的配套性。主要是指与本企业设备的相互关联和配套水平。

（6）设备的节能性。主要是指设备利用能源的性能。节能性好的设备，表现为热效率、能源利用率高，能源消耗量少。

（7）设备的灵活性。在工作对象固定的条件下，设备能够适应不同的工作条件和环境，操作、使用比较灵活。

（8）设备的难易性。主要是指设备对操作人员素质要求的高低。

以上是选择设备时要考虑的主要因素。在选择设备时，要结合企业具体的生产情况、技术条件和人员情况统筹考虑，权衡利弊。同时还要考虑设备投资在财务上的评价结果。

11.5.4 设备的磨损、检查、使用、维护与修理

1. 设备的磨损

设备在使用或闲置过程中会发生磨损，磨损可以分为两类：有形磨损和无形磨损。设备的有形磨损是机器设备在使用或闲置过程中发生的实体磨损或损耗，比如机器设备的零部件原始尺寸发生改变，机器生锈等。无形磨损则是指由于科学技术的进步而不断出现性能更加完善、生产效率更高的设备，使原有设备的价值降低，或者是生产同样结构设备的价值不断降低使原有设备贬值。

设备在有效使用期内同时遭受有形的磨损和无形的磨损统称之为设备的综合磨损。设备发生综合磨损之后，应设法补偿。根据设备的磨损形式不同，补偿的方式可分为局部补偿和完全补偿。

2. 设备的检查

设备的检查是对设备的运行情况、工作精度、磨损程度进行检查和校验。设备检查的分类包括以下几种。

(1) 按时间间隔分为：日常检查，在交接班时由操作工人结合日常保养进行检查，以便及时发现异常状况，进行必要的维护和检修工作；定期检查，是按照计划日程表，在操作工人参与下，由专职维修人员进行检查。

(2) 按检查的性能分为：功能检查，是对设备的各种功能进行检查和测定；精度检查，是对设备的加工精度进行检查和测定。

(3) 按检查的方法分为：直观检查，就是用人的感觉器官进行检查；工具仪表检查，就是用一定的检测工具或仪器仪表进行检测。

3. 设备的合理使用

设备寿命的长短、效率大小、精度高低，固然取决于设备本身的设计结构和各种参数，但也在很大程度上取决于人们对设备的合理使用。合理使用设备要做到以下要求。

(1) 根据企业本身的生产特点和工艺过程，经济合理地配备各种类型设备。

(2) 根据各种设备的性能、结构和技术经济特点，恰当地安排加工任务和设备工作负荷。

(3) 为设备配备具有一定技术熟练程度的操作者。

(4) 为设备使用、维护、保养创造良好的工作条件。

(5) 经常对职工进行正确使用和爱护设备的宣传教育。

(6) 制定有关设备使用和维修方面的规章制度，建立健全设备使用的责任制度。

4. 设备的维护保养

根据设备维护保养工作的深度、广度及工作量的大小，维护保养工作可分为以下几个类别。

(1) 日常保养（例行保养）。主要内容是每天对设备进行清洁、加润滑油、紧固松动的部位、调整检查设备的运行状况等。保养部位大多在设备的外部，保养项目少，一般由操作工完成。

(2) 一级保养。对设备内部进行清洁和润滑，对设备局部进行解体、检修和调整。一般由操作工在维修人员的指导、配合下定期进行。

(3) 二级保养。除对设备的主体部分进行解体检查和调整外，还要更换已经磨损的零件，并对主要零件的磨损情况进行测量、鉴定，为编制设备修理计划提供依据。一般由维修工负责进行。

5. 设备的修理

(1) 大修理。将机器设备进行全部拆卸解体，更换或修复全部磨损的零件，校正和调整整体设备，恢复设备原有的精度、性能和生产效率。

(2) 中修理。对设备进行部分解体，更换或修复设备的主要零部件，保证设备恢复和达到应有的标准和技术要求。

(3) 小修理。是指日常的零星修理，对设备的局部维修，修复、更换部分磨损较快的零件。

11.5.5 设备的更新

设备更新是指用新的设备替换技术上不能继续使用或在经济上不宜再用的设备。设备更新有两种形式：简单更新和技术更新。简单更新是以同型号的新设备更换旧设备；技术更新是指以技术上更先进、经济上更合理的新设备代替陈旧设备。即以结构更先进、技术更完善、效率更高、性能更好、耗费能源和原材料更少、外观更新颖的设备代替落后设备。设备更新主要是指后一种。

设备的最佳更新周期是根据设备的经济寿命来确定。与设备寿命有关的费用主要有设备的原始价值和设备的年维护使用费。随着设备使用年限的增加，每年平均分摊的设备原始价值就减少，而设备的年均维护使用费就要增加。设备的经济寿命就是这两项费用之和最小（年平均总费用最小）的年限。

11.5.6 设备的改造

设备改造是指在原有设备的基础上，应用先进的科学技术方法，改变设备的结构，提高原有设备的性能、效率，使之达到现代新型设备的水平。如将旧机床改造为数控机床，或在原有机床上增设精密检查装置等。设备改造的方式有局部技术更新和增加新的技术结构。局部技术更新是采用先进技术改变现有设备的局部结构。增加新的技术结构是指在原有设备基础上增添新部件、新装置、新附件等。由于设备改造是对磨损设备进行局部的更新和补偿，因而具有针对性强、对生产的适应性好和投资较少、时间短、人工省、收效快、经济效益好等优点。但是设备改造必须符合技术—先进、经济—合理和生产—适用的原则。

本章小结

企业管理就是企业经理人员或管理当局在一定的内外环境下，通过对企业的经济活动进行计划、组织、领导和控制等职能来处理企业内部和外部的各种关系，以达到充分利用人、财、物等资源，获取最大经济利润，实现企业目标的一系列活动的总称。一般来讲，企业管理大体上包括计划、组织、领导和控制四大基本职能。

生产计划是企业经营计划的重要组成部分。企业生产计划的中心内容是确定生产指标。而生产计划的生产指标主要包括产品品种、产品产量、产品质量、产值指标等。生产计划编制过程可以概括为收集资料，调查研究、拟定计划指标，进行方案优选、综合平衡，确定最佳方案、编制年度生产计划表、实施计划，评价结果等几个步骤。

质量是一组固有特性满足要求的程度。质量管理是指在质量方面指挥和控制组织的协调活动。近代以来，质量管理大致经历了质量检验、统计质量控制和全面质量管理三个历史阶段。质量管理的基本原则有8条。质量管理的常用方法有分类法、排列图法、鱼骨图法、直方图法、散布图法、控制图法、调查表法等。

物资采购与供应是企业生产的前提。物资采购通常由采购申请、选择供应商、采购谈判、签发采购订单、跟踪订单、接受货物、支付货款等七个步骤组成。选择供应商时，要根据具体的情况采用合适的方法。和传统采购相比，准时采购在采购批量、供应商的选择、供应商评价、检查工作、协商内容、运输、产品说明、包装和信息交换方面具有明显的差异。

设备管理是以企业生产经营目标为依据，通过一系列的技术、经济、组织措施，对设备的规划、设计、制造、选型、购置、安装、使用、维护、修理、改造、更新直至报废的全过程进行科学的管理。设备管理的好坏直接影响企业的生产效率和经济效益。设备在使用或闲置过程中会发生磨损，设备发生综合磨损之后，应设法补偿。必要时可以采取修理、更新或改造的方式改变设备的结构和性能，使之达到现代新型设备的水平。

思考题

1. 企业管理的主要职能是什么？
2. 生产计划编制的步骤有哪些？
3. 质量管理的基本原则是什么？
4. 简述物资采购的一般流程。
5. 设备更新的方式有几种？它们分别是什么？

附　录

附录A　生产实习学生应上交的资料

（1）生产实习日记本。

（2）生产实习报告，为手写或打印稿。

（3）生产实习图册、影像资料，图册可以是实习过程中的场景图、零部件图、车间布局图、总装图、产品外观草图等，影像资料必须是自己拍摄、制作的。图册应围绕某一主题，制作精良、选题构思精致、版面布置合理，打印效果好。

（4）所有实习资料一律在开学后两周内完成，并统一上交实习指导组，逾期不再受理，且实习成绩一律按不及格处理。

附录B　生产实习日程安排表

学院：　班级：

时间（日）	厂（所）内具体单位	内容	要求	负责人	备注

指导教师组长：________________________班长：________________

附录C　生产实习报告封面样本

××××××××××大学

生 产 实 习 报 告

专　　业：______________________

班　　级：______________________

姓　　名：______________________

学　　号：______________________

指导教师：______________________

成　　绩：______________________

日　　期：______________________

附录D 优秀实习生推荐表

<table>
<tr><td>姓名</td><td></td><td>性别</td><td></td><td>专业</td><td></td><td>班级</td><td></td></tr>
<tr><td>实习周数</td><td></td><td>实习时间</td><td colspan="5">年　月　日至　年　月　日</td></tr>
<tr><td>实习单位</td><td></td><td>基地指导教师</td><td colspan="3"></td><td>技术职称</td><td></td></tr>
<tr><td>典型事迹介绍</td><td colspan="7">实习学生签名：　　　年　月　日</td></tr>
<tr><td>实习综合表现情况</td><td colspan="7">基指地导教师签名：　　　实习基地盖章
年　月　日</td></tr>
<tr><td>指导教师推荐意见</td><td colspan="7">带队指导教师签名：　　　年　月　日</td></tr>
<tr><td>院系推荐意见</td><td colspan="7">领导签名（盖公章）：　　　年　月　日</td></tr>
<tr><td>教务处意见</td><td colspan="7">领导签名（盖公章）：　　　年　月　日</td></tr>
</table>

附录E　生产实习学生行为保证书

1. 实习期间，我坚决服从实习队对日常学习和生活的各项规定，遵守实习单位、学校有关部门的各项规章、制度，遵守国家法律、法规。

2. 未经允许，我决不擅自操作实习单位的任何设备。

3. 我在实习期间不在驻地外住宿，也不单独外出。

4. 我要与工厂师傅和兄弟院校的同学友好、文明相处，不骂人、不打架、不饮酒。

5. 我要爱护公共财物，如有损坏物品则照价赔偿。

6. 我不去有危险性及环境复杂场所玩耍、娱乐，也不参与任何有危险性的活动，例如：不去河边、湖边、海边活动；不去任何地方游泳；不去舞厅、录像厅、网吧等。

7. 完成实习任务后，及时购买火车票回家或回学校，不在当地逗留或去外地游玩。

8. 若由于我违反上述保证而造成的人身伤害或经济、精神等利益损失，由我本人负完全责任。

9. 遵守学校、学院、实习队和实习单位的所有有关规定。

学生班级：

学生签名：

年　月　日